Web 开发与设计

微前端实战

[美] 迈克尔 · 格尔斯(Michael Geers)　著

颜宇　周轶　张兆阳　译

清華大学出版社

北　京

北京市版权局著作权合同登记号　图字：01-2021-5981

Michael Geers
Micro Frontends in Action
EISBN: 978-1-61729-687-1

图书在版编目(CIP)数据

微前端实战 / (美)迈克尔 • 格尔斯(Michael Geers) 著；颜宇，周轶，张兆阳译. —北京：清华大学出版社，2022.6
(Web 开发与设计)
书名原文: Micro Frontends in Action
ISBN 978-7-302-60386-3

I. ①微… II. ①迈… ②颜… ③周… ④张… III.①网页制作工具－程序设计 IV. ①TP392.092.2

中国版本图书馆 CIP 数据核字(2022)第 047750 号

责任编辑：王　军
封面设计：孔祥峰
版式设计：思创景点
责任校对：成凤进
责任印制：杨　艳

出版发行：清华大学出版社
网　　址：http://www.tup.com.cn，http://www.wqbook.com
地　　址：北京清华大学学研大厦 A 座　　邮　　编：100084
社 总 机：010-83470000　　邮　　购：010-62786544
投稿与读者服务：010-62776969，c-service@tup.tsinghua.edu.cn
质 量 反 馈：010-62772015，zhiliang@tup.tsinghua.edu.cn
印 装 者：北京嘉实印刷有限公司
经　　销：全国新华书店
开　　本：148mm×210mm　　印　　张：11.5　　字　　数：310 千字
版　　次：2022 年 6 月第 1 版　　印　　次：2022 年 6 月第 1 次印刷
定　　价：98.00 元

产品编号：089958-01

译者序

随着现代前端技术的发展，前端应用已从初期的简单页面(可能仅需要依赖一个 jQuery)，逐渐变成了集渲染引擎、状态管理、UI 组件、加载器、路由、工具库于一身的现代前端应用。对于企业级应用来说，随着业务的扩张，业务场景越来越复杂，功能不断迭代，应用程序的模块越来越多，逐渐形成了巨石应用，进而带来项目无限膨胀、开发及维护难度呈指数级上升。为了解决巨石应用所带来的这一系列问题，微前端应运而生。

微前端这一概念由后端的微服务衍生而来。微服务可以将服务端的巨石服务拆分成多个独立、自治、互不干扰的子服务，多个子服务之间通过松耦合的方式通信，以达到快速接入、水平扩展、服务隔离等目的，并能降低维护成本，避免因单点故障造成系统崩溃等问题。微前端将微服务的理念应用到客户端，将客户端运行的巨石应用拆分成多个“微型”前端子应用程序，这些子应用程序之间无论从UI 还是逻辑上都具有完全的自治权，相互间的技术栈、状态管理、运行时都是完全隔离的，并且代码独立托管，研发独立进行，运维独立部署。

如果你在平时的开发中感到项目中的代码文件越来越多，引用的组件不计其数，代码定位越来越困难，开发环境下的热更新越来越慢，编译/部署的时间越来越长，排查问题越来越没有头绪，应用程序的加载性能越来越低等，那么建议你使用微前端技术来优化应用程序架构，提升开发体验。

本书系统讲解了微前端的相关知识，深入浅出地介绍了微前端的理念和实现方法。以一个电商网站为例，每章在讲解完相关的技术后，会将技术应用于示例中，逐步完善这个电商网站。内容涵盖如何为微前端设计路由，每个子应用程序之间如何通信，服务端/浏览器端的组合，如何构建应用程序容器，如何实现多端渲染。除了核心知识外，本书还介绍了与微前端相关的性能、设计系统、迁移方案和测试手段等技术，并指导你组建能最大程度发挥微前端优势的团队。

本书由颜宇、周轶、张兆阳翻译。三位译者从事专业前端开发工作均已多年，也都供职于国内一流的互联网公司，有着丰富的前端开发经验，以及扎实的技术功底。其中，第 11～14 章由颜宇完成；第 1～6 章由周轶完成；第 7～10 章由张兆阳完成。前端开发领域日新月异、蓬勃发展，各种新技术层出不穷，由于译者自身技术水平有限，书中错误或纰漏在所难免。希望各位读者能不吝指正，我们也会及时答复并修正。

最后，在本书翻译过程中，清华大学出版社为三位译者提供了热情的帮助。在此，由衷地感谢出版社的各位编辑老师，正是他们的辛勤付出和高质量工作才保证了本书的顺利出版。

颜宇　周轶　张兆阳

2021 年 12 月于北京

序　言

我是一名有着 20 年经验的 Web 开发人员。在这 20 年中，我参与了各种规模的项目，其中包括独自一人开发的微型创业项目，与其他几位同伴一同完成的小型项目，也参与过多人合作的大型项目(人数肯定超过了我家餐桌旁摆放的椅子数量)。

2014 年，我和 neuland Büro für Informatik 的同事们负责为一家连锁百货公司重建电子商务系统。其现有的电子商务系统不仅存在性能问题，而且结构非常混乱，在其基础上开发新的功能需要耗费很长时间，通常还会引发系统其他功能的故障。随着相关开发团队规模的逐渐扩大，系统愈发难以维护。客户要求新的系统除了具有更加合理的架构外，还希望在此架构上，不同的开发团队能够独立开展工作，互不影响。这种并行开发的能力，对于客户以信息化为基础快速扩张业务的计划，有着至关重要的意义。为此，我们选择了一种“垂直化”的系统架构：按照职能划分，设立多个独立的团队，每个团队专门负责一块特定业务的开发，包括从数据库到前端页面展示的所有工作。这样每个团队所负责开发的部分都是独立和自治的，最终会在前端页面层面整合在一起。从概念上来看，前端整合似乎没有什么难度，但事实上我们需要掌握大量的知识才能有效地实现前端整合。随着项目的深入，我们逐步完善了所采用的技术，并从实践中总结了大量经验。

与此同时，其他公司也在采用类似的技术方案。然而业界对这种方案没有一个统一的命名。每当我想通过搜索引擎了解多个独立且自治的团队在共同完成一个 Web 应用程序所面临的挑战时，总是无法找到合适的搜索词来恰当地描述我的意图。在 2016 年 11 月，

ThoughtWorks Technology Radar 将这种技术方案命名为"微前端"，这一术语的出现更加便于大家在开发社区中围绕一致的技术架构分享最佳实践、技术和工具。

在 2017 年的夏天，我抽空对实践中的一些经验进行了总结。将所使用的技术凝结为独立的示例项目，并发布到https://micro-frontends.org 上。从那时起，情况发生了一些变化，我被邀请在各种会议上发言，也收到了许多杂志社的约稿。社区中的开发人员还将网站翻译成各种语言。

最重要的是，去年年初，Manning 出版社的 Nicole 和 Brian 找到了我。他们邀请我写一本关于微前端的书。收到邀请时我首先想到的是："这有点离谱，我可不是一名作家！我甚至不喜欢阅读文字，而更喜欢倾听、编写代码、搭建系统以及解决问题"。但这看起来又是一个千载难逢的机会，在给出答复之前我经过了慎重考虑，并与家人和朋友讨论了多次。最后我决定抓住机会，接受这个邀请。毕竟，我非常喜欢表达和阐述。将思考总结成书，以图(我非常喜欢图)和代码示例的方式呈现，对我来说也是一种挑战，在整个过程中我也能学到很多东西。回顾编写本书的历程，我很满意当初的决定，以及这个决定的最终产物，也就是各位现在看到的这本书。

作 者 简 介

Michael Geers 是一名软件开发者，专注于用户界面相关开发领域。他从十几岁起就开始为网站开发软件。在过去的几年里，他参与过多个垂直架构的项目，在多个国际性会议上分享了自己的经验，并在杂志上发表了一系列相关的文章。目前，他仍在持续运营 https://micro-frontends.org 站点。

致　谢

虽然在本书封面上的作者署名只有我一人，但本书并不只是我一个人的努力，而是团队合作的结晶。在此，我想由衷地感谢：

- Emma、Noah 和 Finn，感谢你们的耐心和理解。在过去的一年里，我陪伴你们的时间比我想的少许多。
- 我的妻子 Sarah，感谢你不断地鼓励我，并时常为我提供新的观点。每当我工作到深夜，或者在周末加班时，总是有你的陪伴。你是最棒的！
- Manning 的编辑 Tricia Louvar。在本书的编写过程中，帮助我汇总和整理各种反馈意见，提出合理的质疑并指出那些我没有阐述清楚的部分。
- 感谢 Dennis Reimann、Fabricius Seifert、Marco Pantaleo 和 Alexander Knöller，你们为我出谋划策，审阅本书的草稿，并优化其中的图表。
- Manning 负责本书的团队，包括 Ana Romac、Brian Sawyer、Candace Gillhooley、Christopher Kaufmann、Ivan Martinović、Lana Klasic、Louis Lazaris、Matko Hrvatin、Mayur Patil、Nicole Butterfield、Radmila Ercegovac、Deirdre Hiam、Ben Berg 和 Melody Dolab。感谢你们与我一起策划、开发、审阅、编辑、出品以及推广本书。
- 感谢我在 neuland Büro für Informatik 的同事们，你们培养了我持续学习的能力，并给予我编写本书的时间。非常感谢 Jens 和 Thomas，以及其他所有鼓励我的伙伴。
- 感谢本书所有的审稿人审阅我的初稿，包括 Adail Retamal、

Alan Bogusiewicz、Barnaby Norman、David Osborne、David Paccoud、Dwight Wilkins、George Onofrei、Ivo Sánchez Checa Crosato、Karthikeyarajan Rajendran、Luca Mezzalira、Luis Miguel Cabezas Granado、Mario-Leander Reimer、Matt Ferderer、Matthew Richmond、Miguel Eduardo Gil Biraud、Mladen Đurić、Potito Coluccelli、Raushan Jha、Richard Vaughan、Ryan Burrows、Tanya Wilke 和 Tony Sweets。你们的反馈帮我调整了编写重点，提高了编写质量。

- 感谢所有的 MEAP 读者，与收到来自好友的鼓励相比，来自世界各地的读者提前付费阅读本书，更令我受宠若惊。你们的激励让我笔耕不辍，而非躺在沙发上消磨时间。
- 还要感谢 Samantha——macOS 的文字转语音工具，它不带任何感情色彩地阅读我所编写的每个段落。推荐你们也尝试一下，尤其对于有阅读障碍的朋友。致敬无障碍可访问性。

关于封面插图

本书封面插图的标题为 *Habitante de la Calabre*，也被称为《来自卡拉布里亚的女人》，选取自 Jacques Grasset de Saint-Sauveur (1757—1810)所著的 *Costumes de Différents Pays*。该图集于 1797 年在法国出版，是一本关于各国服饰的合集。其中的每一幅插图都是由手工绘制和着色的，做工非常精细。Grasset de Saint-Sauveur 的收藏品种类非常丰富，形象地为我们展示了 200 年前世界上的不同地区在文化上的多样性。那时，人们说着不同的方言和语言，彼此之间的沟通很少。站在街头或乡村，仅从他们的衣着就很容易辨别他们来自何处，从事哪种职业，以及生活状况如何。

从那时起，人们的着装发生了改变，世界上不同国家和地区的多样性也已消失。现在很难区分不同大陆的居民，更不用说区分不同的城市、地区或国家的居民了。也许是我们个人生活的丰富多彩(或者是更多样化和快节奏的科技)取代了文化的多样性。

在很难区分各种计算机书籍的时代，Manning 以两个世纪前丰富多样的地域生活为基础，在本书的封面中重现了 Grasset de Saint-Sauveur 的画作，以体现计算机行业的创造性和首创精神。

关 于 本 书

本书旨在阐述微前端的概念，以及采用微前端框架的原因。通过阅读本书，你将学习一系列实用技术以完成前端层面的整合和通信。由于这是一个较新的领域，用例相对难以理解，因此我不会采用任何一个现成的微前端库、工具或者平台。相反，你将以现有的Web 标准为基础，学习微前端的基本机制。在本书的结尾处，我们将讨论一些整体方案。例如，如何在分布式团队中确保优秀的性能、良好的一致性设计，以及知识共享策略。

本书读者对象

本书的标题中包含了“前端”这个词，而在大部分章节中，我们会处理一些“用户界面”层面的工作。然而，本书并不仅仅面向前端开发者。如果你之前主要从事后端开发，或者软件架构，那么也不要错过本书。只要你具备基本的 HTML、CSS、JavaScript 和网络知识，那么本书同样适合你。书中介绍的相关技术，并不会涉及具体的前端库或者框架。

本书的结构：路线图

本书包括 3 部分，共 14 章。

第 I 部分(第 1、2 章)解释什么是微前端，以及什么情况下应采用微前端框架。

第 1 章介绍微前端的整体概念以及什么是微前端，并阐述了微前端的好处与不足。

第 2 章将带你创建第一个微前端项目。在这一阶段，我们尽可能让项目简单一些，不会使用复杂技术，仅仅是传统的页面跳转和 iframe。本章将为后续的学习打下坚实的基础。

第Ⅱ部分(第 3～第 9 章)聚焦在前端整合技术方面。回答“如何在浏览器中整合不同团队的用户界面”问题。你将学习如何组合多个应用程序(既可以是服务器端渲染，也可以是客户端渲染)，并为它们配置路由。

第 3 章演示如何通过调用异步请求实现整合，以及如何利用一个共享的 Nginx Web 服务器实现基于服务端的路由。

第 4 章带你深入了解服务端整合。你将学会如何利用 Nginx SSI 技术将不同应用程序的页面组合在一起。本章还将介绍一些在异常情况下也能保证性能的技术。同时会讨论其他一些替代技术，如 ESI、Tailor 和 Podium。

第 5 章介绍如何整合客户端渲染的应用程序。你将学习如何利用 Web Component 将由不同技术开发的 UI 集成到一个页面中。

第 6 章涵盖所有与通信相关的知识点。重点讲解不同微前端在浏览器内的通信机制。在本章结尾，我们还会讨论一些其他话题，如后端通信机制以及如何跨团队共享登录状态。

第 7 章引入应用程序容器的概念。应用程序容器能够帮助你构建一个客户端页面，而该页面是由不同团队开发的单页面应用程序所构成的。你将学习如何开发一个应用程序容器。本章结尾还将介绍非常流行的 single-spa 库。

第 8 章主要讲述如何利用微前端架构实现多端渲染。我们将整合前面章节中介绍的服务端渲染和客户端渲染。

第 9 章对第Ⅱ部分的内容做一个总结，串联所学到的技术。提出一系列的问题及解决工具，以便你决定在项目中应该采用哪种微前端架构。

第Ⅲ部分(第 10～14 章)介绍确保良好用户体验和一致性的用户界面的方法。指导你如何组建团队以便从微前端架构中获得最大的收益。

第 10 章深入讨论资源加载策略，如何以高性能的方式将所需的 JavaScript 和 CSS 代码交付给客户的浏览器，而不引入团队间的耦合。

第 11 章介绍单页面加载多个团队的代码时，保持高性能的技术。我们将讨论压缩 vendor 代码(如框架运行时代码)的方法。

第 12 章演示多个团队共同开发时，为用户提供一致性用户界面的方法。你将学习一些已证明可行的组织方式。我们还会对比多个可以将架构整合到微前端的方案，并讨论其中的实现技术。

第 13 章侧重于组织层面的讨论。回答“我的团队如何实现跨职能开发”以及“我要如何恰当地定义系统边界”的问题。你将学习如何有效地分享知识，如何解决跨领域的通用问题，以及分享基础组件的方法。

第 14 章给出一些将巨石应用改造为微前端架构的策略。同时提供本地开发和测试的方案。

关于代码

在本书的多数代码清单中，关键概念被写在代码注释中。与之相关的文字部分也会采用数字编号的形式阐述额外信息。纵观本书，我们将创建一个电商应用程序。在开头我们将创建一个仅包含基本概念的小型应用程序，随着介绍的深入，越来越多的概念将会添加到其中。代码清单中重复的代码采用[...]省略表示。

可以通过两种途径获得本书的全部代码：从 GitHub 下载，网址为 https://github.com/naltatis/micro-frontends-in-actioncode；或者，扫描本书封底的二维码进行下载。建议你提前将代码下载到本地，一边阅读本书一边运行代码。https://the-tractor.store 中托管了本书的所有代码示例，你可以直接访问此站点体验代码运行的效果，并直接在浏览器中阅读源代码。

本书中的示例应用程序全部基于静态文件，这意味着你不必了解后端开发语言，如 Java、Python、C#或者 Ruby。我们使用一个点对点的 Web 服务器启动应用程序，这要求你在本地安装 Node.js。在涉及服务端路由以及组合的章节中，我们会用到 Nginx。本书的第 1 章介绍了如何安装 Nginx。

目　录

第 I 部分　微前端初体验

第Ⅲ部分 如何做到快速、一致、有效

第 I 部分

微前端初体验

在过去的十年中，前端开发有了长足的发展。如今的 Web 应用程序必须能快速加载，支持在广泛的设备上运行，并对用户交互快速做出响应。对于很多企业来说，Web 前端是与用户交互的主要界面。自然而然，在前端的开发细节上，我们应进行更多的思考和投入更多时间和精力。

当你的项目规模很小，只需要和几个开发人员一起工作时，构建一个良好的 Web 应用程序是一项比较简单的任务。但是，如果你的公司有一个大型的 Web 应用程序，并且需要持续地改进和添加新功能，那么单一的团队很快就会被这些任务淹没。这就是微前端架构存在的意义。在微前端架构中，我们将应用程序分割成多个部分，使得多个团队可独立进行开发。在第 1 章中，你将学习微前端的核心概念，理解此架构背后的原因，并了解哪些类型的项目能从中获得最大的益处。第 2 章将直接深入代码，从头构建一个可用的小型微前端项目——The Tractor Store。这个电子商务项目将是本书后面介绍的进阶技术的基础。

第 1 章

什么是微前端

本章内容：

- 什么是微前端
- 微前端与其他架构的对比
- 可扩展式的前端开发的重要性
- 微前端架构带来的挑战

在过去的 15 年里，我作为一名软件开发人员参与了很多项目。在这段时间里，我多次观察到一个在我们行业中反复出现的模式：与少数几个人一起开发全新的项目有着非常棒的体验。每个开发人员都了解功能的全貌，功能的开发非常迅速，与其他同事沟通也简单明了。直到项目规模越来越大，团队人数随之增长，这种情况发生了改变。突然间，某一个开发人员不再了解系统的每个边界，知识孤岛就此在团队中出现。复杂度的上升使得对系统一个部分的修改可能对其他部分产生意想不到的影响。团队内部的沟通也变得更加烦琐。以前，团队成员可以在咖啡机旁敲定方案，现在你需要组织正式的会议，让所有成员达成共识。Frederick Brooks 在 1975 年的

The Mythical Man-Month 一书中描述了这一点。在达到某一临界值时，为团队增加新的开发人员并不能提高生产力。

通常，我们会将项目划分为多个部分来减轻这种影响。流行的做法是按照技术类型来划分软件和团队结构。我们引入的是水平层面的划分，包括前端团队和一个或多个后端团队。而微前端描述的是另一种方式，将应用程序进行垂直划分。每一部分的构建都是从数据库到用户界面，并交由一个专门的团队运行。不同团队的前端界面集成到客户的浏览器中后，就形成最终的页面。这种方式与微服务架构有一定的关系,但主要区别在于其服务也包括了用户界面。这种服务的扩展消除了对中心前端团队的依赖。以下是一些公司采用微前端架构的三个主要原因：

- 优化功能开发——一个团队拥有开发某功能必需的所有技能，不必在独立的前端和后端团队间相互协调。
- 简化前端升级——每个团队拥有从数据库到前端完整的技术栈。团队可以自行决定是否升级或切换他们的前端技术。
- 更专注于客户——每个团队都直接向客户提供他们的功能。不存在纯粹的 API 团队或运维团队。

在本章中，你将学习微前端解决了什么问题以及什么场景下使用它较合适。

1.1 概览图

图 1.1 涵盖了实现微前端架构的所有重要组成部分。微前端并不是一项具体的技术，它是另一种组织和架构的方式。这也说明了为什么我们能从该图中看到许多不同的元素——比如团队结构、集成技术和其他的一些相关主题。我们将逐步了解该图中的全部内容。我们会从虚线上的三个小团队开始，然后一步步往上，当到达顶端的神灯时，我们将讨论前端的集成方式。在图的底部是对前端集成内容的展开，其中揭示了创建集成应用程序需要解决的三个不同方

面的问题。最后我们将讨论图表右侧的三个公共话题。

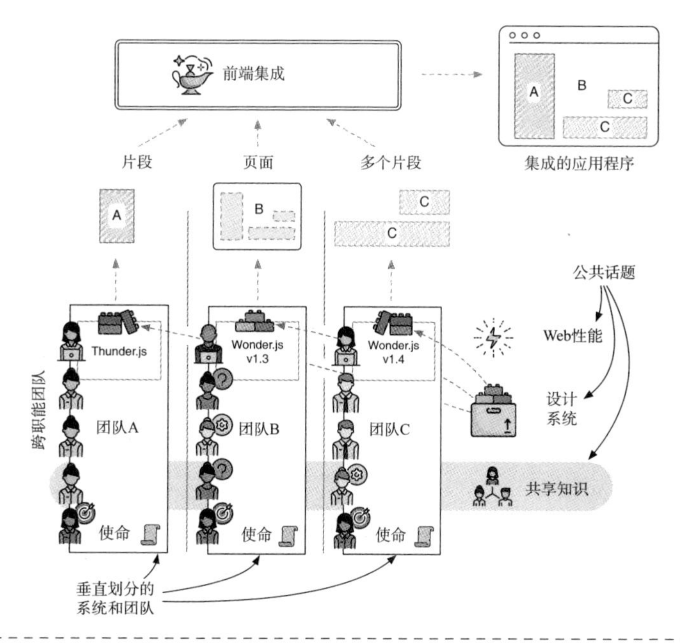

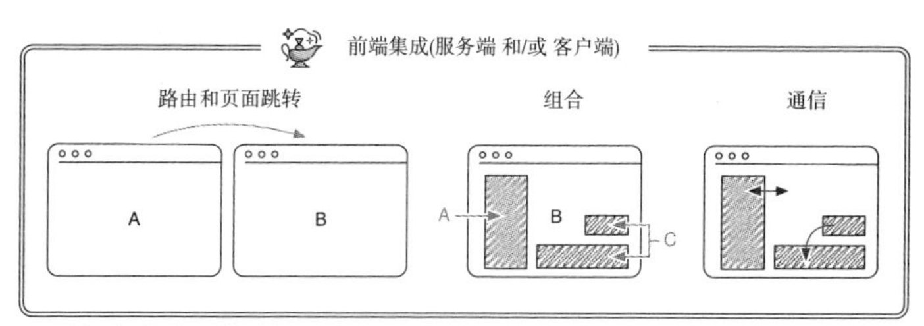

图 1.1　这是微前端架构的总体概况。位于底部的垂直组织的团队是该架构的核心。每个团队都以页面或者片段的形式提供功能。可以使用 SSI 或者 Web Component 技术将它们集成至客户的组装页面中

1.1.1　系统和团队

图中团队 A、B 和 C 三个矩形框展示了对软件系统的垂直划分。它们构成了微前端架构的核心，每个系统都是自治的，这意味着即

使相邻的系统宕机，该系统也能正常工作。为了实现这一点，每个系统都有自己的数据存储。此外，每个系统都不依赖对其他系统同步调用的响应。

一个系统属于一个团队。团队的工作涵盖了软件从上至下的所有技术栈。在本书中，我们不会讨论后端方面的技术(如系统间的数据同步等)，这些在微服务的世界里已经有了明确的解决方案。我们将关注于来自组织方面的挑战以及前端集成技术。

团队使命

每个团队都有自己的专业领域来为客户提供价值。在图 1.2 中可以看到一个包含三个团队的电子商务项目的示例。

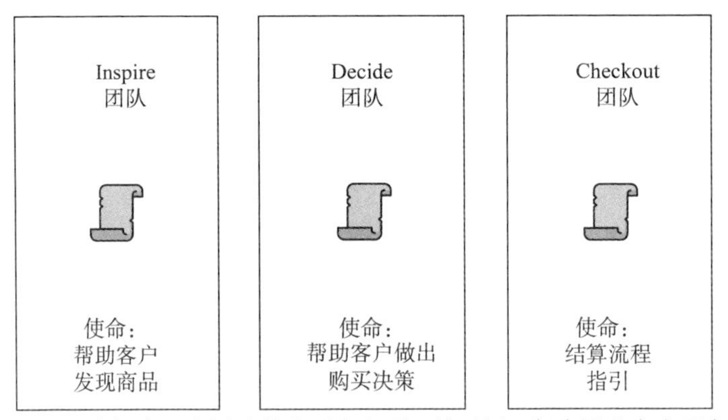

图 1.2 一个拥有三个团队的电子商务项目的示例。每个团队在电子商务站点中有不同的分工，它们有各自的使命和责任

每个团队都应具有一个描述性的团队名称和一个清晰的以客户为导向的使命。在我们的项目中，我们以客户购买商品经历的各个阶段来划分团队。

顾名思义，Inspire 团队的使命是发现浏览商品的用户的兴趣点并展示他们可能感兴趣的商品。

Decide 团队通过提供优秀的产品图片、相关规格参数表、比较工具和客户评论，帮助客户做出明智的购买决定。

当客户决定购买某项商品时，Checkout 团队会接手并指引客户完成结算流程。

一个明确的使命对于团队来说至关重要，它决定了团队的关注点，也是划分软件系统的基础。

跨职能团队

微前端和其他架构最显著的区别在于团队结构。在图 1.3 的左侧你能看到许多专家团队，人们按照技能或者技术进行分组。前端开发人员在前端组，处理支付任务的专家在支付服务组，业务和运维专家也都在他们自己的团队。当采用微服务的开发方式时，这种结构很典型。

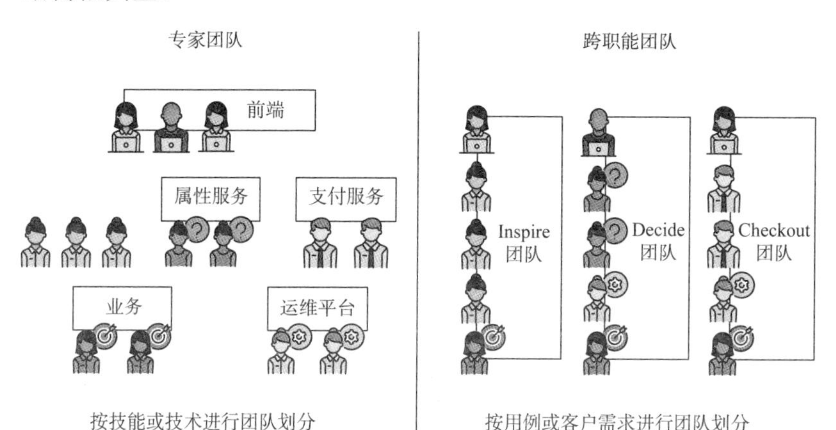

图 1.3　左侧是微服务风格的团队结构，右侧是微前端风格的团队结构。微前端风格的团队结构是围绕客户需求形成的，而不是基于前端和后端等技术

乍一看很自然对吧？前端开发人员喜欢与其他前端开发人员一起工作，他们可以讨论他们正在试图修复的 bug，或者提出改进特定部分代码的想法。同样地，这种方式也适用于其他专注于某项技能的团队，专业人士追求完美，他们渴望在他们的领域提出最好的

解决方案。当每个团队都做得很好时，整个产品也一定会非常棒，对吧？

这种假设并不一定成立，而建立跨领域的团队越来越受到欢迎。比如你有一个团队，前端工程师、后端工程师、运维人员和业务人员都一起工作。由于他们的视角不同，他们对手头的任务能提出更具创造性、更有效的解决方案。这些团队可能不会构建一流的运维平台或前端层，但他们专注于团队的使命。例如，他们将成为呈现关联商品推荐或构建无缝结算体验的专家。他们都专注于在自己的工作领域提供最佳的用户体验，而不是掌握某项特定的技术。

跨职能团队带来的额外好处是，所有成员都直接参与功能开发。在微服务模型中，服务或运维团队都不是直接参与，他们从上层接收需求，但并不总是完全了解这些需求为什么重要。跨职能团队的方式使所有人都更容易地参与和贡献，最重要的是对产品拥有自我认同感。现在，我们已经讨论了团队和他们各自的系统，让我们来学习前端。

1.1.2 前端

现在我们开始讨论微前端方式不同于其他架构的方面，这是我们思考和构建功能的方式。团队对给定的功能负有端到端的责任。他们将关联的用户界面作为微前端进行交付。微前端可以是一个完整的页面，也可以是其他团队需要引入的一个片段。图 1.4 对此进行了说明。

团队会根据功能生成所需的 HTML、CSS 和 JavaScript。为了简化工作，他们可能会使用 JavaScript 库或框架来实现这一点。团队间不共享库和框架代码。每个团队可以自由选择最适合他们用例的工具。这里虚构的框架 Thunder.js 和 Wonder.js 很好地说明了这一点[1]。团队可以自行升级他们的依赖项。团队 B 使用了 Wonder.js 的

1 是的，我已经注意到对于字典中的所有单词，npmjs.org 上可能都有注册的 JavaScript 框架，包括 Thunder 和 Wonder。但鉴于这两个项目已经沉寂了 6 年多，每周的下载量只有个位数，因此但用无妨！

1.3 版本，而团队 C 已经切换到 1.4 版本。

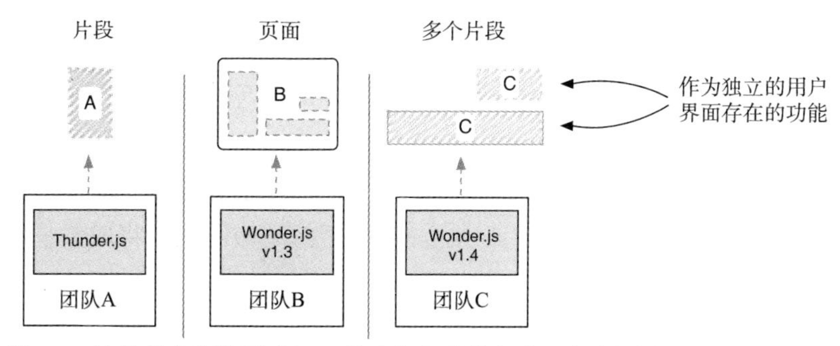

图 1.4　这是整个概览图(图 1.1)的中间部分的细节。每个团队以页面或片段的形式构建自己的用户界面

页面归属

下面介绍页面。在我们的例子中有不同的团队，他们关注商店的不同部分。如果你将在线商店按页面类型划分并把每种类型分配给三个团队中的一个，最终可能得到类似图 1.5 所示的结果。

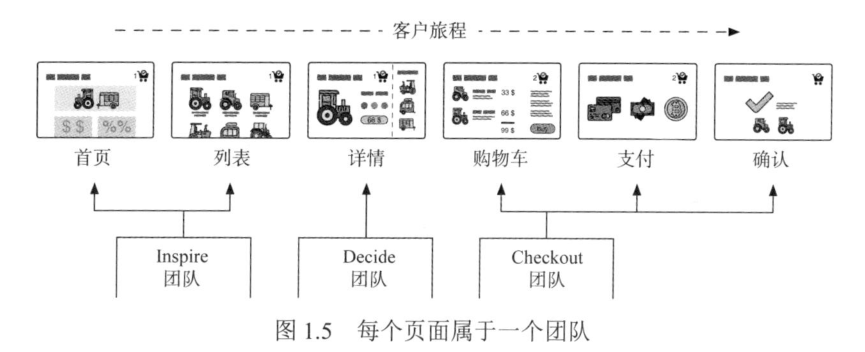

图 1.5　每个页面属于一个团队

由于团队结构与客户旅程相似，因此这种页面类型与团队的映射会非常匹配。首页无疑是属于 Inspire 团队，而商品详情页是客户做出购买决定的地方。

如何实现这一点呢？每个团队可以构建自己的页面，使用他们自己的应用程序进行托管，使这些页面能够通过公共域名被客户访问。你可以通过链接将这些页面联系起来，以便最终用户可以在它们之间导航。好了，完成了对吗？基本上是的，但在真实的世界中，有些需求往往更加复杂，这就是我写本书的原因！不过现在你已经理解了微前端架构的要点：

- 团队可以在各自的专业领域自主工作。
- 团队可以选择最适合手头工作的技术栈。
- 应用程序间的耦合是松散的，只是在前端进行集成(如通过链接集成)。

片段

仅仅只有页面的概念是不够的。通常还会有多个元素出现在多个页面的情况，例如页头或者页脚。你并不希望每个团队都重新实现它们，这就是片段的由来。

一个页面通常不止服务于一个目标，它可能还会展示另一个团队负责的信息或功能。在图 1.6 中，你会看到 The Tractor Store 的商品页面。Decide 团队负责这个页面，但不是所有的功能和内容都由该团队提供。

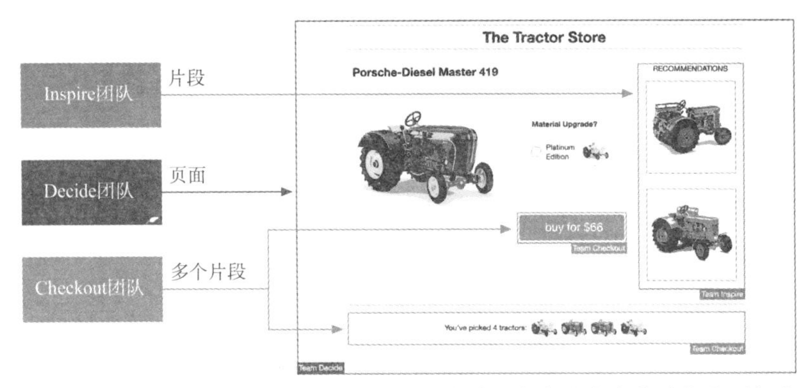

图 1.6 团队负责提供页面与片段。你可以将片段想象成内嵌的迷你应用程序，它们与页面其余部分是隔离的

右侧的推荐栏是一个激发客户购买的元素，Inspire 团队知道如

何生成这些商品。底部的迷你购物车展示所有选中的商品，Checkout 团队实现了这个购物车并知道它当前的状态。客户通过点击 Buy 按钮可以在购物车中添加新的拖拉机，这个操作会改变购物车的状态，因此 Checkout 团队也需要以片段的形式提供这个按钮。

一个团队可以选择在页面的某个地方添加来自其他团队的功能。有些片段可能需要上下文信息，例如相关商品推荐版块需要商品参数的信息。像迷你购物车这样的一些其他片段会有自己的内部状态，但是在代码中添加这个片段的团队并不需要知道片段的状态和实现细节。

1.1.3　前端集成

图 1.7 展示了微前端概览图(图 1.1)上部分的内容，其中所有的用户界面都组装到了一起。

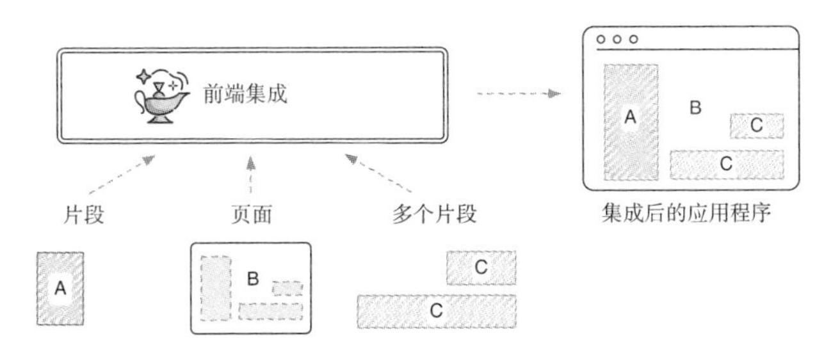

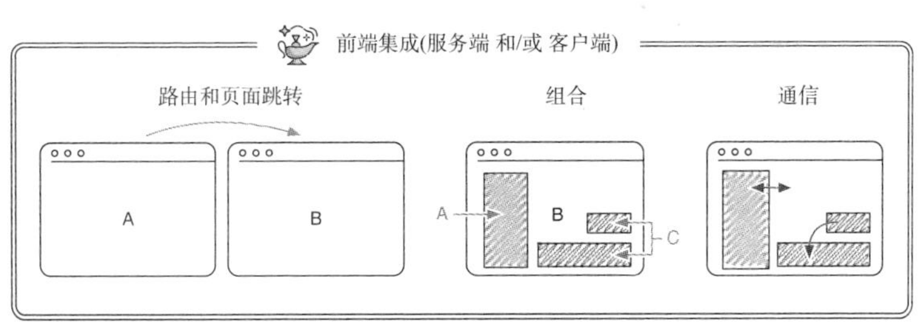

图 1.7　术语“前端集成”描述的是一组用来将不同团队的用户界面(页面和片段)组装成应用程序的技术。你可以将这类技术分为三类：路由、组合和通信。根据你选择的架构，你将面临很多不同的选择

前端集成描述的是一系列工具和技术，它们用于将各团队的 UI 组装成最终用户使用的连贯的应用程序。底部放大展示的方框集中说明了前端集成的三个方面，下面逐一介绍。

路由和页面跳转

这里我们讨论的是页面级别的集成。我们需要系统能够从团队 A 负责的页面跳转到团队 B 负责的页面。这个方案可以非常简单，你可以仅通过 HTML 的链接来实现，但如果你想启用客户端导航，并在渲染下一个页面时不刷新页面，那么情况会稍微复杂一些，你可以使用一个共享的应用程序容器或者 single-spa 之类的元框架来实现。我们将在本书中讨论这两种方式。

组合

这里我们讨论的是获取片段并置于正确插槽的过程。页面交付团队通常不会直接获取片段的内容，而是在片段需要插入的标签位置放置一个标记或占位符。

有一种独立的组合服务或技术可完成最终的组装。有一些不同的方案可以实现此目的，这些方案可分为两类：

- 服务端组合，如使用 SSI、ESI、Tailor 和 Podium 技术。
- 客户端组合，如使用 iframe、Ajax 和 Web Component 技术。

你可以根据需求使用其中的一种或者两种组合。

通信

对于交互式应用程序，你还需要一个用于通信的模型。在我们的示例中，当客户点击 Buy 按钮后，迷你购物车需要更新。当客户在商品详情页改变商品颜色时，Recommendation Strip 也应该更新推荐商品。在一个页面中应如何触发引入的片段更新呢？这也是前端集成需要解决的问题。

在本书的第 II 部分，你将学习不同的集成技术以及它们的优缺点。在第 9 章我们将提供一些指导来帮助你做出正确的决定。

1.1.4　公共话题

微前端架构主要是围绕多个小型的自治团队一起工作这个目标展开的，这些团队拥有为客户创造价值所需的所有技能。但是当团队间以这种方式一起工作时，有一些公共话题必须要明确(见图 1.8)。

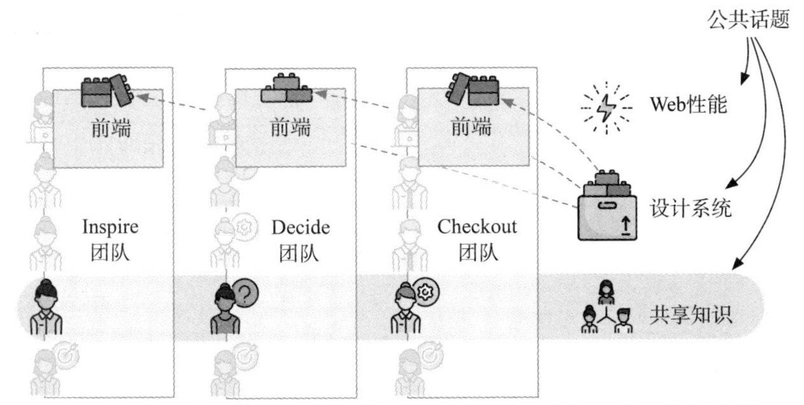

图 1.8　为了保证有一个良好的结果并避免冗余的工作量，在开始阶段解决如 Web 性能、设计系统和知识共享之类的问题是非常重要的

Web 性能

由于我们是将多个团队的片段组装成一个页面，我们的客户往往会下载更多的代码，因此在一开始就关注页面的性能是至关重要的。你将学习一些有用的指标和技术来帮助你优化交付的资源文件，包括如何在不违背团队自治的原则下，避免冗余框架的下载。在第 10 章和第 11 章，我们将更深入地探讨性能方面的知识。

设计系统

为了保证客户端一致的界面外观，建立一个通用的设计系统是明智之举。你可以把设计系统想象成一个装满乐高积木的大盒子，每个团队可从中挑选合适的积木。不同于塑料的积木，Web 设计系统包含了诸如按钮、输入框、字体和图标等多种元素。事实上，每个团队都会使用相同的基础构建模块，这对前瞻性设计非常重要。在第 12 章，你将学习实现一个设计系统的不同方法。

共享知识

自治是必要的，但是你肯定不愿意看到信息孤岛。如果每个团队都构建自己的错误日志基础设施，那是低效的。选择一个共享的方案或者至少采用其他团队的成果可以帮助你更好地聚焦于自己的目标。你只需要提供空间并创建固定的机制，以确保团队间能够定期地交换信息。

1.2 微前端解决了哪些问题

现在你已经知道了什么是微前端。接下来让我们看看这种架构在组织和技术上的优势。我们还会解决这种方式所带来的最普遍的挑战。

1.2.1 优化功能开发

提高开发速度是企业选择微前端技术路线的首要原因。在一个分层的架构中，多个团队会参与到一个新功能的开发。这里有一个例子：假设市场部想创建一个新型的促销的横幅，他们要找内容团队商讨扩展现有的数据结构，内容团队要找前端团队商讨 API 的更改。当会议已安排，文档规范编写已完成后，每个团队还需要制订工作计划并安排到下一次 sprint 中。如果一切都按计划进行，那么功能的完成时间取决于最后一个团队的完成时间，否则还需要更多的会议来讨论变化。

减少团队间的等待时间是微前端的主要目标。

在微前端的模型中，所有参与创建功能的人员都在同一个团队中。虽然需要完成的工作总量是相同的，但是团队内的沟通会更加快速，也不需要那么正式。迭代会进行得更快——不必等待其他团队，也不必讨论任务的优先级。

图 1.9 说明了这种差异，微前端架构通过将所有必要的人员更紧密地联系在一起来优化功能的开发。

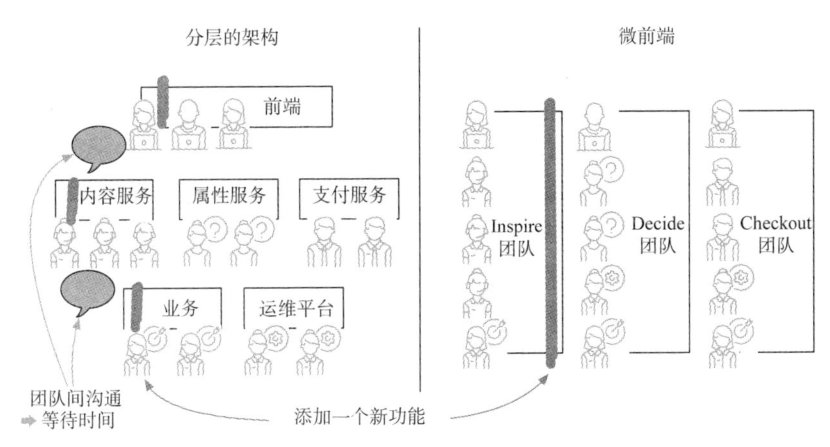

图 1.9　此图展示了构建一个新功能所需的条件。图左侧，你看到的是分层的架构，三个团队参与了功能的构建，这些团队必须协调并有可能相互等待。图右侧，采用微前端的方式，构建此功能只需一个团队

1.2.2　不再有前端巨石架构

如今的大多数架构都没有可扩展式前端开发的概念。图 1.10 所示的三种架构：巨石架构、前后端分离和微服务，它们都附带的是前端巨石架构。这意味着前端来自一个单一的代码库，只有一个团队能正常工作。

有了微前端，包括前端在内的应用程序被分割成更小的垂直系统。每个团队都有自己的一小块前端。与一个前端巨石应用相比，构建和维护一个较小的前端更具优势。

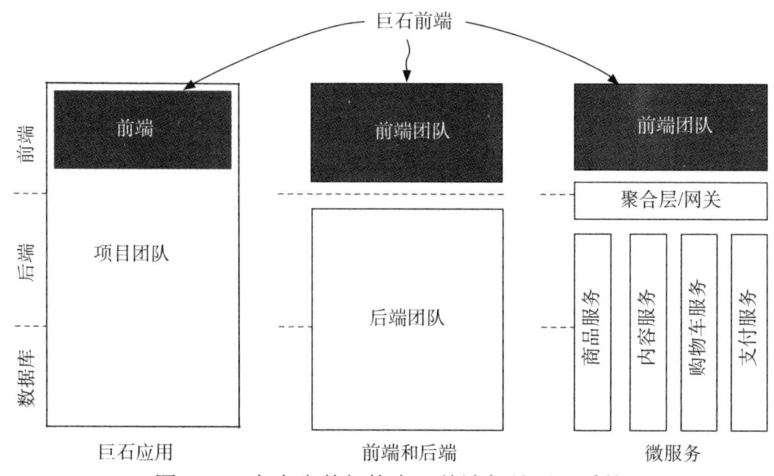

图 1.10 在大多数架构中，前端都是巨石系统

微前端有以下特点：

- 可独立部署。
- 将故障的风险隔离到更小的范围。
- 职责范围较窄，因此更易于理解。
- 拥有更小的代码库，有利于重构或者替换它。
- 状态更易于预测，因为它不与其他系统共享状态。

让我们详细讨论其中几个主题。

1.2.3 适应变化

作为一名软件开发人员，持续地学习和使用新技术是工作的一部分。当你是一名前端开发人员时，这一点尤为明显。工具和框架都在不断地快速变化着。复杂的前端开发从 2005 年的 Web 2.0 时代开始，Ruby on Rails、Prototype.js 和 Ajax 成为那个时代静态站点的交互式体验的重要开发技术。

但从那以后，前端发生了很多变化。前端开发从“使用 CSS 美化 HTML”转变为一个专业的工程领域。如今，为了交付优秀的产品，Web 开发人员需要了解响应式设计、易用性、Web 性能、可重用组件、可测试性、可访问性、安全、Web 标准的变化以及浏览器支持等多方面的知识。前端工具、库和框架的发展使我们能够构建更高质量、更强大的 Web 应用程序，以满足用户不断增长的需求。像 Webpack、Babel、Angular、React、Vue.js、Stencil 和 Svelte 这样的工具至今仍扮演着至关重要的角色，但很可能，这还不是演化的终点。所以，能够合理地使用新技术对于你的团队和公司来说是一种重要的优势。

遗留项目

处理遗留系统在前端也日益成为一个较普遍的话题。开发人员要花费大量时间重构遗留代码和制定迁移策略。大公司在维护他们的大型应用程序方面投入了大量精力。以下是三个例子：

- GitHub 进行了多年的迁移工作，以移除对于 jQuery 库的依赖。[1]
- Trivago，一家酒店搜索引擎公司，为 Ironman 计划付出了巨大的努力，将其复杂的 CSS 改造成模块化设计系统。[2]
- Etsy 正在摆脱他们的 JavaScript 代码遗留的包袱，以减少包大小并提高 Web 性能。多年以来，他们的代码不断增长，没有一个开发人员完全了解系统的全貌。为了定位无用的代码，他们构建了一个内置于浏览器的代码覆盖检测工具。该工具运行在客户的浏览器中并将结果发回他们的服务器。[3]

当你构建特定规模的应用程序并希望保持竞争力时，如果新技术能为你的团队提供价值，那么能够自由地转向新技术至关重要。这种自由并不意味着要每隔几年重写整个前端项目以使用当前流行的框架，这是不明智的。

---

1 见“Removing jQuery from GitHub.com frontend”，*The GitHub Blog*,https://github.blog/2018-09-06-removing-jquery-from-github-frontend/。

2 见 Christoph Reinartz 的“Large Scale CSS Refactoring at trivago”，*Medium*，http://mng.bz/gynn。

3 见 Raiders of the Fast Start: Frontend Perf Archeology，网址为 http://mng.bz/5aVD。

本地决策

要知道，能够在应用程序的一块隔离区域引入和验证一项技术，而不必为整个应用程序制订庞大的迁移计划是一种非常有价值的优势。微前端方法在团队级别上实现了这一点。举个例子：由于引用了一些未定义的变量，Checkout 团队最近遇到了很多 JavaScript 运行时错误。对于结算流程来说，最大限度地保证没有 bug 是非常关键的，因此团队决定切换到 Elm，这是一种可编译为 JavaScript 的静态语言。它被设计为不产生运行时错误。不过它也有缺点，开发人员不得不学习一门新的语言及其概念。而且开源生态系统中，Elm 可用的模块和组件仍然很少。但是对于 Checkout 团队来说，利大于弊。

使用微前端方法，团队可以完全控制他们的技术栈(微架构)。这种自主性使他们能够做出决定并进行转变。他们不需要与其他团队协调。他们唯一需要保证的是保持与之前团队间约定的兼容性(宏架构)，如图 1.11 所示。这可能包括遵守命名空间和支持所选的前端集成技术。通过学习本书，你将了解更多关于这些约定的知识。

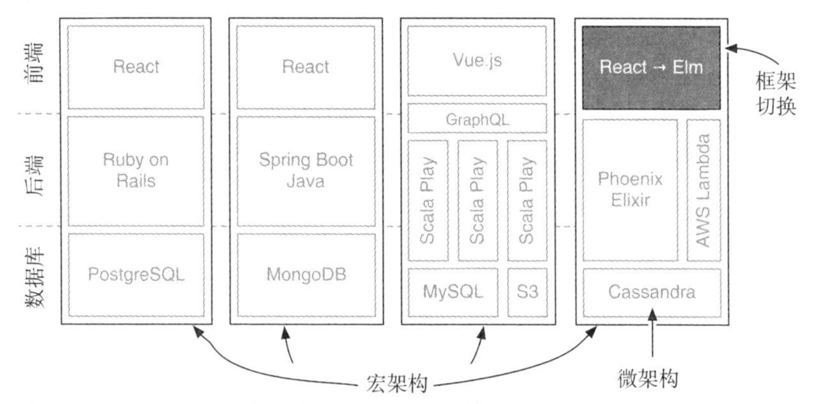

图 1.11 团队可以决定自己内部的架构(微架构)，只要团队处于遵循的宏架构边界内

对于一个大型代码库来说，进行这样的转变需要组织很多会议来听取大量的意见。风险会很高，而且应用程序的不同部分需要的

权衡取舍可能也不一样。在这种规模下，做决定的过程往往是痛苦的、没有效率的、令人厌烦的，以至于大多数开发人员在一开始就会回避这个问题。而微前端的方法使你的应用程序在有意义的领域会随着时间的推移而不断优化。

1.2.4　自主的优势

微服务架构的核心优势之一是自治，微前端也是这样。当团队决定像前一节描述的那样做出重大改变时，微前端会派上用场。即便你是在一个同样的工作环境，每个人使用的是相同的技术栈，它也有其优势。

自包含

页面和片段是自包含的。这意味着它们带着自己的标记、样式和脚本，并且不应该有共享的运行时依赖。这种隔离使得团队可以在片段中部署新的功能，而不必先与其他团队协商。一次更新还可能导致正在使用的 JavaScript 框架升级。由于片段是隔离的，因此这没什么大的问题(见图 1.12)。

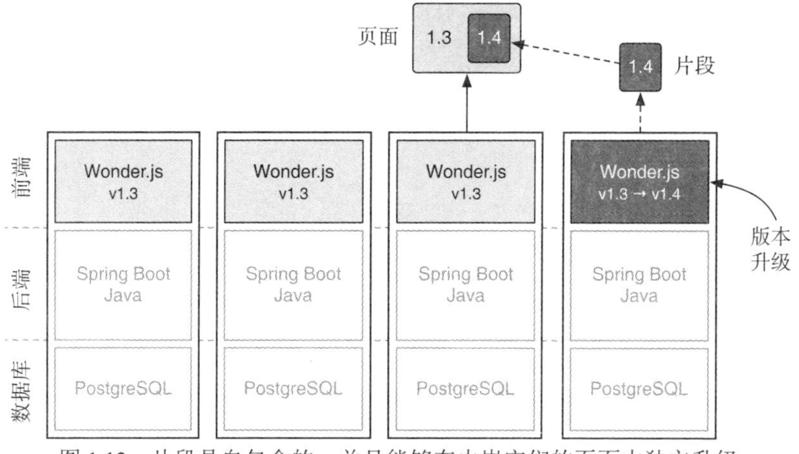

图 1.12　片段是自包含的，并且能够在内嵌它们的页面中独立升级

乍一看，每个团队都有自己的资源文件，这很浪费。尤其是所有的团队都使用相同的技术栈时。但是这种工作模式使得团队行动更加迅速，能更快地交付功能。

技术开销

后端的微服务架构会引入额外开销。你将需要更多的计算资源，例如，让不同的 Java 应用程序运行在它们自己的虚拟机或容器中。但事实上，相较于整个巨石服务，本身更小的后端服务也带来一些优势。你可以在更小、更便宜的硬件上运行服务。你可以通过运行多个实例来扩展特定的服务，而不必增加整个巨石服务。你总是可以通过花钱购买更多或更大的服务器实例来解决这个问题。

这种扩展方式不适用于前端代码，因为客户设备的带宽和资源是有限的。不过，这些开销并不会随着团队的数量增加而呈线性增长。这在很大程度上取决于团队如何构建自己的应用程序。在第 11 章中，我们将探讨一些用于衡量质量的指标，学会用技术来减轻这些影响。但可以肯定地说，团队的隔离的确会带来额外的成本。

那么，我们为什么要这么做呢？我们为什么不构建一个大型的 React 应用程序让每个团队负责其中的不同部分？一个团队只负责商品页面的组件；另一个团队负责创建结账页面。只需要一个源代码库，一个 React 应用程序，不是吗？原因如下。

无共享

这背后的原因是意识到团队之间的沟通是昂贵的——非常昂贵。当你想要更改别人的一段代码时，即使只是一个工具库，你也必须通知所有人，等待他们的反馈，也许还要讨论其他的选项。参与的人越多，处理起来越麻烦。

我们的目标是尽可能少地共享代码，以加速功能的开发。每一段共享的代码或基础设施都有可能产生大量的管理开销。这种方法也称为无共享架构。“无”字听起来有点刺耳，事实上它并不是那么黑白分明。但总的来说，微前端项目更倾向于接受冗余以支持更多的自主权和更快的迭代速度。本书中，这个概念会被多次提及。

1.3　微前端的缺点

如前所述，微前端方法是为自主团队配备所有所需要的资源，为客户创建有意义的功能。这种自治很强大，但不是免费的。

1.3.1　冗余

要知道，每个学习计算机科学技术的人都受过一定训练，以尽量减少系统中的冗余。无论是关系数据库中的数据规范化，还是将相似功能的代码提取为公共函数，目标都是提高效率，保持一致性。我们的眼睛和大脑已经学会了寻找冗余代码并想方设法消除它们。

让多个团队并行构建和运行其自己的技术栈会引入大量的冗余。每个团队都需要建立和维护自己的应用服务器、构建流程和持续集成的管道，可能还会加载冗余的 JavaScript/CSS 代码到浏览器。下面举两个例子来看清问题所在：

- 一个流行库中的关键 bug 不能只在一个中心位置修复。所有使用它的团队必须自己安装和部署修复的版本。
- 当某个团队投入精力使自己构建的流程速度提高一倍时，其他团队不能自动地从中获益。这个团队需要分享信息给其他团队，其他团队必须自己实现同样的优化。

这种无共享架构背后的原因是，冗余相关的成本要小于团队间的依赖所带来的负面影响。

1.3.2　一致性

此架构要求所有团队都有自己的数据库，以便完全独立。但有时一个团队需要另一个团队的数据。在网上商店中，商品就是一个很好的例子。所有团队都需要知道商店提供什么商品。一个典型的方案是使用事件总线或供给系统进行数据复制。某个团队拥有商品数据，其他团队定期复制这些数据。当一个团队出现故障时，其他团队不受影响，并且仍然可以访问他们的本地数据。但是这种复制机制要耗费时间并会引入延迟。因此，价格或库存的变化可能在短时间内不一致。主页上有折扣的促销商品在购物车中可能没有这个折扣。当一切正常运行时，我们讨论的这种延迟以毫秒或秒为单位，但当出现错误时，这个持续时间可能很长。这是一种健壮性优于一致性的权衡。

1.3.3 异质性

开放的技术选择是微前端引入的最显著的优势之一，但它也是一个极具争议的点。我是否希望所有开发团队都拥有完全不同的技术栈？这使得开发人员从一个团队切换至另一个团队，或者交流最佳实践都变得更加困难。

但是“可以选择”并不意味着你必须选择不同的技术栈。即便所有团队使用了相同的技术，自主的版本升级和更少的沟通开销的核心优势依然存在。

在我参与的项目中，我经历过不同程度的异质性项目。从“每个人都使用相同的技术”到“我们有一份经过验证的技术列表，选择最适合的来运行”，你应该讨论你的项目可接受的自由度和技术多样性的程度并且预先和公司所有人达成一致。

1.3.4 更多的前端代码

如前所述，使用微前端构建的站点通常需要更多的 JavaScript 和 CSS 代码。构建可以独立运行的片段会引入冗余。也就是说，所需的代码不会随团队或片段数量的增加而线性扩展。但从一开始就关注 Web 性能是非常必要的。

1.4 使用微前端的合理时机

和所有方法一样，微前端不是银弹，不会魔法般地解决你所有的问题。了解它的优势和局限性很有必要。

1.4.1 适合大中型项目

微前端架构是一项使项目扩展更容易的技术。当你和几个人一起开发应用程序时，扩展可能不是你面临的主要问题。Amazon 的 CEO Jeff Bezos 提出的“两个比萨”的团队原则揭示了最佳的团队规模[1]。当两个大比萨都不能喂饱你的团队时，那么这个团队就太大了。在大型团队中，沟通开销会增加，决策会变得复杂。在实践中，完美的团队规模是 5~10 人。

当团队规模超过 10 人时，就需要考虑团队的拆分。做垂直的微前端风格的拆分是你应该考虑的选项。我在电子商务领域做过不同的微前端项目，有 2~6 个团队，总共 10~50 人。对于这样的项目规模，微前端模型非常有效。但它并不局限于这个大小。

Zalando、IKEA 和 DAZN 等公司在更大的规模上使用了这种端到端方法，每个团队负责更窄的功能集。除了功能团队，Spotify 还引入了基础设施团队的概念。他们作为支撑团队，为功能团队创建像 A/B 测试这样的工具，以提高他们的生产效率。在第 13 章中，我们将深入探讨这类话题。

1.4.2 在 Web 应用程序中使用效果最好

虽然微前端背后的理念没有限定特定的平台，但是在 Web 应用程序中使用效果是最好的，Web 的开放性是主要原因。

---

1 见 Janet Choi 的“Why Jeff Bezos’ Two-Pizza Team Rule Still Holds True in 2018”，*I Done This Blog*，http://blog.idonethis.com/two-pizza-team/。

原生的巨石应用

用于受控平台(如iOS或Android)的原生应用程序被设计为巨石应用，因此它们不能实现动态组合和替换功能。为了更新原生应用程序，你必须创建一个应用程序包并提交至苹果或谷歌的审查流程。一个折中的办法是通过Web加载部分应用程序。内嵌的浏览器或者WebView能帮助你最小化应用程序的原生部分。但当你需要实现原生的UI时，让多个端到端的团队在互不干扰的情况下一起工作是很难的。

当然，你总是可以在每个垂直的团队中分配一个Web前端，然后通过REST API暴露其功能。你可以在这些API上构建其他的用户界面(如原生应用程序)。原生应用程序会复用这些已有团队的业务逻辑。但结果还是会在顶层形成一个水平的巨石层。因此，如果你针对的是Web平台，微前端会非常适合。如果你也需要针对原生应用程序，那么你不得不做出一些牺牲。在本书中，我们将着重介绍Web开发，不会涉及使用微前端构建原生应用程序的策略。

每个团队配置多个前端

一个团队也不限于只有一个前端。在电商领域，你的商店通常有一个前台(面向客户)和一个后台(面向员工)。例如，为终端用户构建结算功能的团队也会为客户热线开发相关的技术支持功能，还可能会创建WebView版本的结算功能，内嵌在原生应用程序中。

1.4.3 效率与开销

将应用程序划分为多个自治的系统会有很多好处，但这并不是免费的。

设置

在一开始，你需要找到合适的团队边界，配置系统并实现一个集成策略。你需要建立所有团队认可的公共规则，比如命名空间的使用。另外，为团队间提供知识交换的途径也很重要。

组织复杂性

较小的垂直系统可以降低单个系统的技术复杂性。但是运行分布式的系统会增加其复杂性。

与巨石应用相比，你必须解决一类新问题。当商品无法添加至购物车时，在周末应通知哪个团队解决该问题？由于浏览器是一个共享的运行时环境，某一个团队的修改可能对整个页面带来负面的性能影响，因此找到问题的负责人并不容易。

你可能需要一个额外的共享服务来进行前端集成。根据你的选择，它可能不需要很多维护工作，但这也是需要考虑的问题。

如果处理得当，效率和积极性的提升比起增加的组织复杂性要显著得多。

1.4.4　微前端不适用的场景

当然，微前端并不适合所有的项目。如前所述，它是一种可扩展式开发的解决方案。如果只有少量的开发人员，而且没有沟通问题，那么微前端的引入不会带来太多价值。

深入了解你工作的领域非常重要，这样你才能做出合适的垂直分割。理想情况下，哪个团队负责实现某一功能应该是很清晰的。不清晰或重叠的团队使命会引入不确定性和无休止的讨论。

我曾与尝试过这种模式的、在初创公司工作的人交流过。开始一切都很顺利，直到公司需要调整其商业模式。当然，重新组织团队和相关软件是可以的，但这会产生很多摩擦并导致额外的工作。而其他的组织方式会更加灵活。

如果你需要在多种设备上创建很多应用程序和原生的用户界面，那么将其交由一个团队来处理可能会很棘手。Netflix 公司以拥有几乎适用于所有现有平台的应用程序而知名，包括电视、机顶盒、游戏机、手机和平板电脑。对于这些平台，Netflix 公司有专门的用户界面团队。即便如此，Web 作为一个应用平台正变得越来越强大和流行，这使得一个代码库被部署到多个不同平台成为可能。

1.4.5 谁在使用微前端

本节中阐述的概念和想法并不新鲜。Amazon 很少谈论它们内部的研发结构。但是，一些 Amazon 的员工表示他们的电子商务站点已经使用这种模式很多年了。Amazon 还使用了 UI 集成技术，该技术在页面到达客户之前就已将页面的不同部分组装在了一起。

微前端在电子商务领域确实很受欢迎。2012 年，总部位于德国的邮购公司 Otto Group[1]开始拆分其庞大的业务，Otto Group 是全球最大的电子商务公司之一。瑞典家具公司 IKEA[2]和欧洲最大的时尚零售商之一 Zalando[3]都转向了这种模式。德国连锁书店 Thalia[4]为了提高研发速度，将其电子阅读器商店进行了垂直拆分。

微前端也应用于其他行业。Spotify[5]成立了自己的端到端自主团队 Squads。SAP 发布了一个框架[6]用来集成不同的应用程序。体育流媒体服务商 DAZN[7]也将其巨石前端重建成微前端架构。

1.5 本章小结

- 微前端是一种架构方法，不是特定的技术。
- 微前端引入了跨职能团队，打破了前端和后端团队的边界。
- 使用微前端方法，应用程序被划分为多个垂直的部分，每

---

1 见“On Monoliths and Microservices”，http://mng.bz/6Qx6。

2 见 Jan Stenberg 的“Experiences Using Micro Frontends at IKEA”，*InfoQ*，http://mng.bz/oPgv。

3 Project Mosaic | Microservices for the Frontend，https://www.mosaic9.org/。

4 见 Markus Gruber 的“Another One Bites the Dust”(用德语书写)，http://mng.bz/nPa4。

5 见“Spotify engineering culture”，http://mng.bz/vx7r。

6 SAP Luigi, https://luigi-project.io。

7 见“DAZN—Micro Frontend Architecture”，http://mng.bz/4ANv。

个部分都是从数据库到用户界面。

- 每个垂直系统都更小并且关注点更集中。因此，它比巨石应用更易于理解和重构。
- 前端技术的变化是很快的。使用微前端方法可以很容易改进你的应用程序，这是非常有价值的优势。
- 基于用户旅程和客户需求来设置团队边界是一种很好的模式。
- 一个团队应该有一个明确的使命，例如"帮助客户找到他们想要的商品"。
- 一个团队可以负责一个完整的页面或者通过片段交付一部分功能。
- 一个片段是一个迷你应用程序，它是自包含的，自身带有所需的一切。
- 微前端模型通常会导致浏览器加载更多的代码。从一开始就解决 Web 性能问题是至关重要的。
- 有多种前端集成技术。它们或者是在客户端使用，或者是在服务端使用。
- 拥有一个共享的设计系统有助于在所有团队前端实现一致的外观和用户界面。
- 为了更好地进行垂直划分，深入了解公司业务领域至关重要。虽然你可以在后面再进行职责的调整，但这会引起团队摩擦。

第2章

我的第一个微前端项目

本章内容：

- 构建本书介绍的微前端应用程序示例
- 以链接方式将两个团队的页面连接起来
- 通过 iframe 将一个片段集成到一个页面中

在复杂的应用程序中，多个团队能够并行工作是微前端的基本特性。不过，此类应用程序的终端用户并不关心内部团队的组织结构。这就是我们需要一种方法来集成这些团队创建的用户界面的原因。如第 1 章所述，在浏览器中有不同的组装 UI 的方法。

在本章中，你将学习如何通过链接和 iframe 来集成源自不同团队的 UI。从技术的视角看，这些技术既不新鲜也不令人兴奋。但它们的优点是易于实现和理解。从微前端的视角看，关键点在于，它在团队之间引入了最小的耦合。团队间不需要共享基础设施、库或代码约定。松散耦合给予了团队最大限度的自由来关注自身的任务。

在本章中，我们还将构建示例项目 The Tractor Store 的基础。我们将在本书中详细阐明这个项目。你将学习不同的集成技术及其优缺点。值得注意的是，本章并不提供“黄金标准”或“最佳集成技术”。一切都是根据你的用例做出正确的权衡。不过，本书将重点介绍在选择一种技术时应该关注的不同方面和特性。本章将从简单的场景开始，然后逐步深入到更复杂的场景。

2.1 The Tractor Store 简介

Tractor Models Inc.是一家虚构的创业公司，生产流行拖拉机品牌的高品质锡制玩具模型。目前，该公司正在建设一个电子商务网站：The Tractor Store。该网站允许来自世界各地的拖拉机爱好者购买他们最喜欢的模型。

为了尽可能地迎合受众，该公司想尝试和测试不同的功能和商业模式。该公司计划验证的理念包括提供深度定制的选项、高端材料模型的拍卖、区域限量特别版以及所有的主要城市旗舰店支持私人现场演示的预订。

为了在开发中实现最大的灵活性，公司决定从头构建软件，而不采用现成的解决方案。该公司希望快速验证自己的想法及其功能。这就是自己决定采用微前端架构的原因。多个团队可以并行工作，独立构建新功能，并验证想法。该公司最初从两个团队开始。

我们将为 Decide 团队和 Inspire 团队建立软件项目。Decide 团队将为所有拖拉机模型创建一个商品详情页面，用来显示模型的名称和图片。Inspire 团队将提供与之匹配的推荐信息。在第一次迭代中，每个团队在自己域名的页面上展示其内容。公司通过链接将页面连接起来。因此我们的每个模型都有一个商品页面和一个推荐页面。

2.1.1 准备开始

现在两个团队开始设置自己的应用程序、部署流程，以及页面所需的一切。

技术选型的自由

Decide 团队选择使用 MongoDB 数据库作为其商品数据源，并使用 Node.js 应用程序在服务器端渲染 HTML。Inspire 团队计划选用数据科学技术，利用机器学习来提供个性化的商品推荐。这就是为什么两个团队选择基于 Python 技术栈的原因。

能够选择适合任务的技术是微前端的优势之一。这是出于“并非所有的任务都相同”的考虑。要知道，构建一个高流量的着陆页和开发一个交互式的拖拉机配置器，需求是不同的。

技术多样性与蓝图

“可以使用”并不意味着每个团队“必须使用”不同的技术栈。当团队使用类似的技术栈时，交流最佳实践、获取帮助或团队间人员的流动都会更加容易。

这样还可以节省前期成本，因为你只需要实现一次基本的应用程序设置，包括目录结构、错误报告、表单处理或者是构建流程。每个团队可以复制这个蓝图应用程序，在其基础上构建功能。通过这种方式，团队可以更快地提高生产力，使用的软件也会更加类似。在第 13 章，我们将深入探讨这个主题。

独立部署

两个团队均可创建自己的代码库并建立持续化的集成管道。每当新的代码被推入中央版本管理系统时，管道就会运行。它会构建软件并运行各种自动化测试用例以确保软件的正确，同时将新的版本部署到团队的生产服务器上。这些管道独立运行，Decide 团队对软件的更改不会阻断 Inspire 团队的管道(见图 2.1)。

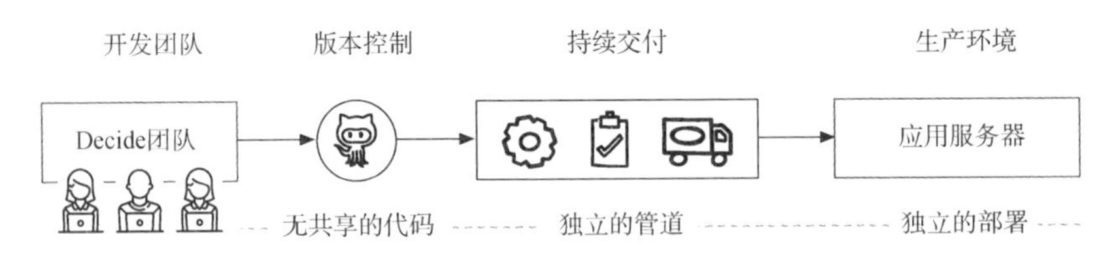

图 2.1 每个团队在自己的源代码库中工作，有独立的集成管道，并且可以独立部署

2.1.2 运行书中的示例代码

后面章节讨论的集成技术，均与服务端的技术栈无关。在我们的示例代码中，将关注应用程序生成的 HTML 输出。我们将为每个团队创建一个目录，包含静态的 HTML、JS 和 CSS 文件，并通过一个临时的 HTTP 服务器来托管这些文件。

提示：你可以在 GitHub[1]上浏览本书的源代码或者从 Manning 站点[2]上下载 ZIP。如果不想在本地运行代码，访问 https://the-tractor.Store，即可在浏览器中找到并查看所有的示例。

目录结构

所有的示例都遵循同样的目录结构。在每个示例目录里(如 01_pages_links)，都可以找到每个团队的目录(形如 team-[name])。图 2.2 展示了一个示例。

一个团队的目录代表一个团队的应用程序。一个团队的代码绝不会直接引用其他团队目录的代码。

1 GitHub 示例代码：http://mng.bz/QyOQ。

2 *Micro Frontends in Action*：http://mng.bz/XPjp。

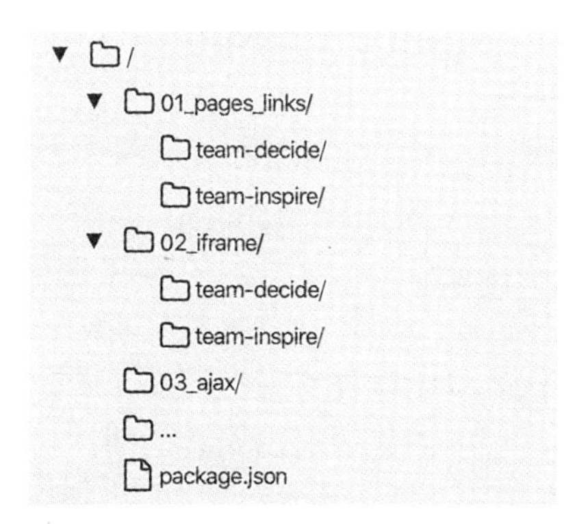

图 2.2　示例代码的目录结构。主目录(显示为/的目录)包含的子目录是每个示例项目的目录。顶层的 package.json 文件包含了所有示例要运行的命令

Node.js 是必需的

稍后要添加的静态资源文件(如 JS 和 CSS)将会放置在静态目录中。你需要安装 Node.js 来运行一个临时的 Web 服务器。如果你还没有安装，请访问 https://nodejs.org/并根据安装向导进行安装。所有的示例都可以在 Node.js v12 中运行。更高的 Node.js 版本也应该支持。

注意：本书没有局限于一个特定的终端或 shell。Windows PowerShell、命令提示符或 macOS 和 Linux 终端都能工作。

安装依赖

打开终端，进入示例代码的根目录。这里有一个 package.json 文件，它包含了每个示例项目的启动脚本。安装所需的依赖项：

```
npm install
```

启动示例

可以通过在根目录运行命令 npm run [name_of_example]来启动

任意一个示例。在终端输入以下命令启动我们的第一个示例：

```
npm run 01_pages_links
```

每个命令会执行三个操作：

(1) 为每个团队目录启动一个静态的 Web 服务器。这里使用的是 3000～3003 的端口。

(2) 在你的默认浏览器中打开示例页面。

(3) 在所有应用程序的终端输出聚合的网络日志。

注意： 请确保端口 3000～3003 没有被你机器上的其他服务占用。如果端口被占用，脚本仍会正常启动，但是会使用随机的端口启动。如果你遇到了问题，请检查一下日志。

运行第一个示例的命令应该会在端口 3001 和 3002 启动两个服务器。你的浏览器会显示一个带有红色拖拉机的商品页面，网址为 http://localhost:3001/product/porsche。

你的终端应该会输出类似下面的信息：

```
$ npm run 01_pages_links

> code@1.0.0 01_pages_links [...]
> concurrently --names 'decide,inspire' "mfserve --listen 3001
01_pages_links/team-decide" "mfserve --listen 3002 01_pages_
links/team-inspire""wait-on http://localhost:3001/product/p
orsche && opener http://localhost:3001/product/porsche"

[decide ] INFO: Accepting connections at http://localhost:3001
[inspire] INFO: Accepting connections at http://localhost:3002
[2] wait-on http://localhost:3001/product/porsche && opener
   http://localhost:3001/product/porsche exited with code 0"
[decide ] :3001/product/porsche
[decide ] :3001/static/page.css         )
[decide ] :3001/static/outlines.css
```

端口 3001 启动了 Decide 团队的服务器，端口 3002 启动了 Inspire 团队的服务器

正在你的默认浏览器中打开示例页面

输出了 Decide 团队应用程序示例页面的三个网络请求的响应

注意：临时的 Web 服务器使用的是@microfrontends/serve 包，它是强大的 zeit/serve 服务器的一个修订版本。我对其添加了一些功能，如日志、自定义请求头和支持延时请求等。后面的章节中我们会需要这些功能。

可以通过按下[CTRL] + [C]键来中断 Web 服务器。

当处理完这些配置和组织方面的事后，可以开始把关注点放在前端集成技术上。

2.2　通过链接进行页面跳转

在开发的第一个迭代中，团队的选择应尽可能地保持简单，没有花哨的集成技术。每个团队都在独立的页面上构建功能。团队的应用程序直接提供这些页面。每个团队都有自己的 HTML 和 CSS。

2.2.1　数据所有权

我们首先介绍三个拖拉机模型。在表 2.1 中，可以看到交付商品页面所需的数据：唯一标识(SKU)、名称和图片路径。

表 2.1　Decide 团队的商品数据库

SKU	名称	图片
porsche	Porsche Diesel Master 419	https://mi-fr.org/img/porsche.svg
fendt	Fendt F20 Dieselroß	https://mi-fr.org/img/fendt.svg
eicher	Eicher Diesel 215/16	https://mi-fr.org/img/eicher.svg

Decide 团队拥有基本的商品数据。Decide 团队将负责创建一些工具，使员工能够添加新的商品或更新现有商品。Decide 团队还负责托管商品图片，将图片上传到 CDN，其他团队可以直接引用它们。

Inspire 团队也需要一些商品数据。Inspire 团队必须知道所有的 SKU 和关联的图片地址。这就是 Inspire 团队后台会定期导入 Decide

团队数据的原因。Inspire 团队在自己的数据库中保存了相关字段的副本，将来也会通过分析和购买历史数据来提高其推荐算法的质量。但是目前，商品推荐采取硬编码的方式。表 2.2 展示了 Inspire 团队商品间的关系。

表 2.2 Inspire 团队商品推荐

SKU	推荐 SKU
porsche	fendt, eicher
eicher	porsche, fendt
fendt	eicher, porsche

Decide 团队不需要知道这些关系，也不需要知道底层算法和数据源。

2.2.2 团队契约

在这个集成中，URL 是团队之间的契约。拥有页面的团队将发布自己的 URL 模式。其他人可以使用这些模式来创建链接。以下是两个团队的 URL 模式。

- Decide 团队：商品页
  URL 模式：http://localhost:3001/product/<sku>
  示例：http://localhost:3001/product/porsche
- Inspire 团队：商品推荐页
  URL 模式：http://localhost:3002/recommendations/<sku>
  示例：http://localhost:3002/recommendations/porsche

由于我们是在本地运行应用程序，因此使用 localhost 来代替真实的域名。我们使用端口 3001(Decide 团队)和 3002(Inspire 团队)来区分不同的团队。在真实的场景中，各个团队可以挑选所喜欢的任意域名。

当两个应用程序都准备完毕后，运行结果应该如图 2.3 所示。商品页展示了拖拉机的名称和图片，并链接到相应的推荐页上。推荐页展示了一个匹配的拖拉机列表。每张图片会链接到对应的商品页上。

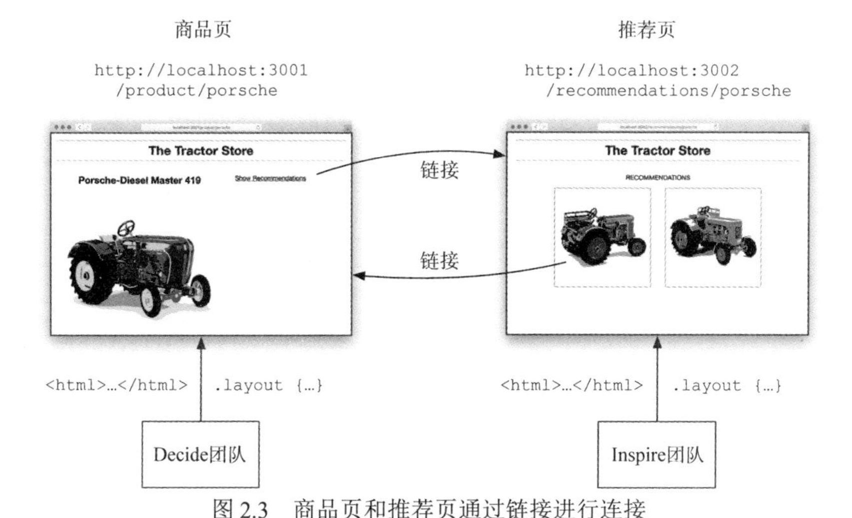

图 2.3　商品页和推荐页通过链接进行连接

让我们快速浏览一下实现这些功能的代码。

2.2.3　如何实现

可以在 01_links_pages 文件夹中找到示例项目的代码。图 2.4 展示了目录列表。

HTML 文件代表了每个团队的服务器生成的文件。另外，每个团队还有自己的 CSS 文件。

注意：临时的 Web 服务器默认会查找以.html 为扩展名的文件。例如请求/product/porsche 会使用./product/porsche.html 文件来提供服务。

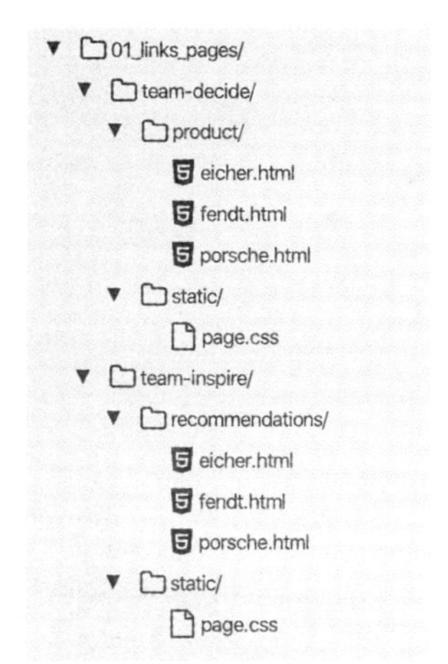

图 2.4　商品页和推荐页通过链接进行连接

标签

下面快速浏览一下商品页的 HTML。本书的所有示例将会使用这种标签，如代码清单 2.1 所示。

代码清单 2.1 team-decide/product/porsche.html

```
<html>
  <head>
    <title>Porsche-Diesel Master 419</title>
    <link href="/static/page.css" rel="stylesheet" />
  </head>
  <body class="layout">
    <h1 class="header">The Tractor Store</h1>
    <div class="product">
      <h2>Porsche-Diesel Master 419</h2>
      <img class="image" src="https://mi-fr.org/img/porsche.svg" />
    </div>
    <aside class="recos">
      <a href="http://localhost:3002/recommendations/porsche">
        Show Recommendations
      </a>
    </aside>
  </body>
</html>
```

Inspire 团队对应的推荐页的链接

其他商品页的标签看起来是类似的。这里重要的是 Show Recommendations 链接。这是我们学习的第一个微前端集成技术。Decide 团队根据 Inspire 团队提供的 URL 模式生成相应的链接。

下面切换到 Inspire 团队。推荐页的标签看起来如代码清单 2.2 所示。

代码清单 2.2 team-inspire/recommendations/porsche.html

```
<html>
  <head>
    <title>Recommendations</title>
    <link href="/static/page.css" rel="stylesheet" />
```

```
  </head>
  <body class="layout">
    <h1 class="header">The Tractor Store</h1>
    <h2>Recommendations</h2>
    <div class="recommendations">
      <a href="http://localhost:3001/product/fendt">
        <img src="https://mi-fr.org/img/fendt.svg" />
      </a>
      <a href="http://localhost:3001/product/eicher">
        <img src="https://mi-fr.org/img/eicher.svg" />
      </a>
    </div>
  </body>
</html>
```

Decide 团队商品页的链接

同样，其他拖拉机页面的标签是相同的，只是所展示的推荐不同。

样式

你可能已经注意到两个团队都有自己的 CSS 文件。当比较这些文件(team-decide/static/page.css 与 team-inspire/static/page.css)时，你会发现冗余。两个团队都引入了基本的布局、reset 和字体。

我们可以引入一个主 CSS 文件让所有团队来引入。集中式的样式听起来是个好主意。但是依赖于中心的 CSS 文件也会引入大量的耦合。由于微前端的目标是解耦与保持团队自主，因此我们必须谨慎对待——即使是样式。

第 12 章将更详细地讨论耦合方面的知识，并举例说明跨团队交付一致性用户界面的不同解决方案。因此，对于下面章节的例子，我们暂时接受样式的冗余。

启动应用程序

下面运行示例项目并在浏览器中查看。在示例代码的根目录执行以下命令：

```
npm run 01_pages_links
```

这会在浏览器中打开 http://localhost:3001/product/porsche，可以看到红色的 Porsche Diesel Master 拖拉机。运行结果应该如图 2.5 所示。可以点击 Show Recommendations 链接来查看 Inspire 团队推荐页中匹配的拖拉机列表。从那里，还可以通过点击另一台拖拉机跳回到商品页。在浏览器的地址栏，可以看到浏览器由 localhost:3001 跳转到了 localhost:3002。

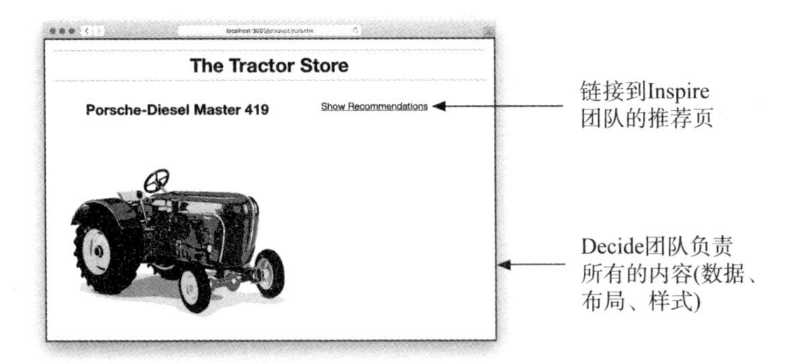

图 2.5 Decide 团队的商品详情页。Decide 团队负责这个页面上的所有内容

恭喜，至此我们已经创建了第一个电子商务项目，它遵循微前端的原则。下面的内容将在此代码基础上进行构建，以更多地关注实际的集成技术，而不拘泥于样板代码。

2.2.4 处理 URL 的变化

这个集成方案能够工作是因为两个团队事先就 URL 模式进行了交流并达成共识。URL 是一个流行而强大的概念，我们也会在其他的集成技术中遇到它。有时候 URL 需要更改，是因为你的应用程序转移到另一个服务器上，或是新的 URL 方案可能更利于搜索引擎，或是你想要语义化的 URL。对此，你可以手动通知其他所有团队。但是当团队和 URL 的数量增加时，你会希望自动化这个过程。

如果一个团队想要修改 URL，则需要提供一个 HTTP 重定向来解决这个问题。但是让最终用户在重定向链中跳转不是一个理想的方案。以我们从事过的项目来看，一个更加健壮的机制是每个团队提供一个机器可读的所有 URL 模式的目录。通常一个已知路径的 JSON 文件可以做到这一点。这样，所有应用程序都可以定期查询 URL 模式并在需要时更新链接。一些业内的标准(如 URI 模板[1]、json-home[2]或者 Swagger OpenAPI[3])能提供帮助。

2.2.5　优点

虽然成果可能不是那么引人瞩目，但是这个构建方案对于微前端应用程序来说有两个很重要的特性：两个应用程序的耦合性低，而鲁棒性高。

松散耦合

这里的耦合是指一个团队需要对其他团队的系统了解多少才能完成集成工作。在本示例中，每个团队只需要了解其他团队的 URL 模式并链接到其页面。团队不必关心其他团队使用的编程语言、框架、样式处理、部署技术或托管方案。只要这些站点之前定义的 URL 是可用的，一切就能神奇地工作。我们在这里看到了开放 Web 技术的美妙之处。

高鲁棒性

如果推荐应用程序崩溃了，商品详情页仍能正常工作。这个方案是健壮的，因为应用程序间不共享任何东西。团队交付的内容包含了所需的一切。某个系统的错误不会影响到其他团队的系统。

---

1 见 https://tools.ietf.org/html/rfc6570。

2 见“Home Documents for HTTP APIs”，https://mnot.github.io/I-D/json-home/。

3 见 Swagger OpenAPI Specification，https://swagger.io/specification/。

2.2.6 缺点

团队间不共享任何东西是有代价的。从用户的角度看，通过链接集成的方式并不总是最优的。用户不得不点击一个链接才能看到属于另外一个团队的信息。在我们的例子中，用户不得不在商品页和推荐页间来回跳转。使用这种简单的集成方式，我们无法将不同团队的数据合并到一个页面视图中。

这个模式也会带来很多技术上的冗余和开销。像页头这样的公共部分需要在每个团队都创建和维护。

2.2.7 何时使用链接集成技术

当构建一个稍微复杂的站点时，多数情况下仅依赖链接集成技术是不够的。通常需要在页面中内嵌其他团队的信息。但是不必单独使用链接集成技术，它可以和其他的集成技术一起配合使用。

2.3 通过 iframe 进行组合

整个公司都为两个团队在如此短的时间内取得的进展感到高兴。但是所有人都同意必须改善用户体验。通过 Show Recommendations 链接发现新拖拉机是可行的，但对客户来说还不够明显。我们最初的研究表明，超过一半的测试者根本没注意到这个链接。他们离开站点时认为 The Tractor Store 只提供了一种商品。

我们的计划是将推荐页整合到商品页本身。我们将替换右侧的 Show Recommendations 链接。推荐区域的视觉风格可以保持不变。

在一个简短的技术会议中，两个团队互相权衡了可能的组合方案，很快它们意识到通过 iframe 进行组合是最快的实现方式。

使用 iframe 能够将一个页面内嵌到另一个页面中，并且和链接集成一样具有松散的耦合和高鲁棒性。iframe 具有很强的隔离性。iframe 中发生的一切只会影响到 iframe 自身。但是它的缺点也很明显，我们将在本章中讨论。

每个团队只需要修改几行代码。图 2.6 展示了商品页中推荐栏的外观，也展示了各团队的职责。完整的推荐页包含在商品页中。

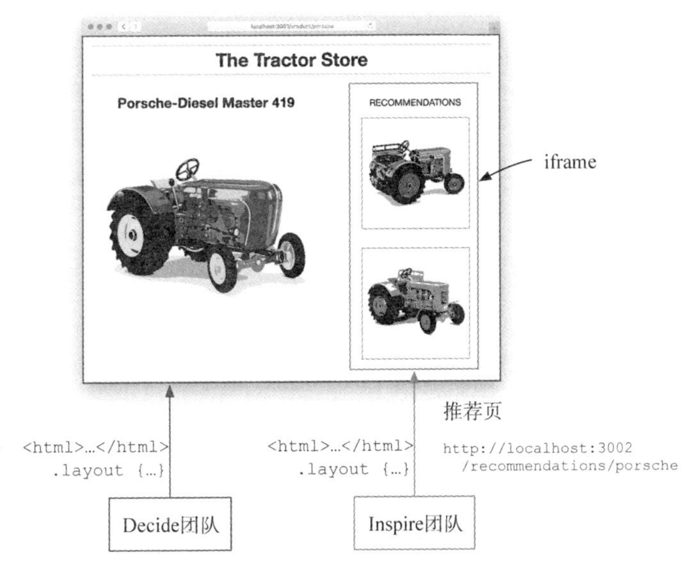

图 2.6　通过 iframe 将推荐页集成至商品页中。这两个页面并不共享任何东西。它们是独立的 HTML 文档，有自己的样式

2.3.1　如何实现

下面给出具体的实现方式。我们的第一个任务是替换 Show Recommendations 链接。Decide 团队可以在自己的 HTML 中将链接替换成代码清单 2.3 所示的代码：

代码清单 2.3　team-decide/product/porsche.html

```
...
<iframe src="http://localhost:3002/recommendations/porsche"></iframe>
...
```

完成后，Inspire 团队会移除推荐页的页头(“The Tractor Store”)标签，因为在 iframe 中已不再需要。

可以在 02_iframe 文件夹中找到更新后的示例代码。执行以下命令：

```
npm run 02_iframe
```

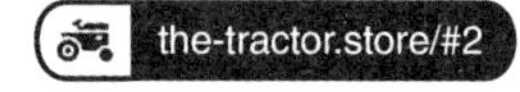

你的浏览器展示的商品页会内联推荐页，就如图 2.6 所示的那样。

为了使 iframe 组合的方式能够工作，Decide 团队还要对代码做一处修改。iframe 在布局时有一个主要的缺点，外部文档需要知道 iframe 内容确切的高度来避免滚动条和空白。为此，Decide 团队在自己的 CSS 中加入了代码清单 2.4 所示的代码。

代码清单 2.4　team-decide/static/page.css

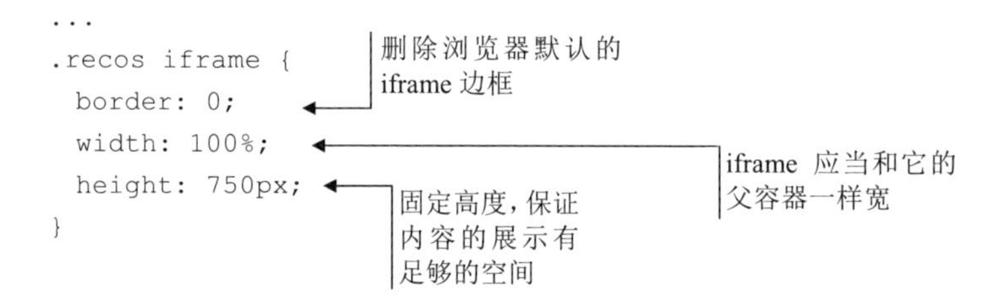

```
...
.recos iframe {
  border: 0;
  width: 100%;
  height: 750px;
}
```


对于静态布局，这可能不是问题，但如果你要构建的是响应式站点，就会变得棘手。内容的高度可能取决于设备的尺寸。

另一个问题是 Inspire 团队与 Decide 团队定义的高度绑定在一起了。举个例子，在不通知其他团队的情况下，Inspire 团队不能试验性地添加第三张推荐图片。一些 JavaScript 库[1]可在 iframe 内容更改时自动更新 iframe 大小。

团队间的契约因此变得更加复杂。原来，团队间只需要知道 URL。现在它们还需要知道内容的高度。

---

1 见 iframe-resizer, https://github.com/davidjbradshaw/iframe-resizer。

2.3.2 优点

理论上，iframe 是微前端最理想的组合技术。iframe 可以在所有浏览器中工作。它提供了强大的技术性隔离。脚本和样式不会渗入或渗出。它还具有许多安全特性，保护不同团队的前端彼此不受影响。

2.3.3 缺点

虽然 iframe 具有高隔离和易于实现的特性，但也具有很多负面的特性，这导致了 iframe 在 Web 开发中的糟糕声誉。

布局约束

如前所述，缺乏可靠的 iframe 自动高度的解决方案是日常使用中最显著的缺点之一。

性能开销

大量使用 iframe 对于性能来说是糟糕的。从浏览器的角度看，向页面添加一个 iframe 是一项开销很大的操作。每个 iframe 都会创建一个新的浏览上下文，这会导致额外的内存和 CPU 消耗。如果你计划在一个页面中包含许多 iframe，那么应该测试引入它们对性能的影响。

破坏无障碍可访问性标准

基于语义来组织你的页面内容并不只是为了看起来更干净。它使屏幕阅读器类的辅助技术能够分析页面内容，使视觉障碍用户能够通过语音与内容进行交互。而 iframe 破坏了页面的语义化。我们可以设置 iframe 的样式，无缝地与页面的其他部分融合。但是像屏幕阅读器这样的工具很难理解发生了什么。它看到的是多个文档都有自己的标题、信息层次结构和导航状态。如果不想破坏对无障碍可访问性的支持，请谨慎使用 iframe。

对搜索引擎不友好

当谈论到搜索引擎优化(SEO)时，iframe 的名声也不好。爬虫会将商品页作为两个不同的页面进行索引：外层的页面和包含的内部页面。搜索索引并不会表现出是一个页面包含另一个页面的事实。当搜索关键词“tractor recommendations”时，搜索结果里不会展现我们的页面。用户看到的是两个词在同一浏览器窗口中，但是它们并不在同一个文档中。

2.3.4 何时使用 iframe 集成技术

以上这些都是反对使用 iframe 的有力证据。那么，何时使用 iframe 合适呢？这取决于你的实际情况。

例如，Spotify 早期为其桌面端应用程序实现了微前端架构[1]，所使用的集成技术是靠使用 iframe 将各部分组合在一起。整个应用程序的布局非常的静态，对于桌面端应用程序来说搜索引擎也不是问题，因此这种妥协是可以接受的。

但如果你构建的是面向客户的站点，那么不应该使用 iframe。加载性能、无障碍访问和 SEO 对于这种站点是至关重要的。但是对于内部工具，微前端使用 iframe 是一种不错且简单的方式。

2.4 内容预告

在本章中，我们成功构建了一个微前端应用程序。两个团队能够独立地开发和部署它们的应用程序部分。两个应用程序是解耦的：当一个应用程序崩溃时，另一个仍然可以工作。

来看图 2.7 中的集成技术。你已经在第 1 章的概览图(图 1.1)中看到了这三种集成的分类。

---

1 见 Mattias Peter Johansson 的“How is JavaScript used within the Spotify desktop application?”，Quora，http://mng.bz/Mdmm。

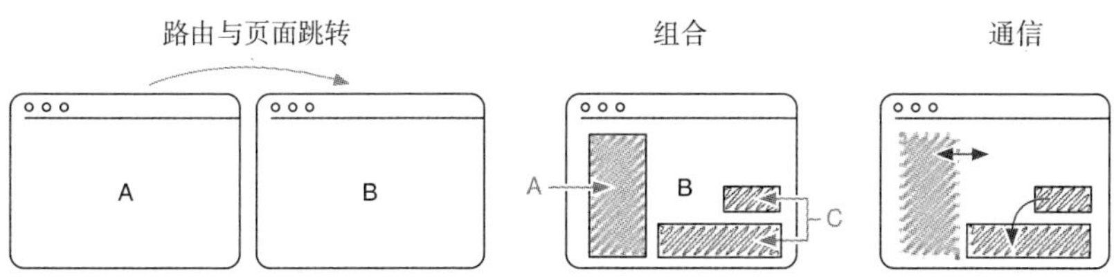

图 2.7　把前端集成技术划分为三类：路由、组合和通信

我们已经涉及了前两类技术，使用链接在不同团队的页面间跳转，使用 iframe 组合技术包含其他团队的内容。目前我们还不需要通信。

在下一章，将用更多的服务器端和客户端集成技术来充实我们的工具箱。我们已经按照复杂性来组织章节——从最简单的开始，逐步深入到更复杂的方法。

在第 9 章我们将更进一步，讨论不同的微前端顶层架构，如构建服务端渲染页面或组装由单页应用组成的单页应用(统一的 SPA)。

如果你的大脑里已经有了一个清晰的项目并且时间有限，这里有一个捷径。你可以直接跳过第 9 章的概述和哪种架构最适合的讨论，然后有选择地阅读所需章节。

2.5　本章小结

- 团队应当能够独立地开发、测试和部署应用程序。这是应用程序间应避免耦合的重要原因。
- 通过链接或 iframe 来集成非常简单。一个团队只需要知道其他团队的 URL 模式即可。
- 每个团队能够选择自己喜欢的技术来构建、测试和部署自己的页面。
- 高隔离性和高鲁棒性意味着即使某一系统变慢或宕机，其他系统也不会受到影响。

- 通过 iframe，一个页面可以被集成到其他页面中。
- 一个页面通过 iframe 集成另一页面时，页面需要知道被集成页面内容的尺寸。这引入了新的耦合。
- iframe 在团队间提供了强大的隔离性，无须共享任何代码约定或命名空间(CSS 命名空间或 JavaScript 命名空间)。
- iframe 在性能、无障碍和搜索引擎兼容性方面的表现并不理想。

第Ⅱ部分

路由、组合与通信

现在你已经了解了微前端架构的基础知识。在本书的第Ⅱ部分，我们将深入探讨构建更复杂项目所需的技术。这些技术大多都不需要特殊的工具。

微前端方法的使用正在软件行业中传播开来。这就是一些企业和个人开源了很多元框架和帮助库的原因。这些工具解决了常见的痛点，并提供了额外的抽象来改善开发人员的体验。由于这些支持的软件仍在变化，因此我们不会深入讨论这些解决方案。但是，在我们学习的旅程中，会接触到其中的一部分。

在接下来的章节中，我们将聚焦于现有的Web标准，并尽可能利用浏览器的原生特性。这种坚持使用底层基础技术的方法在我最近几年参与的项目中已被证明是稳定且有价值的。理解核心概念对于构建一个成功的项目至关重要——即使稍后你决定使用一个微前端库。

在第3~8章中，将学习路由、组合、通信技术以及服务器端和客户端渲染的Web应用程序。我已经按照其复杂程度来组织章节。第9章是架构的整体概览，我们会将所学的技术放到实际环境中考量。这将有助于你为下一个项目做出正确的架构选择。

第 3 章

使用Ajax进行组合与服务端路由

本章内容：

- 通过 Ajax 技术在页面中集成片段
- 使用项目范围的命名空间避免样式和脚本冲突
- 使用 Nginx Web 服务器将所有应用程序托管到一个域名上
- 实现请求路由，将传入的请求转发至正确的服务器

第 2 章中讨论了很多内容。目前两个团队的应用程序已经准备就绪。你已经学会了如何通过链接和 iframe 来集成用户界面。这些都是有效的集成方法，它们提供了强大的隔离性。但是它们在可用性、性能、布局灵活性、无障碍性和搜索引擎的兼容上都做了妥协。在本章中，我们将通过 Ajax 集成片段的方式解决这些问题。我们还会配置一个共享的 Web 服务器，在一个域名上托管所有的应用程序。

3.1 通过 Ajax 进行组合

我们的客户喜欢这个新的商品页。在新的商品页展示所有的推荐商品有显著的积极影响。从平均数据来看，人们花在此站点的时间比以前更长了。

但是市场负责人 Waldemar 注意到，站点在大多数搜索引擎中的排名都不理想。他怀疑排名不够理想和使用 iframe 技术有关。他与开发团队讨论如何提升排名。

开发人员注意到当涉及语义化的结构时，iframe 集成确实有一些问题。靠前的搜索排名对于宣传和引流新客户至关重要，因此他们决定在接下来的迭代中解决这个问题。

他们的计划是放弃使用 iframe 的方法(文档中内嵌文档)，选择使用 Ajax 进行深度集成。在这种模式中，Inspire 团队会以片段的形式提供推荐页——一段 HTML 代码。Decide 团队负责将此片段加载并集成至商品页的 DOM 中，图 3.1 说明了这个方法。Decide 团队还需找到一种合适的方法来加载片段所需的样式。

图 3.1 通过 Ajax 将推荐功能集成至商品页的 DOM 中

我们需要完成以下两项任务来保证 Ajax 集成能够工作：

1. Inspire 团队以片段的形式提供推荐功能。

2. Decide 团队加载这个片段并将其插入 DOM 中。

在开始工作之前，Inspire 团队和 Decide 团队必须明确片段的 URL。它们决定为片段创建一个新的端点，使用 http://localhost:3002/fragment/recommendations/<sku>来提供服务。现有的独立推荐页保持不变。现在，两个团队可以并行地实现功能了。

3.1.1　如何实现

对于 Inspire 团队来说，创建片段端点是很容易的。所有的数据和样式都已经在集成的 iframe 中了。图 3.2 展示了更新后的目录结构。

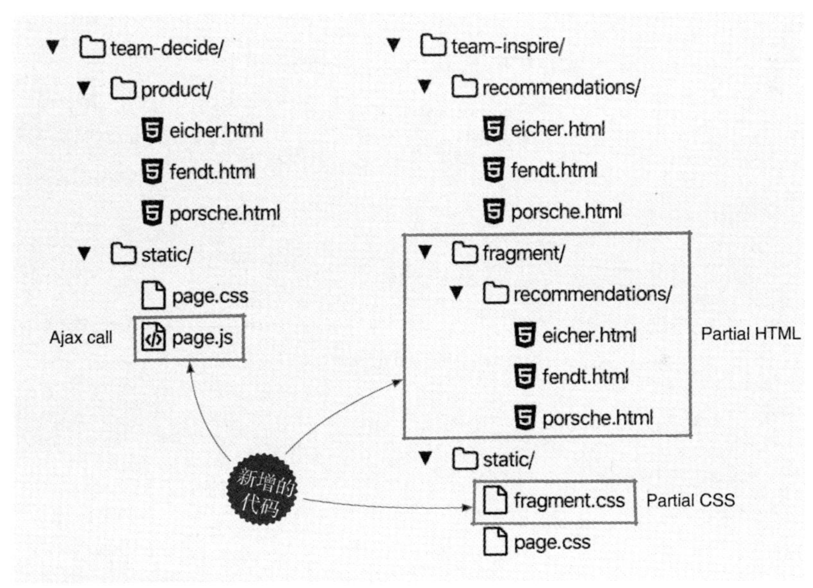

图 3.2　Ajax 示例代码 03_ajax 的目录结构

Inspire 团队为每个片段添加了一个 HTML 文件，这是推荐页的精简版，还引入了专门的片段样式(fragment.css)。Decide 团队引入了一个 page.js，它会触发 Ajax 调用。

标签

这个片段的标签代码如代码清单 3.1 所示。

代码清单 3.1 team-inspire/fragment/recommendations/porsche.html

```
<link href="http://localhost:3002/static/fragment.css" rel=➥
"stylesheet" />    ← 推荐功能的样式引用
<h2>Recommendations</h2>
<div class="recommendations">
  ...
</div>
```

注意此片段在标签中引用了自己的 CSS 文件，它的 URL 必须是绝对路径(如 http://localhost:3002/...)，因为 Decide 团队会将此标签插入自己的 DOM 中，其应用程序托管在 3001 端口。

将 link 标签和实际内容放在一起并不是最优方案。如果一个页面包含多个推荐条目，它最终会加载多个冗余的 link 标签。在第 10 章中，我们将探索一些更高级的引用相关 CSS 和 JavaScript 的技术。

Ajax 请求

推荐功能的片段已经准备就绪，下面转到 Decide 团队。

通过 Ajax 加载一段 HTML 并添加至 DOM 并不复杂。让我们看看第一个客户端的 JavaScript 代码，如代码清单 3.2 所示。

代码清单 3.2 team-decide/static/page.js

```
const element = document.querySelector(".decide_recos");    ← 查找要插入片段的元素
const url = element.getAttribute("data-fragment");    ← 从属性中检索片段URL

window
  .fetch(url)    ← 通过原生 API window.fetch 获取片段的 HTML 代码
  .then(res => res.text())
  .then(html => {
    element.innerHTML = html;    ← 将读取的标签插入商品页的 DOM 中
  });
```

现在需要将此脚本引入我们的页面中，在.decide_recos 元素上添加 data-fragment 属性。商品页的标签如代码清单 3.3 所示。

代码清单 3.3　team-decide/view.js

```
...
  <aside
    class="decide_recos"
    data-fragment="http://localhost:3002/fragment/➥
recommendations/porsche">        ← Inspire 团队推荐片段的 URL

    <a href="http://localhost:3002/recommendations/porsche">
      Show Recommendations
    </a>
  </aside>
  <script src="/static/page.js" async></script>   ← 引用 JavaScript 文件，它会发送 Ajax 请求
</body>
...
```

（注释：跳转至推荐页的链接，这是为了防止 Ajax 调用失败或请求还未完成，客户可以将此链接用作回退方案：渐进式增强）

下面通过以下命令运行这个示例：

```
npm run 03_ajax
```

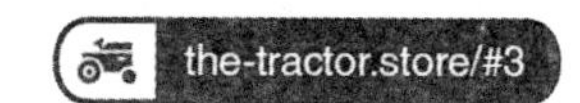

运行结果看上去和 iframe 一样。但是，现在商品页和推荐条目是在同一个文档中。

3.1.2　样式与脚本的命名空间

不同团队的代码在同一个文档中运行会带来一些挑战。现在两个团队在构建应用程序时必须考虑如何不引起冲突。当两个团队使用相同的 CSS 类或试图定义相同的全局 JavaScript 变量时，怪异的副作用就会产生，且代码难以调试。

隔离样式

让我们先来看看 CSS。遗憾的是，浏览器并没有为此提供太多

的帮助。废弃的 Scoped CSS 规范非常适合我们的场景。它允许你使用 scoped 属性来标记一段样式或 link 标签。被标记的样式只会在它们定义的 DOM 子树中生效。DOM 树中处于较高层级的样式仍然会向下传播，但是在 scoped 块中的样式不会泄露出来。这个规范存在的时间不长，一些浏览器已取消了对它的实现[1]。一些框架(如 Vue.js)仍然使用 scoped 语法来实现隔离功能，但是它们会在底层通过为选择器自动地添加前缀的方式在浏览器中实现样式隔离。

注意： 在一些现代浏览器[2]中，可以通过 JavaScript 和 ShadowDOM API 实现样式隔离，它是 Web Component 规范的一部分。我们将在第 5 章讨论这个话题。

由于 CSS 规则天然就是全局的，因此最实际的方案是给所有的 CSS 选择器添加命名空间。许多 CSS 命名方法(如 BEM[3])使用严格的命名规则来避免组件之间意外的样式泄露。但是两个不同的团队可能会各自使用相同的组件名称，例如我们示例中的 headline 组件。这就是要引入一个额外的团队级别的前缀的原因。表 3.1 展示了添加命名空间后的样子。

表 3.1 使用团队前缀给所有 CSS 选择器添加命名空间

团队名称	团队前缀	选择器示例
Decide	decide	.decide_headline .decide_recos
Inspire	inspire	.inspire_headline .inspire_recommendation__item
Checkout	checkout	.checkout_minicart .checkout_minicart—empty

注意： 为了保持 CSS 和 HTML 文件体积尽量小，我们倾向使用两个字母的前缀，如 de、in 和 ch。但在本书中，为了便于理解，我选择了更长、更具描述性的前缀。

1 见 Arly BcBlain 的“Saving the Day with Scoped CSS”，*CSS-Tricks*，https://css-tricks.com/saving-the-day-with-scoped-css/。

2 见“Can I Use Shadow DOM?” https://caniuse.com/#feat=shadowdomv1。

3 BEM，http://getbem.com/naming/。

当每个团队都遵循这些命名约定并仅使用基于类的选择器时，样式覆盖的问题就能解决。添加前缀的工作也不必手动完成。一些工具能够提供帮助。CSS Modules、PostCSS 或 SASS 都是不错的选择。在大多数的 CSS-in-JS 方案中，你都可以通过配置来为每个类名添加前缀。一个团队选择使用哪种工具不重要，只要所有的选择器都添加了前缀即可。

隔离 JavaScript

在我们的示例中，插入的片段并没有附带任何客户端 JavaScript 代码。但还是需要团队间的约定来避免浏览器中的冲突。幸运的是，在 JavaScript 中以非全局的方式编写代码会很容易。

流行的方法是将脚本包裹在一个 IIFE(immediately invoked function expression，立即执行函数[1])中。使用这种方法，应用程序中声明的变量和函数就不会被添加至全局的 window 对象中。相反，我们将作用域限制在了匿名函数中。大多数的构建工具可以自动完成这项工作。例如，Decide 团队的 static/page.js 看起来应如代码清单 3.4 所示。

代码清单 3.4　team-decide/static/page.js

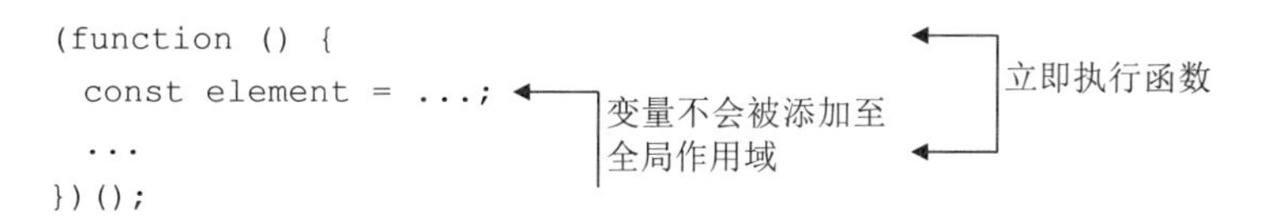

但有时你仍需要一个全局变量。一个典型的例子是，你希望将结构化数据以 JavaScript 对象的形式与服务器生成的标签一起发送。这个对象必须能被客户端 JavaScript 代码访问。一种合适的替代方法是以标签声明的形式来定义数据。

除了定义：

1 见 http://mng.bz/Edoj。

```
<script>
const MY_STATE = {name: "Porsche"};
</script>
```

还可以用声明的形式来表示你的数据，避免创建全局的变量。

```
<script data-inspire-state type="application/json">
{"name":"Porsche"}
</script>
```

要访问这个数据，可以在 DOM 树中查找这个 script 标签并解析它。

```
(function () {
  const stateContainer = fragment.querySelector("[data-inspire-state]");
  const MY_STATE = JSON.parse(stateContainer.innerHTML);
})();
```

但是有一些情况下不可能创建真正的作用域，你必须使用命名空间和约定。像 cookie、storage、events 或无法避免的全局变量，应为它们添加命名空间。可以使用与 CSS 类名相同的前缀规则。表 3.2 展示了一些示例。

表 3.2 一些 JavaScript 的功能也需要添加命名空间

功能	示例
cookie	document.cookie = "**decide**_optout=true";
local storage	localStorage["**decide**:last_seen"] = "a,b";
session storage	sessionStorage["**inspire**:last_seen"] = "c,d";
自定义事件	new CustomEvent("**checkout**:item_added");
	window.addEventListener("**checkout**:item_added", …);
无法避免的全局变量	window.**checkout**.myGlobal = "needed this!"
meta 标签	<meta name="**inspire**:feature_a" content="off" />

命名空间的作用不只是避免冲突。在日常工作中，它的一个价值是也表明了归属权。当一个巨大的 cookie 值导致了一个错误时，

只需要查看 cookie 名称就可以知道哪个团队可以修复这个错误。

上述避免代码冲突的方法不仅仅对 Ajax 集成有用——它也能应用于几乎所有的集成技术。当创建微前端项目时，我强烈推荐设置这样的全局命名空间规则。这可以为团队节省大量的时间。

3.1.3　声明式地加载 h-include

下面介绍使 Ajax 集成变得更加简单的方法。在我们的示例中，Decide 团队查找 DOM 元素，运行 fetch()函数，然后将 HTML 插入 DOM 中，他们使用命令的方式来加载片段的内容。

JavaScript 库的 h-include 提供了一种声明式的方式来加载片段[1]。引入片段就和在标签中引入 iframe 一样。不需要查找 DOM 元素和发送真正的 HTTP 请求。h-include 库引入了一个新的 HTML 标签 h-include，它可以处理所有的事情。推荐功能的代码如代码清单 3.5 所示。

代码清单 3.5　team-decide/product/porsche.html

```
...
<aside class="decide_recos">
  <h-include
    src="http://localhost:3002/fragment/recommendations/➥
porsche">
  </h-include>
</aside>
...
```

h-include 根据 src 属性获取 HTML 代码，然后将其插入 h-include 元素中

此 JavaScript 库也包含了一些额外的特性，如定义超时时间、减少因插入多个片段而引起的浏览器重排以及懒加载。

3.1.4　优点

Ajax 集成是一项易于实现和理解的技术。同 iframe 相比，它有

1 见 https://github.com/gustafnk/h-include。

很多优点。

自然的文档流

与 iframe 相反，我们将所有的内容都集成到了一个 DOM 中。现在，片段是页面文档流的一部分。这意味着一个片段会精确地占据它需要的空间。引入片段的团队不需要事先知道片段的高度。无论 Inspire 团队展示的是一张或三张推荐图片，商品页都能自动适应其高度。

搜索引擎和无障碍可访问性

尽管集成的过程发生在浏览器端，片段也没有呈现在初始的标签中，搜索引擎也能很好地工作。搜索引擎的机器人会执行 JavaScript 并对组装的页面进行索引[1]。像屏幕阅读器这样的辅助技术也支持这一点。但重要的是，这些组合起来的标签在语义上作为一个整体是有意义的。因此请确保你正确地标记了内容的层次结构。

渐进式增强

基于 Ajax 的解决方案通常可以很好地运用渐进式增强的原则[2]。将服务器渲染的内容作为一个片段或独立的页面交付并不会引入大量额外的代码。

你可以提供一个可靠的回退方案，以防止 JavaScript 执行失败或未执行完毕。在我们的商品页中，如果用户遇到了 JavaScript 执行失败，他会看到 Show Recommendations 链接，点击该链接会让用户跳转到独立的商品推荐页。针对错误进行架构设计是一种很有价值的技术，它会提高应用程序的鲁棒性。建议查阅 Jeremy Keith 的出版物[3]，以获得关于渐进式增强的更多细节。

---

1 更多关于 Googlebot 的 JavaScript 支持，请查阅 https://developers.google.com/search/docs/guides/rendering。

2 见 https://en.wikipedia.org/wiki/Progressive_enhancement。

3 见 https://resilientwebdesign.com/。

灵活的错误处理

在处理错误时，会有更多的选择。当 fetch()调用失败或者耗时过长时，你可以自主选择——显示渐进式回退方案，从布局中完全移除这个片段，或显示一段静态的事先准备好的替代内容。

3.1.5 缺点

Ajax 模式也存在一些缺点。最明显的一点体现在它的名称上，它是异步(asynchronous)的。

异步加载

你可能已注意到，站点在加载时会出现跳动或摆动的现象。通过 JavaScript 的异步加载会产生这样的延迟。我们可以实现片段加载时阻塞整体页面的渲染，仅在片段加载成功后显示页面。但这会使整体的体验更加糟糕。

异步地加载内容总是伴随着内容弹出的延迟。对于页面下方和视口之外的片段，这不是问题。但对于视口内的内容，这种闪烁并不友好。第 4 章将学习如何通过服务端组合来解决此类问题。

缺少隔离性

Ajax 模式没有任何隔离特性。为了避免冲突，团队必须就命名空间约定在团队间达成一致。当所有人都遵循约定时，它是没问题的，但会缺少技术上的保障。当遗漏了一些内容时，它会影响到所有团队。

需要向服务器发送请求

更新或刷新一个 Ajax 片段与最初加载它一样简单。但如果你实现的是一个完全依赖于 Ajax 的解决方案，这意味着每一次用户交互都会触发对服务器的调用，以生成更新后的标签。对于多数应用程序，服务器往返的耗时是可以接受的，但有时要更快地响应用户输入。特别是在网络条件不理想的情况下，服务器往返的耗时会变得非常明显。

脚本缺少生命周期

通常一个片段也需要客户端 JavaScript。如果你想要开发类似提示框这样的功能，就需要为标签绑定一个事件处理器以触发提示框。当外部的页面将片段替换为一个新的从服务器获取的标签时，这个事件处理器需要先被移除，然后重新添加到新的标签上。

团队必须知道自己的片段应何时运行。有多种方式可以实现这一点：MutationObserver[1]、通过 data-*属性的脚注、自定义元素(custom element)、自定义事件(custom event)。不过你必须手动实现这些机制。在第 5 章将探讨 Web Component 如何帮助我们解决这个问题。

3.1.6 何时使用 Ajax 集成

通过 Ajax 集成非常简单，这种方式健壮且易于实现。所带来的性能开销也微乎其微，特别是与 iframe 方案相比，后者的每个片段都会创建一个新的浏览上下文。

如果你是在服务端生成标签，这个方案是合适的。这个方案与第 4 章中将学习的服务端的 include 概念可以很好地协同工作。

对于包含大量交互并具有内部状态的片段，Ajax 集成可能会变得很棘手。由于网络延迟，每次交互需要从服务器读取并重新加载标签，这可能会使用户感到卡顿。本书后面讨论的 Web Component 和客户端渲染可作为这种情况的备选方案。

3.1.7 总结

下面回顾一下目前学习的三种集成技术。图 3.3 从开发者和用户的角度展示了链接、iframe 和 Ajax 方法的对比。

1 见 Louis Lazaris 的“Getting To Know The MutationObserver API”，*Smashing Magazine*, http://mng.bz/ Mdao。

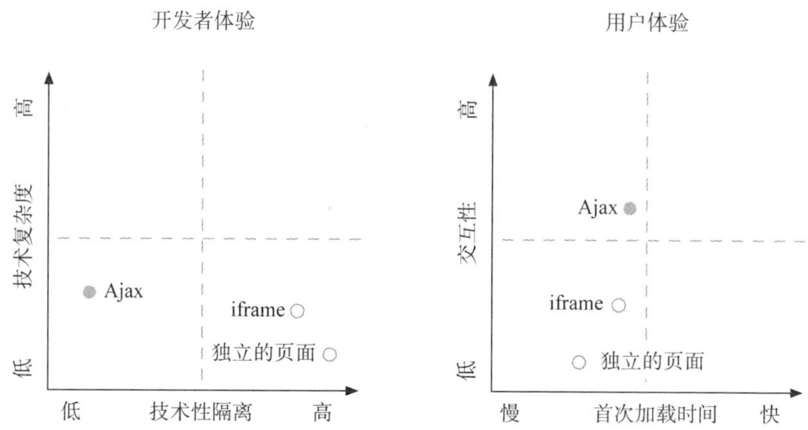

图 3.3　不同集成技术间的对比。相比于 iframe 或链接的方法，Ajax 是一个性能更优、可用性更强的解决方案。但是你会失去技术上的隔离性，需要依赖于团队间的约定，比如使用 CSS 前缀

下面从四个方面对它们进行比较：

- 技术复杂度描述了以此种模型进行设置和开发的难易程度。
- 技术隔离性表示能开箱即用的原生隔离特性的强弱。
- 交互性说明了此方法对于构建快捷的、快速响应用户输入的应用程序的适合程度。
- 首次加载时间描述了性能特征。用户能多快看到他们想看的内容？

注意，这个比较仅能帮助你了解这些技术在某方面孰优孰劣，并不具有代表性，你总能找到反例。

接下来，将研究如何进一步集成我们的示例应用程序。其目标是使所有团队的应用程序在一个域名下可用。

3.2　通过 Nginx 实现服务端路由

从 iframe 切换到 Ajax 有显著的积极影响。搜索引擎的排名提

升了，我们收到了来自视觉障碍用户的邮件，他们说我们的站点现在对屏幕阅读器更加友好了。但是我们也收到了一些负面的反馈。一些客户抱怨站店的URL太长，很难记住。对此，Decide团队选择Heroku作为托管平台并将站点发布在 https://team-decide-tractors.herokuapp.com/上。Inspire团队选择Google Firebase作为托管平台，将应用程序部署在 https://tractor-inspirations.firebaseapp.com/上。这种分布式的设置很完美，但每次点击都需要切换域名，这有些麻烦。

Tractor Models 公司的首席执行官 Ferdinand 非常重视这个请求。他决定让公司所有的 Web 资产都通过一个域名访问。经过漫长的谈判，他得到了 the-tractor.store 域名。

团队的下一项任务是使应用程序可通过 https://the-tractor.store 访问。在开始工作前，需要制订一个计划，需要一个共享的 Web 服务器，该服务器是一个中心点，所有对 https://the-tractor.store 的请求最初都会到达该点。图 3.4 说明了这一点。

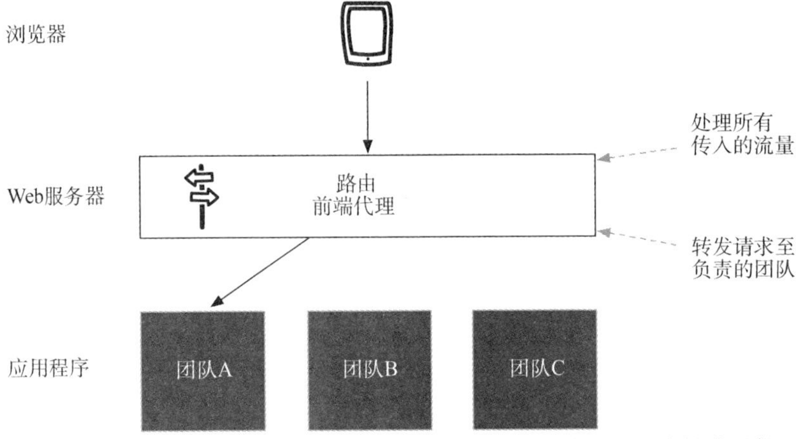

图 3.4　共享的 Web 服务器放置在浏览器和团队应用程序之间。它扮演了代理的角色并把请求转发至对应的负责团队

服务器会将所有的请求路由至负责的应用程序。此外，它不会包含任何业务逻辑的处理。这个路由的 Web 服务器通常称为前端代

理(frontend proxy)。每个团队应当收到带有其路径前缀的请求。前端代理会把所有以/decide/开头的请求转发给 Decide 团队的服务器。它们也需要一些额外的路由规则。前端代理会将所有以/product/开头的请求转发给 Decide 团队，以/ recommendations/开头的请求转发给 Inspire 团队。

在我们的开发环境中，还是会使用不同的端口号来代替实际的域名。我们设置前端代理监听的端口是 3000。表 3.3 展示了前端代理需要配置的路由规则。

表 3.3　前端代理将传入的请求路由至对应团队的应用程序

规则编号	路径前缀	团队	应用程序
每个团队的前缀(默认)			
#1	/decide/	Decide	localhost:3001
#2	/inspire/	Inspire	localhost:3002
每个页面的前缀(额外的)			
#3	/product/	Decide	localhost:3001
#4	/recommendations/	Inspire	localhost:3002

图 3.5 说明了如何处理传入的请求。下面按照图示的顺序来解释每个步骤：

(1) 客户打开 URL /product/porsche，请求到达前端代理。

(2) 前端代理根据路由表进行匹配，规则#3 /product/匹配成功。

(3) 前端代理将请求转发给 Decide 团队的应用程序。

(4) 应用程序生成响应并返回至前端代理。

(5) 前端代理将响应传回给客户端。

下面介绍如何构建一个这样的前端代理。

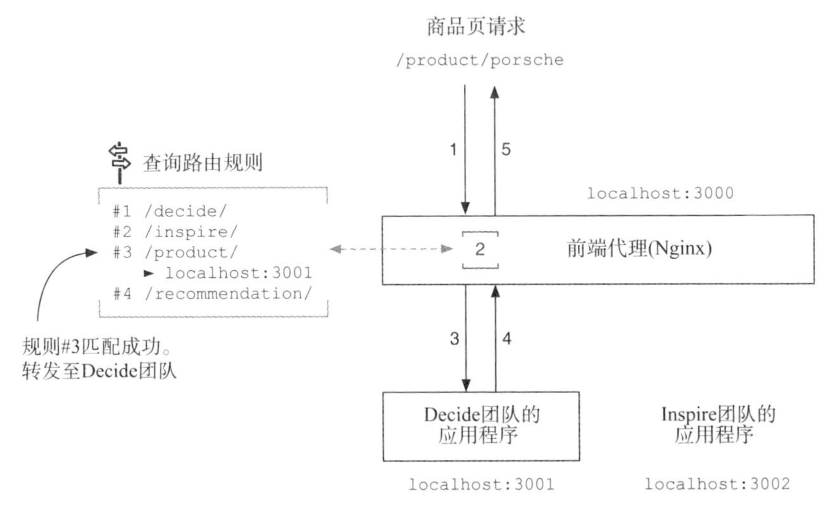

图 3.5 一个请求的响应流程。前端代理负责确定应该由哪个应用程序来处理传入的请求。它是依据传入的 URL 路径和配置的路由表来确定的

3.2.1 如何实现

团队选择使用 Nginx 来完成这项任务。Nginx 是一个流行的、易于使用且速度很快的 Web 服务器。如果你之前没有使用过 Nginx，不必担心。我们会阐明一些必要的基本概念以使路由能够正常工作。

在本地安装 Nginx

如果想在本地运行示例代码，需要在你的机器上安装 Nginx。对于 Windows 用户，Nginx 应该是开箱即用的，因为我已经在示例代码的目录中包含了 Nginx 安装文件。如果你使用的是 macOS，最简单的方法是通过 Homebrew 包管理器[1]安装 Nginx。大多数的 Linux 发行版都提供了官方的 Nginx 包。在基于 Debian 或 Ubuntu 版本的系统上，你可以通过 sudo apt-get install nginx 来安装它。它不需要额外的配置。示例代码只需要 Nginx 二进制文件存在于你的系统中

1 请访问 https://brew.sh 获取 Homebrew 包管理器并通过 brew install nginx 安装 Nginx。

即可。npm 脚本会自动地启动、停止 Nginx 以及团队的应用程序。

启动应用程序

可以通过以下命令启动所有的三个服务：

```
npm run 04_routing
```

熟悉的 Porsche Diesel Master 应该会出现在你的浏览器中。查看终端，找到类似下面的日志输出：

```
[decide ] :3001/product/porsche
[nginx ] :3000/product/porsche 200
[decide ] :3001/decide/static/page.css
[decide ] :3001/decide/static/page.js
[nginx ] :3000/decide/static/page.css 200
[nginx ] :3000/decide/static/page.js 200
[inspire]:3002/inspire/fragment/recommendations/porsche
[nginx]:3000/inspire/fragment/recommendations/porsche 200
[inspire] :3002/inspire/static/fragment.css
[nginx ] :3000/inspire/static/fragment.css 200
```

在这个日志消息中，我们看到了两个实体的请求——一个来自团队([decide]或[inspire])，另一个来自前端代理[nginx]。可以看到，所有的请求都经过了 Nginx。当这些服务生成响应时，它们创建相应的日志实体。这解释了为什么我们总是先看到团队的应用程序，然后才看到来自 Nginx 的消息。

注意：在 Windows 上，Nginx 不会输出日志信息，因为 nginx.exe 没有提供将日志输出到 stdout(标准输出流)的简捷方式。如果你使用的是 Windows，务必相信它是按照上述方式工作的(或者你可以重新配置 nginx.conf 中的 access_log，把日志写入你选择的本地文件中)。

下面介绍前端代理的配置。这里你需要理解两个 Nginx 的概念：

- 将请求转发到另一个服务器(proxy_pass/upstream)
- 区分传入的请求(location)

Nginx 的 upstream 允许你创建一个服务器列表，Nginx 可以将请求转发至这些服务器上。Decide 团队的 upstream 配置如下所示：

```
upstream team_decide {
  server localhost:3001;
}
```

你可以使用 location 块来区分传入的请求。一个 location 块包含一个匹配规则，用于和每个传入的请求进行比较。以下是一个 location 块，用来匹配所有以/product/开头的请求：

```
location /product/ {
  proxy_pass  http://team_decide;
}
```

看到 location 块中的 proxy_pass 指令了吗？它通知 Nginx 将所有匹配的请求转发到 team_decide 的 upstream。可以参阅 Nginx 文档[1]以获得更深入的理解，但若仅是为了理解./webserver/nginx.config 配置文件，如代码清单 3.6 所示，目前我们的知识已经足够。

代码清单 3.6 webserver/nginx.conf

```
upstream team_decide {
  server localhost:3001;
}
upstream team_inspire {
  server localhost:3002;
}
http {
  ...
  server {
    listen 3000;
    ...
    location /product/ {
      proxy_pass http://team_decide;
    }
    location /decide/ {
      proxy_pass http://team_decide;
```

将 Decide 团队应用程序的 upstream 注册为“team_decide”

接收所有以/product/开头的请求并转发到 team_decide 的 upstream 上

1 见 https://nginx.org/en/docs/beginners_guide.html#proxy。

```
    }
    location /recommendations {
      proxy_pass http://team_inspire;
    }
    location /inspire/ {
      proxy_pass http://team_inspire;
    }
}
```

注意：在我们的示例中，使用的是本地设置。upstream 指向的是本地的 localhost:3001。但在这里你可以将其修改为你希望的任何地址。Decide 团队的 upstream 可能是 team-decide-tractors.herokuapp.com。记住，Web 服务器引入了一个额外的网络跃点。要减少延迟，你可能要让 Web 和应用程序服务器位于同一个数据中心。

3.2.2　资源的命名空间

既然两个应用程序运行在同一个域名下，那么它们的 URL 必须不重叠。对于我们的例子而言，可让它们的页面路由保持不变，而将所有其他资产和资源文件移至 decide/或 inspire/文件夹。

我们需要调整 CSS 和 JS 文件的内部引用。但是团队间达成一致(团队间契约)的 URL 模式也需要更新。因为有了中央的前端代理，所以一个团队不再需要知道其他团队应用程序的域名，仅使用资源的路径就足够。目前 Nginx 的 upstream 配置封装了域名的信息。由于所有的请求都会经过前端代理，因此我们可以从 URL 模式中剔除域名部分。

- 商品页
  旧的：http://localhost:3001/product/<sku>
  新的：/product/<sku>
- 推荐页
  旧的：http://localhost:3002/recommendations/<sku>
  新的：/recommendations/<sku>
- 推荐片段

旧的：http://localhost:3002/fragment/recommendations/<sku>

新的：/inspire/fragment/recommendations/<sku>

注意：请留意推荐片段的 URL 路径中接收了一个团队前缀(/inspire)。

在同一个站点与多个团队合作时，引入 URL 的命名空间是一个关键步骤。它使 Web 服务器中的路由配置易于理解。所有以/<teamname>/开头的请求都会转发到<teamname>的 upstream。团队前缀有利于调试，因为它使归因更加容易。查看引起问题的 CSS 文件路径就可以发现它属于哪个团队。

3.2.3 路由配置的方法

当项目规模不断扩大时，路由配置中实体的数量也会增加。很快这就会变得复杂起来。有一些不同的方法可以处理这种复杂性。在我们的示例应用程序中，可以识别出如下两种不同的路由模式：

- 特定于页面的路由(如/product/)
- 特定于团队的路由(如/decide/)

策略 1：只使用带团队前缀的路由

简化路由最简单的方法是为每个 URL 应用一个团队前缀。这样，只有在向项目中引入新团队时，你的中心路由配置才需要更改。配置如下所示：

```
/decide/      -> Decide 团队
/inspire/     -> Inspire 团队
/checkout/    -> Checkout 团队
```

对于内部的 URL，前缀不是问题——客户看不到 API、资产或片段这些 URL。但是对于浏览器地址栏、搜索结果或印刷的销售材料中出现的 URL，这可能是个问题。这些 URL 暴露了你内部的团队结构。你还引入了一些单词(如 decide、inspire)，这些单词会被搜索引擎机器人读取并添加至它们的索引。

选择较短的前缀(1~2 个字符)可以减轻这一影响。这样，你的

URL 看起来将如下所示：

```
/d/product/porsche     -> Decide 团队
/i/recommendations     -> Inspire 团队
/c/payment             -> Checkout 团队
```

策略 2：动态的路由配置

如果不使用前缀，那么必须将团队和页面对应的信息放到前端代理的路由表中：

```
/product/*          -> Decide 团队
/wishlist           -> Decide 团队
/recommendations    -> Inspire 团队
/summer-trends      -> Inspire 团队
/cart               -> Checkout 团队
/payment            -> Checkout 团队
/confirmation       -> Checkout 团队
```

刚开始时，这个路由表很小，通常不会有什么大问题，但是这个列表会迅速增长。并且你的路由不只有基于前缀的，还会包括正则表达式，这将变得难以维护。

由于路由是微前端架构的核心部分，因此在软件的质量保证和测试上舍得投入是明智之举。你肯定不希望新加入的路由实体破坏软件其他部分的功能。

路由的处理有多种技术解决方案。Nginx 只是选择之一。Zalando 开源了它们的路由解决方案 Skipper[1]，Skipper 能处理超过 80 万条路由定义。

3.2.4　基础设施的归属

在构建微前端风格的架构时，要考虑的关键因素是团队自治和端到端的责任。你做的每一个决定都应当考虑到这些因素。团队应拥有他们所需的所有权利和工具来尽可能地完成他们的工作。在微

1 见 https://opensource.zalando.com/skipper/。

前端架构中，我们接受冗余，这有利于解耦。

引入一个中央 Web 服务器并不适合这种模式。为了在同一个域名上提供所有服务，从技术上讲，必须使用单个服务作为公共的端点，但是这也引入了单点故障。当 Web 服务器崩溃时，客户将看不到任何信息，即使背后的应用程序仍在运行。因此，你应该最小化这样的中心组件。仅在没有其他合理选择时才引入它们。

清晰的所有权对于这些中心组件的稳定运行和维护至关重要。在经典的软件项目中，会交由一个专门的平台团队负责。这个团队的目标是提供和维护这些共享的服务。但在实践中，这些水平团队(horizontal team)会产生很多摩擦。

将基础设施责任分配到产品团队有助于保持对客户价值的关注(见图 3.6)。在我们的例子中，团队 Decide 负责运行和维护 Nginx，其他团队也会自然关注这项服务能否稳定运行和获得良好的维护。而功能团队没有动力让共享服务变得比实际需要的更好。在项目中，我们对此方法有丰富的经验。该方法有助于保持以客户为中心，即便深入到技术细节也是如此。在第 12 章和第 13 章，我们将对集中式和分散化的管理方式进行深入讨论。

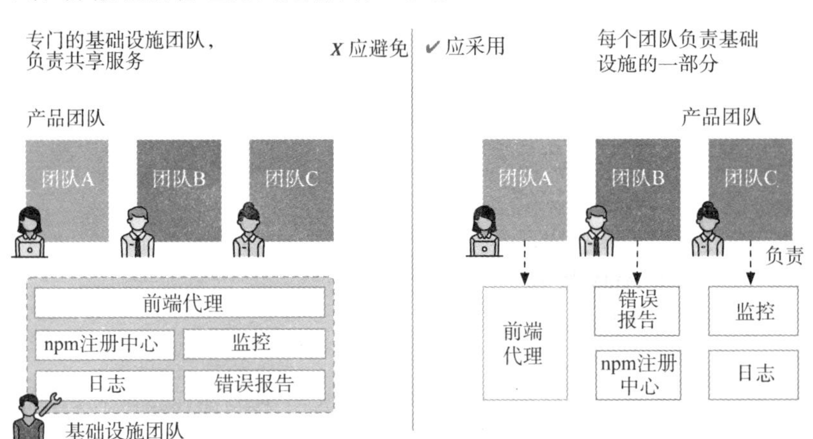

图 3.6 避免引入纯粹的基础设施团队。将共享服务的责任分配给产品团队是一个很好的替代模式

3.2.5　何时应使用单个域名

通过一个域名交付多个团队的内容是非常标准的做法。因为客户一般期望他们浏览器地址栏中的域名不随着每次点击而变化。

这样做也具有一些技术上的优势：

- 避免了浏览器的安全问题(CORS)。
- 可以通过 cookie 共享数据，例如共享登录状态。
- 更好的性能(只需要进行一次 DNS 查询、SSL 握手等)。

如果要创建的是一个面向客户的站点，该结点应该被搜索引擎索引，那么你肯定要建立一个共享的 Web 服务器。而对于内部应用程序，也可以省去额外的基础设施，每个团队仅使用自己的子域名。

目前我们已经讨论了服务端的路由。Nginx 只是其中一种方法，也有一些其他的工具(如 Traefik[1]或 Varnish[2])提供了类似的功能。在第 7 章将学习如何将这些路由规则迁移到浏览器端。客户端路由使我们能够创建一个统一的单页应用程序。但在此之前，我们还是把焦点放在服务端并研究一下更复杂的组合技术。

3.3　本章小结

- 通过 Ajax 加载的方式，可以将多个页面的内容集成到一个单一的文档中。
- 与 iframe 相比，更深度的 Ajax 集成在无障碍可访问性、搜索引擎兼容性和性能方面更胜一筹。
- 由于 Ajax 集成是将多个片段放置在同一文档中，因此有可能产生样式冲突。
- 可以为 CSS 类引入团队的命名空间来避免 CSS 冲突。
- 可以将多个应用程序的内容路由到一个前端代理上，它可

1 见 https://docs.traefik.io。

2 见 https://varnish-cache.org。

以在一个统一的域名上提供所有的内容。

- 在 URL 路径中使用团队前缀是一个很棒的方法，它使调试和路由都变得更简单。
- 软件的每个部分都应该有清晰的责任划分。如果可能，应避免建立平台团队这样的水平团队。

第 4 章

服务端组合

本章内容：

- 使用 Nginx 和 SSI 验证服务端组合
- 研究超时和回退机制如何在片段运行失败或者加载缓慢时提供帮助
- 对比不同组合技术的性能特征
- 探索一些其他的解决方案，如 Tailor、Podium 和 ESI

在前面的章节中，你已学习了如何通过客户端集成技术(如链接、iframe 和 Ajax)创建一个微前端风格的站点。还学习了如何运行一个共享的 Web 服务器，将传入的请求路由到相应团队负责的应用程序部分。本章将在这个基础上学习服务端的集成技术。在服务端组装不同的片段标签是一种广泛且流行的解决方案。许多电子商务公司(如 Amazon、IKEA 和 Zalando)都选择了这种方案。

如图 4.1 所示，服务端的组合通常由介于浏览器和实际应用服务器之间的服务来执行。服务端集成最显著的优点是当页面抵达客户浏览器时，它已完全组装完毕。而使用纯客户端的集成技术很难达到这样惊人的首页加载速度。

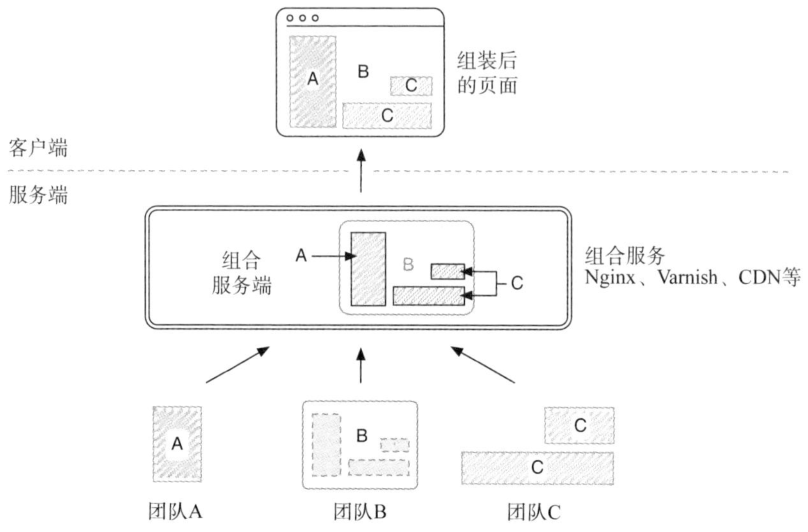

图 4.1 片段的组合发生在服务端。客户端收到的是已经组装完毕的页面

另一个关键的因素是健壮性。在服务端组合为渐进式增强原则提供了使用基础。团队可以在片段中添加客户端 JavaScript 来改善用户体验。

4.1 通过 Nginx 和服务端包含(SSI)进行组合

在上一个迭代中，团队从 iframe 切换至基于 Ajax 的集成方案。这显著提高了搜索引擎的排名。为了验证其工作成效，Tractor Models 公司会定期调查。而负责客户服务的 Tina 会讲 10 多种语言。她通过与世界各地的爱好者交流，来收集他们的意见和反馈。

客户对我们团队整体的反响是不错的。粉丝们迫不及待地想要得到真正的拖拉机模型。但在这些沟通中，有一个被多次提及的话题——站点的加载速度。客户埋怨 the-tractor.store 不如竞争对手的在线商店那样快速。一些元素(如推荐的条目)的加载有明显的延迟。

Tina 与开发团队组织了一次面对面的会议来分享她的调查结

果。开发人员对糟糕的性能报告感到吃惊。因为在他们的机器上，所有的页面加载都非常迅速。他们甚至无法想象客户在自己机器上看到的效果。但这可能是因为他们的客户没有 3000 元的笔记本电脑，没有光纤连接，也不在数据中心所在的国家居住。他们中的大多数甚至都不在同一片大陆上。

为了测试站点在非理想网络状态下的表现，一名开发人员打开了他的浏览器开发工具，并在限流为 3G 的网络速度下加载页面。他非常惊奇地发现，页面加载的时间竟然达到了 10 秒。

开发人员相信这有改进的空间。他们计划转向服务端集成技术。这样，首次的 HTML 响应就已经包含了站点所需的所有资产的引用。浏览器会更快地获取页面的全貌。它会更早且并行地加载所需的资源。由于团队已经使用了 Nginx，因此选择使用它的服务端包含(Server-Side Includes，SSI)功能来进行集成。

4.1.1　如何实现

SSI 的历史

SSI 是一项老旧的技术，可以追溯到 20 世纪 90 年代。过去，人们用它将当前日期内嵌到静态的页面中。在本书中，我们仅关注 Nginx 服务器中 SSI 的 include 指令。

这个规范较稳定，但近年来它没有什么发展。在主流的 Web 服务器中，它的实现是非常可靠的，并且几乎没有管理上的开销。

让我们开始工作，这次 Inspire 团队可以休息一会，因为可以重用前面章节(Ajax)的推荐片段的端点。

Decide 团队需要做两处修改：

(1) 在 Web 服务器配置中激活 Nginx 的 SSI 支持。

(2) 添加 SSI 指令到商品页模板中。SSI 的 URL 必须指向 Inspire 团队现有的推荐片段的端点。

SSI 的工作方式

下面介绍 SSI 的大致工作方式。一个 SSI include 指令如下所示：

```
<!--#include virtual="/url/to/include" -->
```

Web 服务器在将标签内容传给客户端之前，它会使用所引用地址的内容替换这个指令。

图 4.2 展示了系统如何使用服务端包含技术生成并组合商品页的 HTML。让我们跟随图中的箭头从最初的请求到最后的响应，从上至下地进行浏览。所有的步骤都按照此顺序执行。

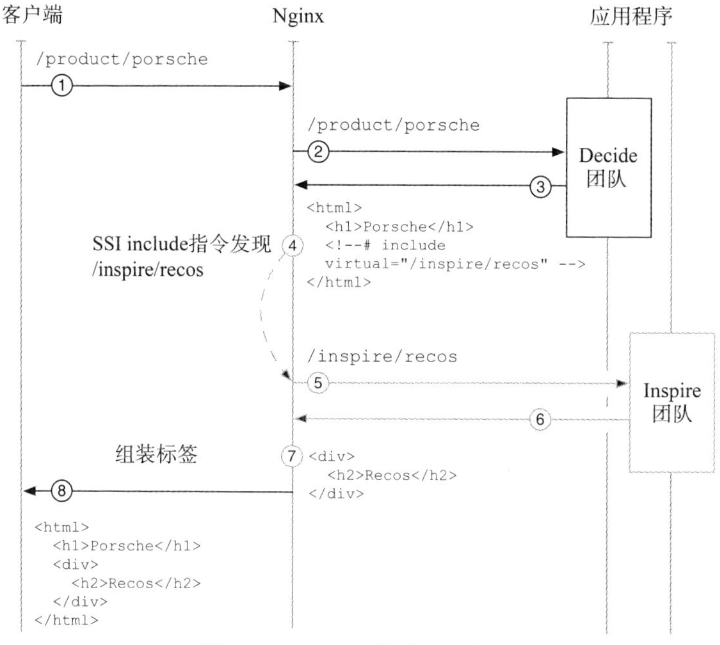

图 4.2 Nginx 内部的 SSI 处理

(1) 客户端发出请求/product/porsche。

(2) Nginx 转发请求到 Deicide 团队，因为它是以/product/开头的。

(3) Decide 团队生成商品页标签，该标签包含了一个 SSI 指令，此指令会被推荐的实际内容替换，然后发送给 Nginx。

(4) Nginx 解析响应的数据体，它发现 SSI include 指令并提取其 URL(virtual 属性)。

(5) Nginx 向 Inspire 团队请求其内容，因为 URL 是以/inspire/开头的。

(6) Inspire 团队生成此片段的标签，并返回给 Nginx。

(7) Nginx 使用此片段标签替换商品页标签中 SSI 的注释内容。

(8) Nginx 将组合完毕的标签发送至浏览器。

Nginx 在服务中扮演两个角色：一个是基于 URL 路径转发请求，一个是获取并集成片段。

使用 SSI 集成片段

下面试着在示例应用程序中使用 SSI。Nginx 的 SSI 支持默认是关闭的。可以在 nginx.conf 的 server 块中添加 ssi on;来开启它，如代码清单 4.1 所示。

代码清单 4.1　webserver/nginx.conf

```
...
server {
  listen 3000;
  ssi on;     ← 激活 Nginx 的服务端包含功能
  ...
}
```

现在我们需要将 SSI include 指令添加到商品页的标签中。它有一个简单的结构：<!--#include virtual="[/url-to-include]" -->。我们可以使用之前 Ajax 示例中片段的 URL，如代码清单 4.2 所示。

代码清单 4.2　team-decide/product/porsche.html

```
...
<aside class="decide_recos">
```

```
    <!--#include virtual="/inspire/fragment/recommendations/➥
porsche" -->
  </aside>
  ...
```

Nginx 会将 SSI 指令替换为 URL 的内容

执行以下命令，启动示例程序：

```
npm run 05_ssi
```

现在你的浏览器显示了我们熟知的拖拉机页面。不过，我们已不再需要客户端 JavaScript 进行集成了。当页面标签到达客户的设备时，它已经集成就绪。你可以在浏览器中通过选择“查看网页源代码”进行查看。

4.1.2 更少的加载次数

让我们看看页面加载速度。在浏览器的开发者工具中打开 Network 选项卡，激活网络节流功能并节流至 3G 速度。图 4.3 显示了结果。

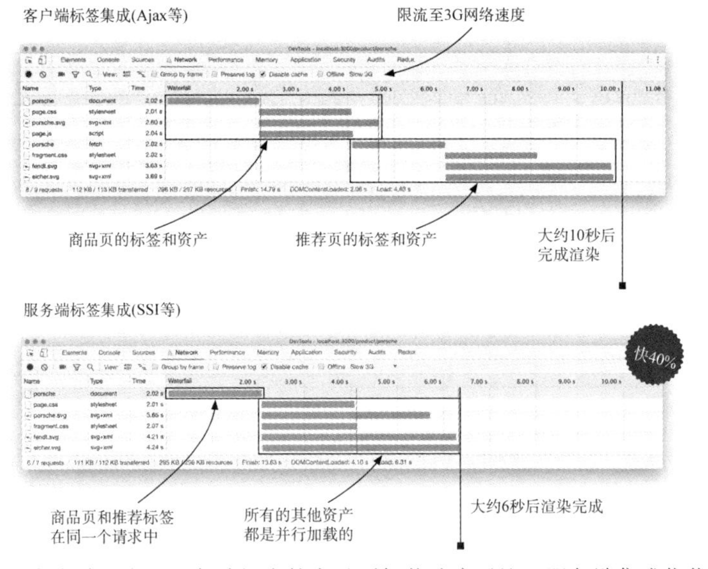

图 4.3 客户端组合和服务端组合的商品页加载速度对比。服务端集成优化了关键路径

加载 Ajax 集成的版本需要花费 10 秒左右的时间，而 SSI 的方案只需 6 秒。页面的加载速度确实提高了 40%。但是节省的时间从何而来？下面深入研究一下。3G 节流模式限制了可用的带宽，但也会导致所有请求延迟大约 2 秒。我们移除了独立片段所需的 Ajax 调用。推荐页条目已打包在最初的标签中，这种打包会为我们节省 2 秒的时间。另一个因素是 JavaScript 触发了 Ajax 调用。浏览器不得不等待 JavaScript 文件完成才能开始加载片段。等待 JavaScript 又增加了 2 秒的时间。

所有的请求延迟 2 秒的确很严苛，也可能不能准确地反映客户平均的请求时间。但这会放大资源的依赖关系，也称为关键路径。尽可能早地向浏览器提供页面所有关键部分的信息(例如图片和样式)是非常重要的。而服务端集成是实现这一点的关键。

这里关键的区别在于，数据中心内的延迟量级更小，而且更易于预测。对于服务到服务的通信，延迟是个位数毫秒级的，而在互联网上，数据中心和终端用户间的延迟则更加不可靠。延迟范围可从<50 毫秒(不错的连接延迟)到数秒(糟糕的连接延迟)不等。

4.2　处理不可靠的片段

Decide 团队的开发人员制作了一个对比视频，用来展示服务端集成前后的页面实时加载情况[1]，并将其发布在了公司的 Slack 频道。结果如预期的那样，非同凡响。

但是当某个应用程序运行缓慢或出现技术故障时该如何处理呢？在本节中，我们会深入研究服务端集成并探索超时和回退机制如何为此提供帮助。

1 WebPageTest 是一个很棒的开源工具(https://www.webpagetest.org/)，可以用它来完成这项工作。

4.2.1 可分离的片段

当 Decide 团队致力于服务端集成时，Inspire 团队也很忙，创建了一个叫作“Near You”的新功能原型。当拖拉机爱好者喜爱的拖拉机型号在附近的田地工作时，此功能会发出通知。要完成这个工作并不容易——需要和农民协会沟通、向农民分发 GPS 工具并收集实时数据。

当用户访问站点，并且系统检测到确实有一台真正的拖拉机在 100 公里半径范围内时，我们会在商品页上显示一个小的信息框。该功能的第一个版本仅限于欧洲和俄罗斯，并通过 IP 定位用户。这个位置不总是准确的，Decide 团队计划在未来利用浏览器的原生定位 API 和消息推送 API。

两个团队坐在一起讨论如何集成这个功能。Inspire 团队只需要占用商品页上的一小块空间。Decide 团队同意在商品页头部下方提供一个长的横幅区域，作为“Near You”片段的插槽。当 Inspire 团队的系统没有发现周围的拖拉机时，页面不会显示横幅。而 Decide 团队不必了解和关心业务逻辑和片段的具体实现。Inspire 团队会处理“本地化”“寻找匹配拖拉机”和“试运行计划”等工作。当不能找到匹配的拖拉机时，它会返回一个空的片段。图 4.4 展示了横幅的样子。

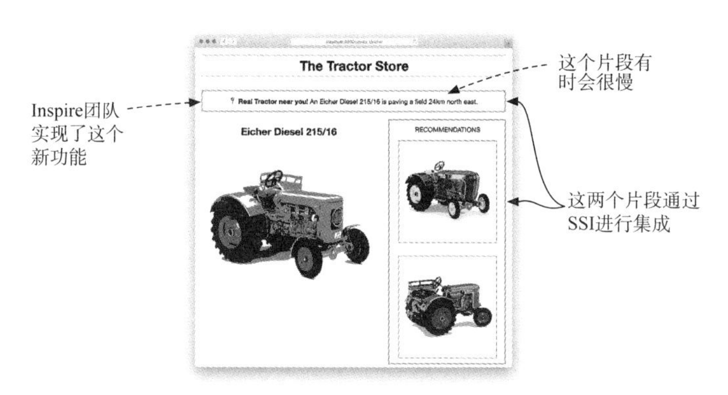

图 4.4 “Near You”功能作为一个横幅被添加到页面顶部

Inspire 团队表示，片段的 URL 模式将是/inspire/fragment/near_you/<sku>。不过在两个团队开始独立工作之前，Inspire 团队的一名开发者提出一个问题："我们的数据处理栈仍然存在一些问题，有时我们的响应时间会在几分钟内上升到 500 毫秒。在我们最近的几次测试中，服务器偶尔还会出现崩溃并重启的现象"。

这种不可靠确实是一个问题。超过 500 毫秒的响应对于单个片段来说太长了。它会降低整个商品页标签生成的速度。不过对于站点来说它不是关键的功能，因此团队同意当响应耗时过长时，忽略这个片段。

4.2.2 集成 Near You 片段

提示： 你可以在 06_timeouts 目录中找到该任务的示例代码。

让我们看看 Inspire 团队的新片段，如代码清单 4.3 所示。

代码清单 4.3　team-inspire/inspire/fragment/near_you/eicher.html

```
<link href="/inspire/static/fragment.css" rel="stylesheet" />   ← 片段样式
<div class="inspire_near_you">
  <strong>Real Tractor near you!</strong>
  An Eicher Diesel 215/16 is paving
  a field 24km north east.
</div>
                                                    片段内容
```

此刻，只有 Eicher Diesel 215/16 型号的拖拉机配备了 GPS。其他型号的拖拉机片段(porsche.html，fendt.html)均是空文件。为了显示片段，Decide 团队将相关的 SSI 指令插入他们的商品页中，如代码清单 4.4 所示。

代码清单 4.4　team-decide/product/eicher.html

```
...
<h1 class="decide_header">The Tractor Store</h1>
<div class="decide_banner">
  <!--#include virtual="/inspire/fragment/near_you/eicher" -->
```

```
</div>
...
```

但由于我们提供的是静态的 HTML 文件，片段的响应时间一直都很快。下面模拟一个响应缓慢的片段。

你可以在 06_timeouts 中找到源代码。我们可以使用此示例测试三个场景：

- Inspire 团队服务存在短暂延迟(约 300 毫秒)
- Inspire 团队服务存在较长延迟(约 1000 毫秒)
- Inspire 团队服务崩溃

我们为每个场景都创建了一个 npm 运行脚本。下面先介绍第一个场景：300 毫秒延迟。运行以下命令：

```
npm run 06_timeouts_short_delay
```

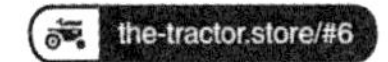

现在页面需要更长的时间来加载。在 05_ssi 示例中，HTML 文档的加载只需要几毫秒。加上 Inspire 团队的慢片段后，浏览器收到服务器的响应数据需要等待超过 300 毫秒。这些潜在的延迟是服务端组合固有的问题。组合服务不得不等待所有需要的片段。

与 Ajax 集成异步获取片段的方式不同，服务端集成中一个片段可以降低整个页面的速度。在服务端，最慢的片段决定了整体的响应时间。所有的团队需要监控他们片段的响应时间以获得优异的性能。下面介绍另外两个场景：长延时和 upstream 中断。

4.2.3 超时和回退

即使所有过程都很快，大多数时候，保证一个安全的网络也很重要。在微前端架构中，你会希望尽可能地解耦你的用户界面。一个系统中的错误不应破坏其他的系统。Nginx 提供了为 upstream 定义超时时间的基本机制。当 upstream 变慢或完全没有响应时，Nginx 会停止等待，放弃包含的内容来生成站点。

让我们看看当一个团队的应用程序完全没有响应时，Nginx 是如何处理的。运行以下命令，模拟 Inspire 团队服务器崩溃的情况：

```
npm run 06_timeouts_down
```

页面的加载非常迅速，但 Inspire 团队的片段丢失了。由于 Nginx 无法连接上 Inspire 团队的应用程序，因此它不得不等待。

但现实并不尽如人意。有时服务器接受了新的连接但响应却变慢。通过 proxy_read_timeout 属性，你可以配置一个超时时间，超过这个时间 Nginx 会将该 upstream 归类为无法工作的 upstream。Nginx 默认的超时时间是 60 秒，但对我们来说太长了。我们可以将所有以/inspire/开头的请求的 proxy_read_timeout 设置为 500 毫秒。因为两个团队先前商定的最长响应时间是 500 毫秒。Nginx 配置代码如代码清单 4.5 所示。

代码清单 4.5　webserver/nginx.conf

```
...
 location /inspire/ {
   proxy_pass http://team_inspire;
   proxy_read_timeout 500ms;
 }
...
```

Inspire 团队的 upstream 最多有 500 毫秒的时间来响应传入的请求

你需要记住的是，该配置针对的是 upstream 而非请求。当请求时间超过了配置的超时时间，Nginx 会将相应的 upstream 标记为失败并在 10 秒内停止连接[1]。

运行以下命令，测试我们配置的超时时间：

```
npm run 06_timeouts_long_delay
```

在这个场景里，我们将所有 Inspire 团队的调用延迟了 1000 毫秒。这超过了我们定义的超时时间，因此 Nginx 会忽略 Inspire 团队的片段。观察你的网络视图，可以看到 HTML 文档首次加载花费了大概 500 毫秒。另外请注意，Nginx 会立即响应后续的所有商品详

1 你可以在 upstream 的配置中设置 max_fails 和 fail_timeout 选项来改变这个行为。详细内容请参考 Nginx 文档，网址为 http://mng.bz/aRro。

情页的请求(小于 10 毫秒)。10 秒内，Nginx 不会尝试与 Inspire 团队的应用程序进行通信。10 秒过后，Nginx 将会再次尝试。

注意：Nginx 配置超时无法做到仅终止个别零星的长时间运行的请求。当一些请求耗时过长时，Nginx 会将整个 upstream 标记为无法工作。在本章后面部分，我们将介绍其他的服务端集成技术，它们提供了更加灵活的超时处理方式。

4.2.4 回退内容

你可能已经注意到，当 Near You 片段请求耗时过长时，Nginx 会忽略这个片段。但是推荐条目并没有被完全移除，而是在其位置上显示一个 Show Recommendations 片段。

Nginx 内置了一套机制来处理服务端包含失败的情况。SSI 命令中有一个参数 stub，它可以让你定义一个块的引用。当 include 出错时，Nginx 会使用这个块中的内容。我们可以在 block 和 endblock 注释包裹的区域定义回退的内容。代码清单 4.6 是 Decide 团队为推荐条目配置的回退标签。

代码清单 4.6 team-decide/product/eicher.html

```
...
<aside class="decide_recos">
  <!--# block name="reco_fallback" -->
    <a href="/recommendations/eicher">
      Show Recommendations
    </a>
  <!--# endblock -->
  <!--#include
    virtual="/inspire/fragment/recommendations/eicher"
    stub="reco_fallback" -->
</aside>
...
```

定义名为 reco_fallback 的回退内容

将名为 reco_fallback 的回退内容分配给 include 指令

但并不总是需要一个有意义的回退。在生产环境，通常会使用一个空的内容块，因为这对站点来说并不是必需的，如代码清单 4.7 所示。

代码清单 4.7　team-decide/product/eicher.html

```
...
<div class="decide_banner">
  <!--# block name="near_you_fallback" --><!--# endblock -->
  <!--#include
      virtual="/inspire/fragment/near_you/eicher"
      stub="near_you_fallback" -->
</div>
...
```

名为 near_you_fallback 的空的回退内容

分配 near_you_fallback 块作为回退的内容

注意：block 块定义的位置不重要，不过你必须在 stub 引用它之前定义它。

当你实现服务端组合时，考虑回退和超时是至关重要的。

否则，一个不当的片段可能会破坏整个页面。你刚刚学到的 Nginx 方法并非处理此类问题的唯一方法，但对其他大多数方案仍然有效。

4.3　深入研究标签的组装性能

在前面的例子中，我们看到一个片段可能会拖慢整个页面的加载速度。现在我们将深入研究如何一次加载多个片段、如何处理嵌套片段，以及如何实现延迟加载的内容。在这之后，我们将探索 Nginx 的响应行为和其他一些解决方案。

4.3.1　并行加载

我们已经观察到 Nginx 如何解析并处理 SSI include 指令。但是当需要获取多个片段时，会发生什么呢？图 4.5 展示了包含两个片段的商品页网络请求示意图。

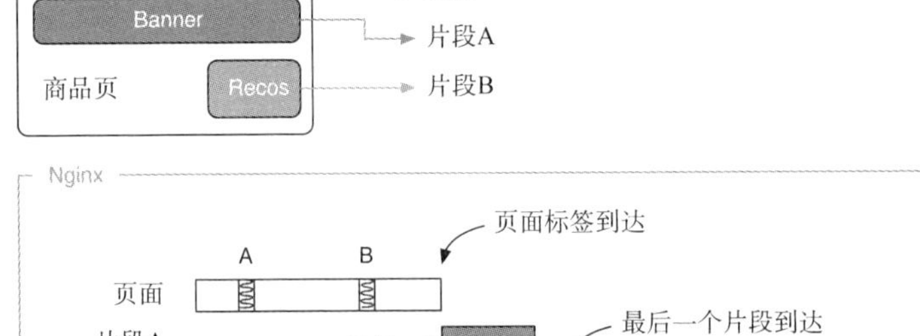

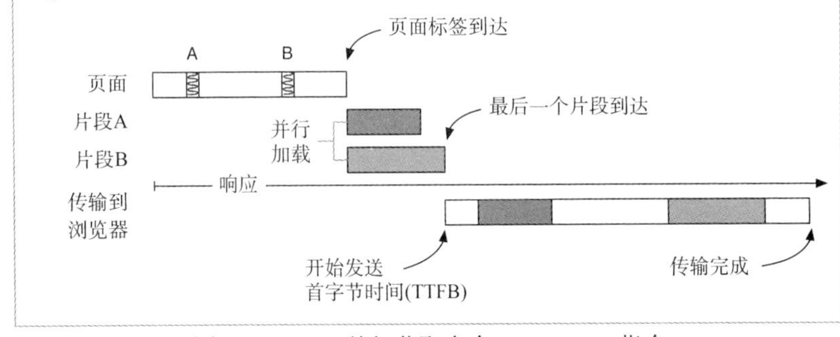

图 4.5　Nginx 并行获取多个 SSI include 指令

当 Nginx 收到商品页的 HTML 后，它会转换其内容，发现有两个 SSI 指令(A 和 B)需要解析。然后 Nginx 会继续并行地请求所有片段。当最后一个片段到达时，Nginx 组装完整的标签，并将响应发送回客户端。

因此 SSI 的处理是分两个步骤：

(1) 获取页面的标签。

(2) 并行地获取所有片段。

完整的标签响应时间也称为首字节时间(time to first byte，TTFB)，它定义了页面标签生成的时间和最慢片段的时间之和。

4.3.2　嵌套的片段

Nginx 还支持嵌套的 SSI include 指令，可以让一个片段包含另一个片段。Nginx 会检查所有的响应，甚至包括 SSI 指令中的内容，对于这些内容中的 SSI 指令，Nginx 也会执行它们。在我参与的项目中，我们总是尽量避免嵌套包含。每增加一层嵌套都会增加加载时间。两步的处理很快就变成三步、四步或五步的处理。而是否能接受这种嵌套取决于站点的性能目标和生成每个片段的耗时。

一个经常出现的嵌套场景是页头。许多页面都会包含页头的片段。但是页头自身是由其他不同的片段组装而成。例如，迷你购物车、导航菜单或登录状态。图 4.6 说明了这种嵌套。

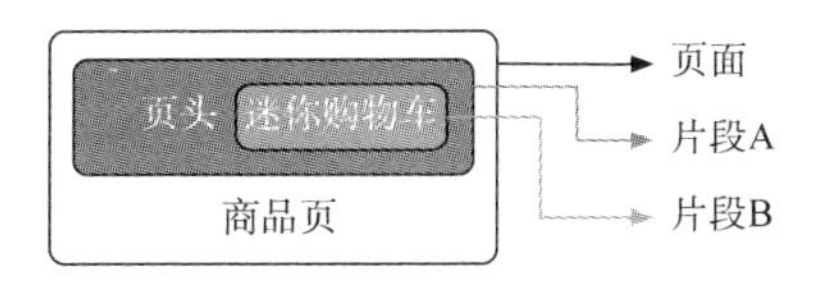

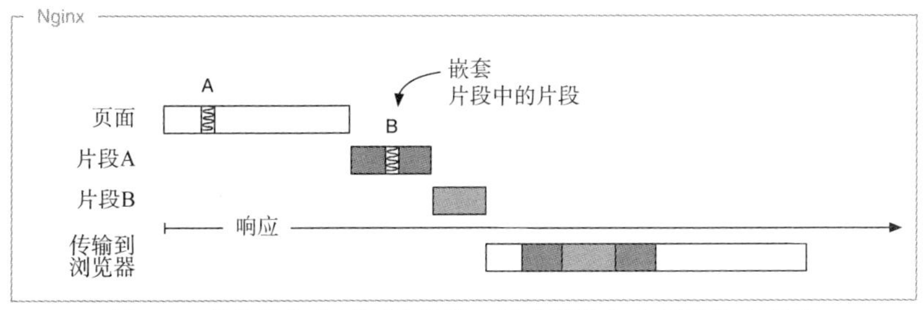

图 4.6 商品页包含了页头片段，这个页头包含了购物车片段

由于页头的部分要么是静态可缓存的(导航菜单)，要么是很小、可快速生成的(迷你购物车、登录状态)，因此我们通常能接受这种间接的包含方式。

4.3.3 延迟加载

服务端集成是改善页面加载时间的绝佳工具。但在创建大型的页面时，须谨慎使用。较好的实践是仅对页面必需的部分——通常是页面靠上部分的内容(视口区域)使用服务端集成。对于站点页面下方的其他可选片段(如新用户注册、促销)可以采用懒加载。比如通过 Ajax 实现懒加载。懒加载减少了客户端需要加载的初始标签的大小，并使浏览器能更早开始渲染。

如果你希望片段出现在初始标签中，可将其指定为一个 SSI 指令：

```
<div class="banner">
  <!--#include virtual="/fragment-a" -->
</div>
```

如果你希望通过懒加载的方式加载它，可以跳过 include 指令，通过客户端 JavaScript 使用 Ajax 获取其内容：

```
const banner = document.querySelector(".banner"):
window
  .fetch("/fragment-a")
  .then(res => res.text())
  .then(html => { banner.innerHTML = html; });
```

由于 SSI 和基于 Ajax 集成的片段端点可以是相同的，因此很容易在它们之间进行切换并测试其结果。

4.3.4 首字节时间和流式输出

让我们来看看组合服务可以应用的一些优化技术，以加速页面的加载。我们已经了解了 Nginx 如何工作。它读取主文档，然后等待所有引用片段到达。当页面组装完成后，发送响应给客户端。

但是还有更好的方法。组合服务可以更早地发送第一批数据块。例如，Nginx 可以在第一个片段到达之前发送页面模板的头部内容，然后等待片段到达后再发送剩下的数据块。这种分块发送的方式有利于提高性能，因为浏览器可以更早地加载资源并渲染页面第一部分的内容。作为 Nginx 替代品的 Varnish，它的 ESI 工作机制就是这样的。在下一节中，你将学习更多关于 ESI 的内容。

流式模板的思想在此基础上更进一步。这种模式下，upstream 会以流的形式生成和发送标签。商品页将立即发送其模板的第一部分，同时并行地查询页面其余部分所需的数据(名称、图片和价格)。组合服务能够直接向客户端传递这些数据并开始获取片段，即使来自其他 upstream 的页面标签还没有到达。这两个步骤(读取页面与读取片段)同时进行，可以减少整体的加载时间，并显著缩短首字节时间。在下一节中，我们将介绍 Tailor 和 Podium，它们都支持这种流式的组合。

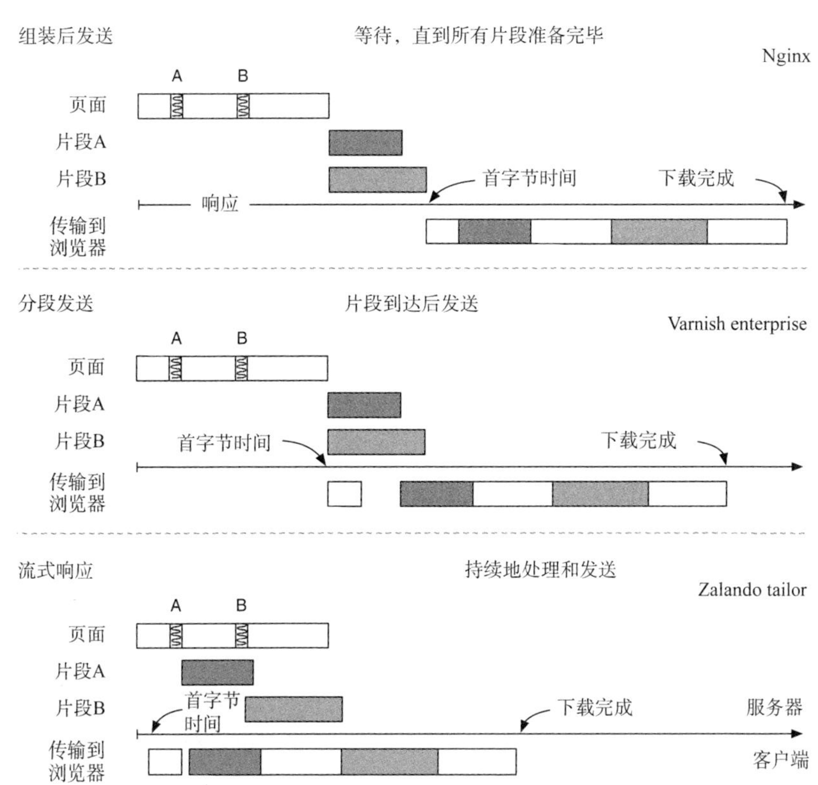

图 4.7　不同的服务端集成方案内部处理片段加载和标签合成的方法不同。分段发送和流式的方法提供了更优的首字节时间。以这种方式，浏览器能更早地接收到内容并更快地开始渲染

图 4.7 展示了三种方式的示意图。你需要记住，这里我们对场景进行了一些简化：

- 示意图没有考虑用户的带宽是有限的。
- 流式的模型假定生成响应是一个线性的处理过程。这种假定仅当托管静态文档时才成立。大多数应用程序在模板开始前往往需要从数据库检索数据。而数据获取通常会占用大量的响应时间。

4.4 其他解决方案概述

到目前为止，我们一直专注于使用 SSI 进行集成，并专门研究了 Nginx 的实现原理。下面介绍一些其他替代方案，看看它们的主要优点。

4.4.1 Edge-Side Includes

Edge-Side Includes(ESI)是一项规范[1]，它定义了一种统一的标签组装方式。Akamai 等内容分发网络提供商和 Varnish、Squid、Mongrel 等代理服务器都支持 ESI。配置一个 ESI 的集成方案和我们的示例类似。不同于将 Nginx 置于浏览器和应用程序之间，我们可使用 Varnish 服务器，一个 ESI 指令如下所示：

```
<esi:include src="https://tractor.example/fragment" />
```

回退

src 属性需要传入一个绝对路径的 URL，同时它也支持添加 alt 属性来定义一个回退的链接。以这种方式，你可以创建一个替代的端点来托管回退的内容。相关代码如下：

```
<esi:include
  src="https://tractor.example/fragment"
  alt="https://fallback.example/sorry" />
```

如果片段(src 属性)加载失败，回退的 URL 内容(alt 属性)将会代替它显示

超时

和 SSI 一样，标准的 ESI 无法对单独的片段定义超时。Akamai 通过其非标准的扩展添加了这个功能[2]。这里你可以添加 maxwait 属性。当片段耗时过长时，服务将跳过它。

1 ESI 语言规范 1.0， https://www.w3.org/TR/esi-lang。

2 见 https://www.akamai.com/us/en/multimedia/documents/technical-publication/akamai-esi-extensions-technical-publication.pdf。

```
<esi:include
  src="https://tractor.example/fragment"
  maxwait="500" />
```

如果片段的加载时间超过 500 毫秒，将跳过该片段

首字节时间

由于不同版本的实现不同，服务的响应行为也会有所不同。Varnish 会串行(一个接一个)地获取 ESI include 指令。并行的片段读取只在其商业版中可用。该版本还支持分块发送，以更早地开始响应客户端请求，即使它还未解析完所有的片段。

4.4.2　Zalando Tailor

Zalando[1]使用 Mosaic[2]项目将其巨石架构迁移至微前端式架构。它们发布了服务端集成的部分基础设施。Tailor[3]是一个 Node.js 库，它将特殊的 fragment 标签解析成页面的 HTML，获取引用的内容并将其插入页面的标签中。

我们不会深入讨论基于 Tailor 集成配置的所有细节。但是这里会展示一部分代码(代码清单 4.8)，让你对 Tailor 有一个大概的印象。Tailor 以 node-tailor 的包名称发布。你可以通过 NPM 安装它。

代码清单 4.8　team-decide/index.js

```
const http = require('http');
const Tailor = require('node-tailor');
const tailor = new Tailor({ templatesPath: './views' });
const server = http.createServer(tailor.requestHandler);
server.listen(3001);
```

创建一个 tailor 实例并设置模板目录为./views。查阅文档以获取其他选项

将 tailor 附加到标准的 Node.js 服务器上，该服务器监听 3001 端口

关联的模板可能如代码清单 4.9 所示。

1 见 https://en.wikipedia.org/wiki/Zalando。

2 见 http://www.mosaic9.org/。

3 见 https://github.com/zalando/tailor。

代码清单 4.9 team-decide/views/product.html

```
...
<body>
  <h1>The Tractor Store</h1>
  ...
  <fragment src="http://localhost:3002/recos" />
</body>
...
```

fragment 标签将用从 src 中获取的内容替换

这个例子简化了我们的商品页。Decide 团队会在自己的 Node.js 应用程序中运行 Tailor 服务。Tailor 服务器将会处理来自 http://localhost:3001/product 的请求。它会使用./views/product.html 模板来生成响应。Tailor 会使用从 http://localhost:3002/recos 端点返回的 HTML 内容替换 <fragment ... />标签。Inspire 团队则负责运行这个端点服务。

回退与超时

Tailor 内置了对缓慢片段处理的支持。它可以让你为每个片段定义超时时间，如下所示：

```
<fragment
  src="http://localhost:3002/recos"
  timeout="500"
  fallback-src="http://localhost:3002/recos/fallback"
/>
```

对此片段设置 500 毫秒的超时时间

当出现错误和超时时，Tailor 会加载回退的内容

加载失败或超时的情况下，会调用 fallback-src 的 URL 来显示回退的内容。

首字节时间与流式输出

Tailor 最突出的功能是支持流式模板。一旦页面模板(也称为布局)解析完成，Tailor 就将结果发送给浏览器，然后片段才会到达。这种流式的输出方式会缩短首字节时间。

资源处理

除了实际的标签内容，一个片段的端点还可以指定与该片段相关的样式和脚本。Tailor 使用如下的 HTTP 头：

```
$ curl -I http://localhost:3002/recos    ← 请求片段的响应头
HTTP/1.1 200 OK
Link: <http://localhost:3002/static/fragment.css>; rel=➥
"stylesheet",
        <http://localhost:3002/static/fragment.js>;➥
rel="fragment-script"
Content-Type: text/html
Connection: keep-alive
```

相关的资源(CSS、JS)列在了片段的 Link 头中

Tailor 读取这些头信息并将脚本和样式添加到文档中。将这些引用的资源与标签一起传输是一个不错的做法。这可以促成一些优化，例如避免相同的资源被引用两次，或者将所有的 script 标签都移至页面底部。

但 Tailor 的实现是基于一些假设，这些假设可能不是普遍适用。团队必须将所有的 JavaScript 代码包装到一个 AMD 模块中，它会被 require.js 模块加载器加载。你也无法轻易控制该服务向页面标签添加 script 和 style 标签的方式。

4.4.3 Podium

Finn.no[1]是一个分类广告平台，也是挪威访问量最大的网站。该公司是一个小型、自治的开发团队，他们使用片段(podlet)组装他们的页面。Finn.no 在 2019 年初发布了基于 Node.js 的集成库 Podium。该库借鉴了 Tailor 的理念并加以改进。在 Podium[2]中，片段被称为 podlet，页面被称为布局(layout)。

1 见 https://en.wikipedia.org/wiki/Finn.no。

2 见 https://podium-lib.io/。

podlet manifest

Podium 的核心概念是 podlet manifest。每个 podlet 都有一个 JSON 结构的元数据端点。这个文件包含了名称、版本和实际内容端点的 URL 等信息，如代码清单 4.10 所示。

代码清单 4.10 http://localhost:3002/recos/manifest.json

```
{
  "name": "recos",
  "version": "1.0.2",
  "content": "/",          ← 实际 HTML 标签的端点
  "fallback": "/fallback",  ← 可缓存的回退内容
  "js": [
    { value: "/recos/fragment.js" }
  ],
  "css": [
    { value: "/recos/fragment.css" }
  ]                         ← 相关的 JS 和 CSS 资源文件
  ...
}
```

这个清单还可以指定回退标签和引用 CSS 和 JS 的地址。正如你在图 4.8 中看到的，podlet manifest 在 podlet 和集成方之间充当的是一个机器可读的契约。

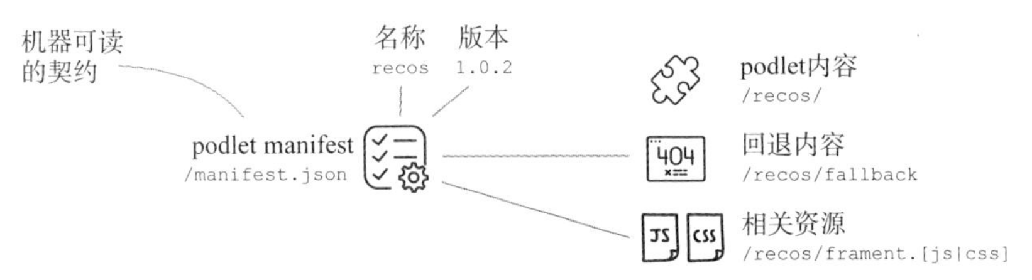

图 4.8 每个 podlet 都有自己的 mainifest.json，它包含了基本的元数据，也包括回退内容和资源文件的引用。这个清单是不同团队间合作的技术契约

podium 的架构

podium 由以下两部分组成：

- layout 库工作在服务端，负责发送页面。它实现了获取页面中 podlet 内容所需的所有功能。它会读取所有使用的 podlet 的 manifest.json 端点，并实现缓存等概念。
- podlet 库由提供片段的团队使用。它可以为每个片段生成 manifest.json 文件。

图 4.9 说明了这两个库如何一起工作。Decide 团队使用@podium/layout 并注册 Inspire 团队的 manifest 端点。Inspire 团队使用@podium/podlet 提供 manifest。

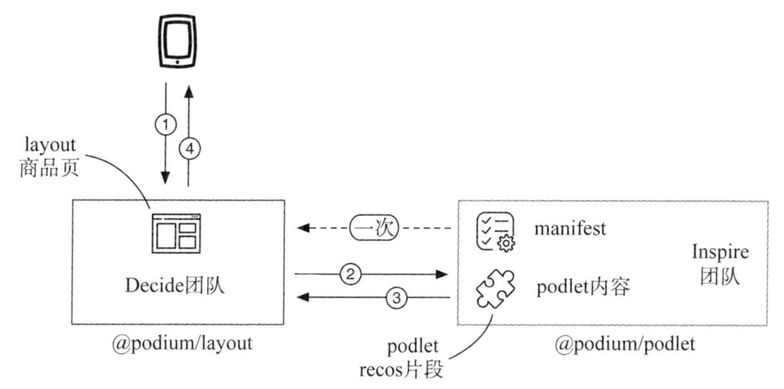

图 4.9　简化的 podium 整体架构图。交付页面(layout)的团队负责与浏览器通信。它直接从生成片段内容(podlet)的团队获取数据。相关的 manifest 信息只会被请求一次，而不是每次都请求

Decide 团队会读取(仅读取一次)推荐片段的 manifest，获取其集成所需的所有元数据。下面按顺序来看看处理传入请求的步骤：

(1) 浏览器请求商品页。Decide 团队直接接收请求。

(2) Decide 团队的商品页需要 Inspire 团队的推荐片段。它向 podlet 内容的端点发起请求。

(3) Inspire 团队返回推荐的页面标签。响应内容是纯 HTML，同 Nginx 示例中所示的那样。

(4) Decide 团队将接收的标签添加到商品页中，并依据 manifest 文件添加所需的 JS/CSS 引用。Decide 团队的应用程序将组装好的

页面标签发送到浏览器端。

实现

我们并不会深入讨论使用 Podium 的全部细节，但会简要讲解一下使集成功能工作的关键部分。

每个团队都创建了自己基于 Node.js 的服务器。我们使用了流行的 Express[1]框架作为 Web 服务器，不过其他库也是可行的。

代码清单 4.11 所示的是 Decide 团队的依赖项。

代码清单 4.11　team-decide/package.json

```
...
 "dependencies": {
   "@podium/layout": "^4.5.0",
   "express": "^4.17.1",
 }
 ...
----
```

运行服务器和配置 podiums layout 服务所需要的 Node.js 代码如代码清单 4.12 所示。

代码清单 4.12　team-decide/index.js

```
const express = require("express");
const Layout = require("@podium/layout");

const layout = new Layout({
 name: "product",
 pathname: "/product",
});

const recos = layout.client.register({
 name: "recos",
 uri: "http://localhost:3002/recos/manifest.json"
});
```

配置 layout 服务。它负责与 podlet 通信，同时也会设置 HTTP 头，传输上下文信息

注册 Inspire 团队的推荐功能的 podlet。应用程序会从 manifest.json 中获取元数据。name 可用于内部引用和调试

1 Express——基于 Node.js 的 Web 框架：https://expressjs.com/。

```
const app = express();
app.use(layout.middleware());

app.get("/product", async (req, res) => {
  const recoHTML = await recos.fetch(res.locals.podium);

  res.status(200).podiumSend(`
    ...
    <body>
      <h1>The Tractor Store</h1>
      <h2>Porsche-Diesel Master 419</h2>
      <aside>${recoHTML}</aside>
    </body>
    </html>
  `);
});

app.listen(3001);
```

创建一个 express 实例，并将 podium 的 layout 中间件附加到实例上

定义/product 路由，作为请求商品页的路径

recos 是之前注册的 podlet 的引用对象。.fetch()方法会从 Inspire 团队的服务器上获取标签。它会返回一个 Promise 并接受一个上下文对象作为其参数。layout 服务会提供上下文 res.locals.podium，它还可能包含其他信息，如区域(locale)、国家编码、用户状态等。我们将这些上下文信息传递给 Inspire 的 podlet 服务器

返回商品页的标签。rcoHTML 包含的是.fetch()返回的纯 HTML

如上所述，我们不会详细讨论这些代码。这些代码的注释已很好地诠释了生了什么。打开示例代码的目录 07_podium，可以查看完整的应用程序。可以通过以下命令来启动它：

```
npm run 07_podium
```

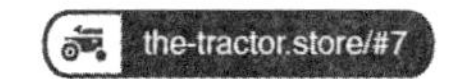

从这段代码中你可以观察到一个有趣的事实，当涉及模板时，Podium 是非常开放的。你可以使用 Node.js 的模板解决方案。Podium 仅提供了一个用于查询片段标签的函数：await recos.fetch()。如何在你的布局中放置其返回的结果完全取决于你。为简单起见，在此我们使用的是模板字符串。fetch()调用也封装了超时和回退的机制。

下面从各个团队的视角来看看 Inspire 团队需要实现的 podlet 代码。代码清单 4.13 列出了该团队的依赖项。

代码清单 4.13 team-inspire/package.json

```
...
  "dependencies": {
    "@podium/podlet": "^4.3.2",
    "express": "^4.17.1",
  }
...
----
```

代码清单 4.14 是应用程序的代码。

代码清单 4.14 team-inspire/index.js

```
const express = require("express");
const Podlet = require("@podium/podlet");

const podlet = new Podlet({
  name: "recos",
  version: "1.0.2",
  pathname: "/recos",
});

const app = express();
app.use("/recos", podlet.middleware());

app.get("/recos/manifest.json", (req, res) => {
  res.status(200).json(podlet);
});

app.get("/recos", (req, res) => {
  res.status(200).podiumSend(`
    <h2>Recommendations</h2>
    <img src=".../fendt.svg" />
    <img src=".../eicher.svg" />
  `);
});

app.listen(3002);
```

定义一个 podlet。name、version 和 pathname 都是必需的参数

创建一个 express 实例，附加到 podlet 的中间件上

定义 mainifest.json 文件的路由

为返回的实际内容实现路由。podiumSend 与 express 的 send 函数类似，但是它还添加了额外的 version 头。它还包含了一些能够使本地开发更容易的特性

你需要定义 podlet 的信息——manifest.json 的路由，/recos 路由会返回实际的内容。在我们的这个例子中，使用 express 标准的

app.get 方法。

回退和超时

Podium 处理回退的方式非常有趣。在 Nginx 中，我们需要在页面模板内定义回退的内容。在 ESI 和 Tailor 里，当实际内容的 URL 不能工作时，页面的负责人可以提供备用的 URL。而在 Podium 里这会有一点不同：

- 拥有该片段的团队负责提供回退内容。
- 引入该片段的团队自行在本地缓存回退内容。

这两点使得创建有意义的回退变得更加容易。举个例子，Inspire 团队可以定义一个类似于动态的“evergreen recommendations”的推荐列表。如果 Inspire 团队的服务器没有响应或耗时超过了定义的超时时间，Decide 团队会缓存并展现这些内容。图 4.10 展示了回退机制的工作方式。

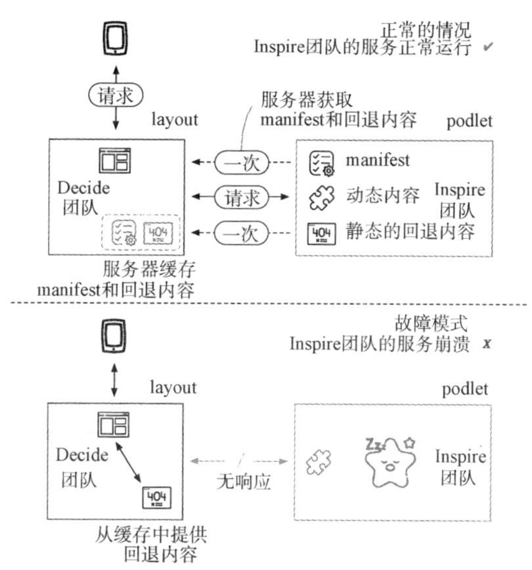

图 4.10　Podium 回退处理。podlet 的拥有者能够在 manifest 中指定回退内容。layout 服务会查询回退内容一次然后将其缓存下来。当 podlet 服务器崩溃时，回退内容可替代动态内容

在 podlet 服务器中指定回退内容的代码如代码清单 4.15 所示。

代码清单 4.15 team-inspire/index.js

```
...
const podlet = new Podlet({
  ...
  pathname: "/recos",
  fallback: "/fallback",      ← 在 podlet 配置中，添加 fallback 属性
});
...
app.get("/recos/fallback", (req, res) => {
  res.status(200).podiumSend(`
    <a href="http://localhost:3002/recos">
      Show Recommendations
    </a>
  `);
});
...
```

处理回退请求。这个路由仅会被 layout 服务调用一次，然后响应结果会被缓存起来

你必须在 Podlet 构造函数中添加 URL，并在应用程序中实现其匹配路由/recos/fallback 的功能。

manifest.json 文件描述了所有关于片段集成你需要知道的信息。有了它，集成会非常方便。它的格式简单明了，即使你决定停止使用@podium/*库或者希望实现一个非 JavaScript 的服务器端，仍然可以使用它，只要你能够生成或消费 manifest 端点。

Podium 还包含一些其他概念，例如 podlet 开发环境和版本控制。如果你想要深入了解 Podium，官方文档[1]是一个不错的开始。

4.4.4 哪种方案更适合

你可能已经猜到，在选择组合技术时，没有统一的答案或银弹。像 Tailor 和 Podium 这样的工具是将片段作为首要的概念去实现，这使得诸如回退、超时和资源处理等日常任务处理起来更便利。团队

---

1 Podium 文档：https://podium-lib.io/docs/podium/conceptual_overview/。

可将这种组合机制直接引入自己的应用程序，不需要额外的基础设施。这种方式对于本地开发特别有用，因为你不需要在每台开发者机器上设置单独的 Web 服务器来让片段工作。图 4.11 说明了这一点。但是这些方案也引入了大量的代码，增加了内部的复杂性。

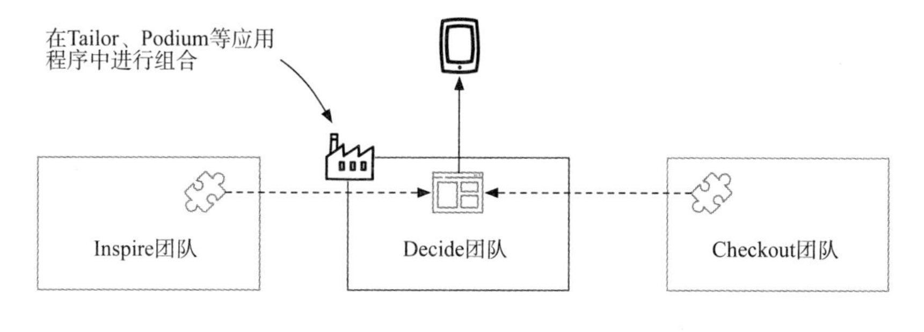

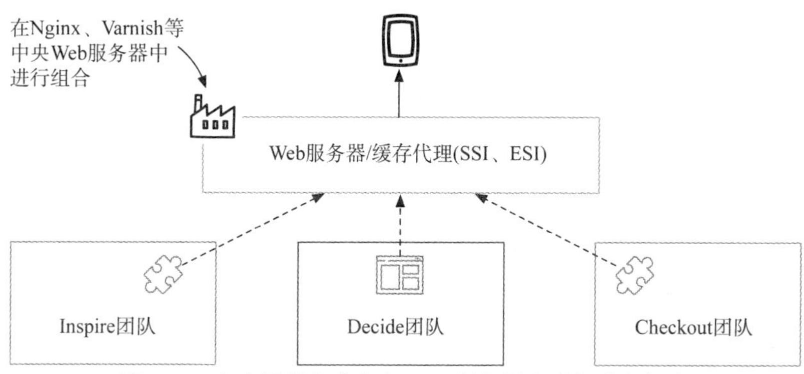

图 4.11　在应用程序或中央 Web 服务器中进行片段组合

像 SSI 和 ESI 这样的技术已经过时了，它们现在已没有任何真正的创新。但缺点也是它们最大的优点。使用它们的集成方案非常稳定、单调且易于理解，这是一个很大的好处。

要知道，选择一种组合方案是一个长期的决定。所有团队都将依赖选定的软件来完成工作。

4.5 服务端组合的优缺点

目前，你已经学习了服务端组合的基本知识。让我们来看看这种方法的优缺点。

4.5.1 优点

由于浏览器收到的是已经组装完成的页面，因此我们能获得出色的首屏加载性能。数据中心内的网络延迟会低得多。以这种方式，我们可以在不给客户设备带来额外压力的情况下组合大量的片段。

这种模式是构建渐进式增强的微前端风格应用程序的基础。你可以在顶层通过客户端 JavaScript 添加交互功能。

SSI 和 ESI 都是已经过验证和测试的技术。它们并不总是便于配置，但是当你需要一个能够工作的系统时，它运行快速且可靠，不需要太多的维护。

在服务端生成标签有利于搜索引擎。如今，所有的爬虫也都会执行 JavaScript——至少是以一种基本的方式。但是使站点的加载速度更快且不依赖大量的客户端代码来渲染站点仍然有助于获得良好的搜索排名。

4.5.2 缺点

如果你正在构建大型的、全服务端渲染的页面，可能不会获得理想的首字节时间，浏览器虽然不会加载视口区域内的样式和图片等资源，但它会花费大量的时间去下载标签。这对于非微前端架构的服务端渲染页面也是如此。因此你需要在有意义的地方使用服务端集成，并在必要时与客户端集成组合使用。

与 Ajax 方法一样，服务端渲染无法在浏览器中确保技术性隔离。因此你需要依赖 CSS 类前缀和命名空间来避免冲突。

根据你选择的集成技术，本地开发会变得复杂起来。为了测试集成站点，每个开发人员需要在他们的机器上运行支持 SSI 或 ESI

的 Web 服务器。Podium 或 Tailor 这类基于 Node.js 的方案可减轻这样的痛苦，因为它们使这种集成机制转移到了前端应用程序中。

如果你希望构建一个快速响应用户输入的交互式应用程序，那么纯的服务端方案是行不通的。你需要将客户端集成方法(如 Ajax 或 Web Component)结合起来使用。

4.5.3 使用服务端集成的时机

如果良好的加载性能和搜索排名对你的项目来说是高优先级，就无法绕过服务端集成。即使你构建的是一个没有大量交互性的内部应用程序，服务端集成也可能是一个很好的选择。它使得你可以很容易地创建一个健壮的站点，即使客户端 JavaScript 执行失败也能正常工作。

如果你的项目需要类似于手机应用的用户界面，要能立即对用户输入做出响应，那么服务端集成不适合你。纯客户端方案可能更容易实现。但你也可以采用混合的方式，使用服务端和客户端组合技术构建通用/同构的应用程序。在第 8 章，你将学习如何实现这一点。

图 4.12 显示了第 3 章中的对比图。这里我们添加了服务端集成。

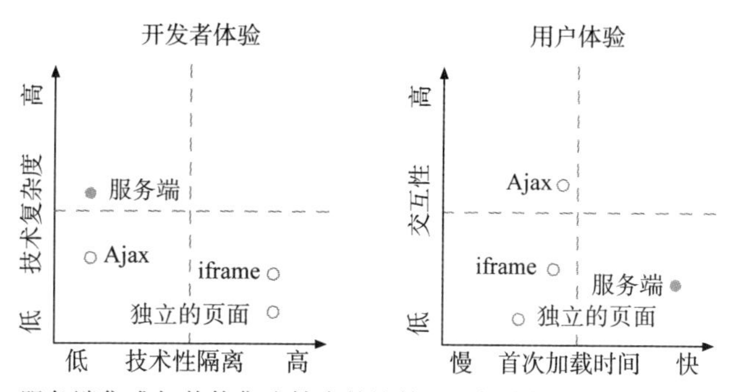

图 4.12　服务端集成与其他集成技术的比较。服务端集成引入了额外的基础设施，增加了复杂度。与 Ajax 方法类似，它们没有引入技术性的隔离措施。你仍然需要手动维护命名空间。但它们能让你获得良好的页面加载时间

4.6 本章小结

- 服务端集成标签通常会带来更好的页面加载性能，因为数据中心内的延迟比客户端延迟要短得多。
- 你应该为应用程序宕机的场景制订计划。回退内容和超时时间可以提供帮助。
- Nginx 会并行地加载所有的 SSI include 标签，但仅在最后的片段到达时才会开始发送数据。
- Tailor 和 Podium 等基于库的集成方案会直接集成到团队的应用程序中，因此所需的基础设施更少，本地开发更舒适。但它们也是重要的依赖项。
- 集成的方案是架构中的核心部分，因此最好选择一种可靠且易于维护的方案。
- 服务端组合是构建渐进增强原则的微前端风格站点的基础。

第 5 章

客户端组合

本章内容：

- 研究作为客户端组合技术的 Web Component。
- 使用微前端，在同一页面使用不同的框架进行构建。
- 探索 Shadow DOM 如何安全地将微前端引入遗留系统，而不产生样式冲突。

在第 4 章中，你已经学习了不同的服务端集成技术，包括 SSI 和 Podium。这些技术对于需要快速加载的站点来说是不可或缺的。但是对于许多其他应用程序来说，首次加载时间不是唯一重要的指标。用户通常期望站点反应迅速并能够快速响应他们的输入。没有人愿意仅因为改变了商品的一个配置选项而等待整个页面的重新加载。人们会在那些响应迅速，操作体验像原生应用的站点上花费更多时间。基于这个原因，像 React、Vue.js、Angular 这些客户端渲染的框架变得流行起来。这种模式下，HTML 标签的生成和更新会直接在浏览器端完成。而服务端渲染技术无法做到这一点。

在传统架构中，我们会构建一个巨大的前端应用程序，它会和一个框架的特定版本绑定。但是在微前端架构中，我们希望不同团队的用户界面是自包含的和可独立升级的。我们不能依赖于一个特定框架的组件系统。因为这种约束会将整个架构绑定到一个中心化的发布周期上。框架的改变会导致整个前端并行地重写。而 Web Component 规范引入了一个中立的、标准的组件模型。在本章中，你将学习 Web Component 如何在不同的微前端间充当技术无关的黏合剂。它使独立的前端应用程序共存于一个页面成为可能，即使它们使用了不同的技术栈。图 5.1 对这种客户端集成方式进行了说明。

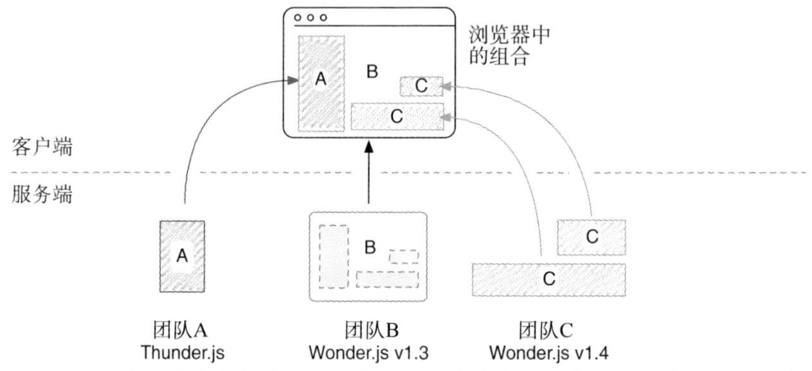

图 5.1　浏览器中的微前端组合。每个片段自身都是迷你应用程序，它们能在页面的其他位置独立地渲染和更新标签内容。这里的 Thunder.js 和 Wonder.js 是你选择的前端框架的占位符

5.1　使用 Web Component 封装微前端

在过去的几周里，Tractor Models 公司在拖拉机模型社区引起了巨大的轰动。产量正在攀升，公司发出了第一批过审的模型。正面的新闻报道和 YouTube 名人的开箱视频带来了访问流量的激增。

但是这个线上商店仍然缺少它最重要的功能：Buy 按钮。直到现在，客户只能看到拖拉机和网站的推荐。最近，公司组建了第三个团队：Checkout 团队。该团队一直在努力建立基础设施，编写软件来处理付款、存储客户数据和对接物流系统。其中结算流程的页面已经

准备完毕，缺少的最后一部分是从商品页将商品添加到购物车的功能。

Checkout 团队选择使用客户端渲染技术来实现用户界面，以单页应用(single page app，SPA)的形式实现结算页面。Buy 按钮的片段被作为一个标准的 Web Component 提供(见图 5.2)。

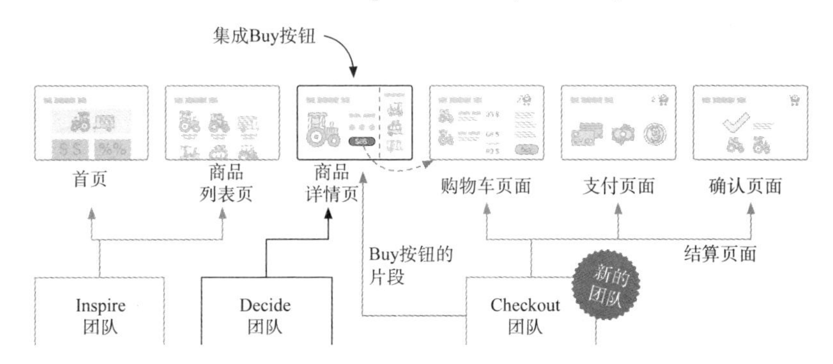

图 5.2　Checkout 团队负责整个结算流程。Decide 团队并不需要知道是如何结算的。但是需要在商品详情页集成 Checkout 团队的 Buy 按钮片段。Checkout 团队将这个按钮作为一个独立的微前端提供给 Decide 团队

让我们看看这意味着什么以及如何将这个片段集成到商品详情页。对于集成来说，Checkout 团队为 Decide 团队提供了必要的信息。下面给出两个团队间的契约。

- Buy 按钮
  标签名称：checkout-buy
  属性：sku=[sku]
  示例：<checkout-buy sku="porsche"></checkout-buy>

Checkout 团队通过一个 JS/CSS 文件提供 checkout-buy 组件实际的代码和样式。其应用程序在 3003 端口运行。

- 必需的 JS 和 CSS 资源引用
  http://localhost:3003/static/fragment.js
  http://localhost:3003/static/fragment.css

Decide 团队和 Checkout 团队可以随意改变布局、样式或者用户

界面的行为，只要遵守这个契约。

5.1.1 如何实现

Decide 团队拥有在商品页添加 Buy 按钮所需的一切，不必关心这个按钮内部的工作机制。Decide 团队只需要在某处放置标签 <checkout-buy sku="porsche"></checkout-buy>，Buy 按钮的功能就会神奇地出现。Checkout 团队可以自由地修改自己的功能实现而不必和 Decide 团队协调。在深入介绍代码之前，我们先解释一下术语 Web Component。如果你已经对 Web Component 有所了解，可以跳过下面两节，继续学习通过 DOM 元素封装业务逻辑的部分。

Web Component 和自定义元素

Web Component 规范已经制定了很长时间。它的目标是引入更好的封装性，并使不同库或框架间具备互操作性。在撰写本书时，所有主流的浏览器已经实现了此规范的第一版。在一些老旧的浏览器上也可以使用 polyfill 填补这些实现。[1]

Web Component 是一个概括性的术语。它描述的是三种不同的全新的 API：自定义元素、Shadow DOM 和 HTML 模板。

下面介绍自定义元素。它使得以 DOM 声明的方式提供功能成为可能。你可以像与标准 HTML 元素交互一样与自定义元素交互。

让我们看一个典型的 button 元素。它有多个内置的功能。你可以设置按钮上显示的文字：<button>hello</button>。还可以通过设置 disabled 属性：<button disabled>...</button>，将按钮切换至非激活模式。这样，按钮颜色会变得暗淡并不再响应点击事件。作为一名开发者，你并不需要了解在浏览器内部这一行为是如何实现的。

自定义元素使开发者能够创建类似的抽象。你可以构造 HTML 规范中没有的、全新的、通用的代表性元素。GitHub 在 github-elements[2]

1 见 https://www.webcomponents.org/polyfills。

2 见 https://www.webcomponents.org/author/github。

下已经发布了此类控件的列表。下面看看这个“copy-to-clipboard”元素：

```
<clipboard-copy value="/repo-url">Copy</clipboard-copy>
```

它封装了浏览器特定的代码并提供了一个声明式的接口。组件的使用者只需要在站点引入 GitHub 对此组件的 JavaScript 定义即可。我们能够使用这种机制来为微前端创建抽象。

Web Component 用作容器

也可以使用 Web Component 来封装业务逻辑。下面回到 The Tractor Store 示例中。Checkout 团队拥有商品价格、库存和现有商品的领域知识。Decide 团队负责商品页，不需要知道这些概念。其目标是向客户提供所有的商品信息，帮助他们做出正确的购买决定。商品页所需的业务逻辑封装在 checkout-buy 组件中，如图 5.3 所示。

```
<checkout-buy sku="porsche"></checkout-buy>
```

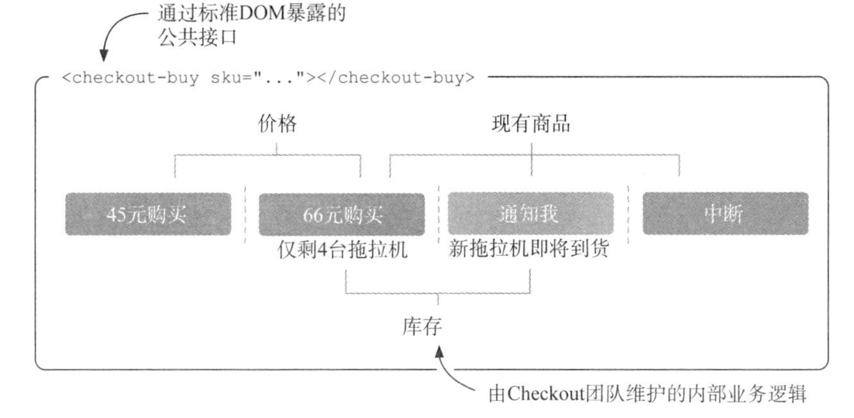

图 5.3　自定义元素能封装业务逻辑并提供相关的用户界面。根据特定的 SKU，Buy 按钮的外观可能不同，但这也与内部的价格和库存信息有关。使用这个片段的团队不需要知道这些概念

定义一个自定义元素

下面介绍这个 Buy 按钮的实现，如代码清单 5.1 所示。

代码清单 5.1 team-checkout/static/fragment.js

```
class CheckoutBuy
extends HTMLElement
{
  connectedCallback() {
    this.innerHTML = "<button>buy now</button>";
  }
}
window.customElements.define("checkout-buy", CheckoutBuy);
```

为自定义元素定义一个 ES6 的 class

页面中的每一个 Buy 按钮都会调用这个函数并渲染一个简单的 button 元素

注册自定义元素 checkout-buy

上述代码展示了自定义元素的一个最简单的示例。我们需要使用 ES6 声明的 class 来实现自定义元素。这个 class 通过全局 window.customElements.define 函数进行注册。每当浏览器在标签中遇到 checkout-buy 元素时，就会创建一个新的 class 实例。class 实例中的 this 是相应 HTML 元素的引用。

注意：customElements.define 的调用不必出现在浏览器解析这些标签之前，一旦注册了自定义元素，现存的那些元素就会升级为自定义元素。

你可以为自定义元素选择任何你想要的名称。规范中唯一的要求是名称中至少包含一个连字符(-)。这样，当 HTML 规范添加新的元素时，就不会遇到问题。

在我们的项目中，我们用[team]-[fragment]的模式来命名自定义元素(如 checkout- buy)。这样，就建立了一个命名空间，避免了团队间的命名冲突，并且归属团队也很容易识别。

使用自定义元素

下面在商品页上添加这个组件。现在的商品页标签如代码清单 5.2 所示。

代码清单 5.2　team-decide/product/porsche.html

```
...
<link
   href="http://localhost:3003/static/fragment.css"     引入片段
   rel="stylesheet" />                                  的样式
  ...
<div class="decide_details">
  <checkout-buy sku="porsche"></checkout-buy>           放置 Buy 按钮
</div>
...
<script
   src="http://localhost:3003/static/fragment.js" async>   引入片段
</script>                                                   的脚本
```

需要牢记的是，自定义元素不能是自关闭的。它总是需要一个专门的结束标签，例如</checkout-buy>。由于片段完全由客户端渲染，Checkout 团队只需要托管两个文件：fragment.css 和 fragment.js。Inspire 团队已经重新改造了推荐条目以使用这种相同的微前端方式。在图 5.4 中可以看到更新后的目录结构。

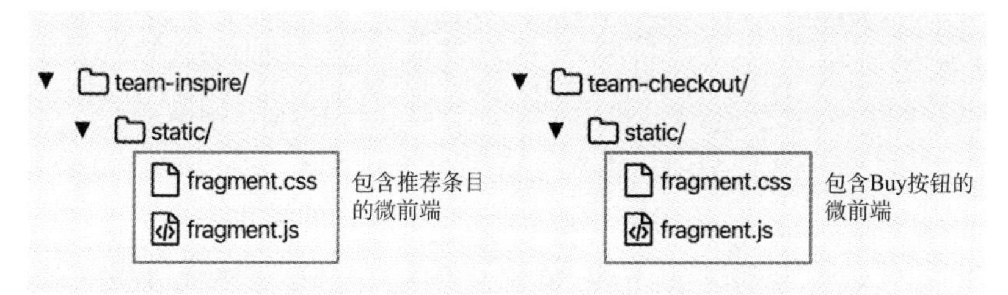

图 5.4　两个团队通过 CSS 和 JavaScript 文件来暴露微前端组件，这样 Decide 团队可以引用它们

通过以下命令启动所有三个团队的应用程序：

```
npm run 08_web_components
```

打开 http://localhost:3001/product/porsche，浏览器会显示商品页，它带有客户端渲染的 Buy 按钮，如图 5.5 所示。

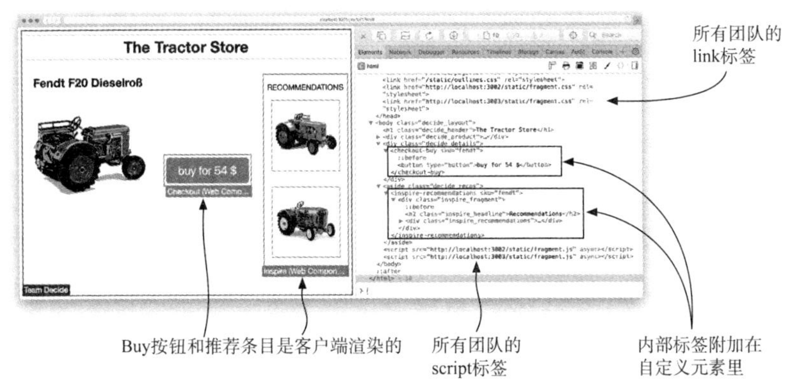

图 5.5 自定义元素在浏览器中通过 JavaScript 渲染自身。它生成内部的标签，并通过 this.innerHTML = "…"将其子节点附加在 DOM 树上

通过属性传入参数

下面使 Buy 按钮组件更通用一点。这个按钮还应该显示价格，并在用户点击时弹出一个简单的反馈对话框。代码清单 5.3 所示的示例按钮展示了不同的价格，这取决于特定的 SKU 属性。

代码清单 5.3 team-checkout/static/fragment.js

```
const prices = { porsche: 66, fendt: 54, eicher: 58 };

class CheckoutBuy extends HTMLElement {
  connectedCallback() {
    const sku = this.getAttribute("sku");
    this.innerHTML = `
      <button type="button">
        buy for $${prices[sku]}
      </button>
    `;
```

- 拖拉机价格清单（指向 const prices）
- 从自定义元素属性读取 SKU（指向 const sku）
- 查询 SKU 并在按钮上渲染其价格（指向 buy for $${prices[sku]}）

```
  }
}
```

为简单起见，我们是在 JavaScript 代码中定义价格。在实际的应用程序中，你可能会从一个 API 端点获取它们，而这个 API 端点属于同一个团队。

为按钮添加用户反馈也很简单，如代码清单 5.4 所示。我们绑定了一个标准的事件监听器，它会对点击事件做出响应并弹出一个成功消息作为提醒。

代码清单 5.4　team-checkout/static/fragment.js

```
this.innerHTML = "...";
this.querySelector("button")          ← 获取按钮的引用
  .addEventListener("click", () => {  ← 添加点击事件处理器
    alert("Thank you ♥");             ← 点击时，显示一条成功消息
  });
```

同样，这是一个简化的实现。在真实的世界里，你可能会将购物车的数据变化通过 API 调用在服务端进行持久化。根据服务器的响应，会显示一条成功或者错误的消息。

5.1.2　将框架封装在 Web Component 内

在我们的示例中，使用的是标准的 DOM API，如 innerHTML 和 addEventListener。在实际的应用程序中，你可能会使用更高级的库或者框架。它们通常会使开发工作变得更加轻松，并引入一些新的特性，如 DOM diffing 或声明式的事件处理。自定义元素(this)充当了迷你应用程序的根。这个应用程序有它的状态，并且运行时不需要依赖页面的其他部分。

自定义元素引入了一组生命周期方法，例如 constructor、connectedCallback、disconnectedCallback 和 attributeChangedCallback。实现这些生命周期后，当有人将你的微前端组件添加到 DOM，从 DOM 移除或改变其中一个属性时，你会收到相应的通知。将这些

生命周期方法和你正在使用的库或框架的初始化(或析构)代码连接起来是非常简单的。图 5.6 说明了这一点。该组件隐藏了特定框架的实现细节。这样，组件的负责人可以在不更改标签的情况下更改组件实现。自定义元素充当了技术无关的接口。

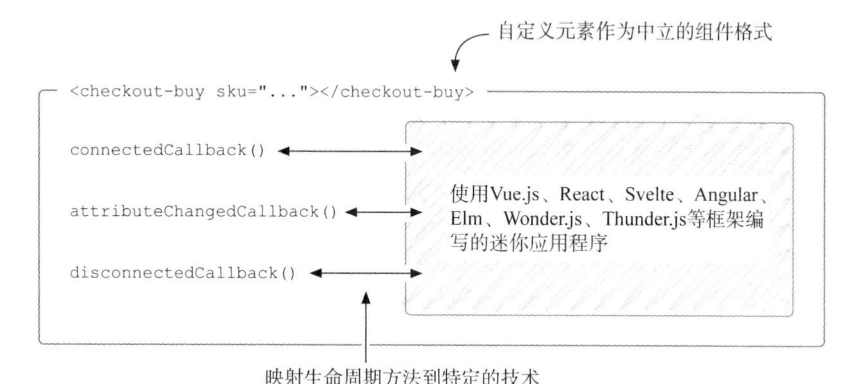

图 5.6 自定义元素引入了生命周期方法。你需要将这些生命周期方法映射到微前端的特定技术上

一些较新的框架(如 Stencil.js)[1]已经使用 Web Component 作为导出应用程序的主要方式。Angular 有一个名为 Angular Elements[2]的功能。该功能能够自动生成必要的代码，将其与自定义元素的生命周期方法连接起来。此外，它还支持 Shadow DOM。Vue.js 通过官方的@vue/web-component-wrapper 包[3]提供了类似的解决方案。由于 Web Component 是 Web 标准，因此所有主流的框架都有类似的库或教程。

本章的示例为了保持代码简单，没有引入前端的框架。你可以通过第 11 章中的例子 20_shared_vendor_rollup_absolute_imports，查看封装在自定义元素中的 React 应用程序。

1 见 https://stenciljs.com/。

2 见 https://angular.io/guide/elements。

3 见 https://github.com/vuejs/vue-web-component-wrapper。

5.2 使用 Shadow DOM 实现样式隔离

Web Component 规范的另一部分是 Shadow DOM。使用 Shadow DOM，你可以将 DOM 子树与页面的其余部分隔离开来。我们可以用它来消除样式泄漏的可能，从而增加微前端应用程序的健壮性。

目前，Checkout 团队的.css 文件片段是在头中全局引入的。这个文件中的样式可能会影响整个页面。团队必须遵守 CSS 命名空间规则以避免冲突。Shadow DOM 的概念提供了一种不需要前缀或显式作用域的替代方法。

5.2.1 创建 shadow root

通过在一个 HTML 元素上调用.attachShadow()，你可以创建一个隔离的 DOM 子树。大多数人会将 Shadow DOM 和自定义元素组合使用，但你不必这样做。你可以将一个 Shadow DOM 附加到许多标准的 HTML 元素上，如 div[1]。

以下示例展示了如何创建和使用 Shadow DOM：

```
class CheckoutBuy extends HTMLElement {
  connectedCallback() {
    const sku = this.getAttribute("sku");
    this.attachShadow({ mode: "open" });
    this.shadowRoot.innerHTML = "buy ...";
  }
}
```

创建一个“开放”(open 模式)的 shadow 树

对新创建的 shadowRoot 写入新的内容

attachShadow 方法会初始化 Shadow DOM 并返回其引用。对于一个开放的 Shadow DOM 引用，可以通过元素的 shadowRoot 属性来访问它。你可以像处理其他 DOM 元素一样处理它。

1 有关支持 Shadow DOM 的元素清单，请参考 https://dom.spec.whatwg.org/#dom-element-attachshadow。

open 与 closed 模式

在创建 Shadow DOM 时，可以选择 open 和 closed 模式。使用 mode:"closed"会对外部 DOM 隐藏 shadowRoot。这可以防止其他脚本对 DOM 进行意外操作。但它也会阻止辅助技术和爬虫看到你的内容。除非有特殊需求，否则建议你保持 open 模式。

5.2.2 样式隔离

下面将样式从 fragment.css 移到实际的组件中。我们通过在 shadow root 的<style>...</style> 标签块中定义样式来实现这一点。在 Shadow DOM 中定义的样式会限定在 Shadow DOM 中，不会影响到页面的其他部分。反之亦然，定义在外部文档的 CSS 不会影响 Shadow DOM[1]。Buy 按钮片段的代码如代码清单 5.5 所示。

代码清单 5.5　team-checkout/static/fragment.js

```
...
class CheckoutBuy extends HTMLElement {
  connectedCallback() {
    const sku = this.getAttribute("sku");
    this.attachShadow({ mode: "open" });
      this.shadowRoot.innerHTML = `
        <style>
          button {}
          button:hover {}
        </style>
        <button type="button">
          buy for $${prices[sku]}
        </button>
      `;
    ...
  }
  ...
}
...
```

创建 Buy 按钮元素的 Shadow DOM

将内容写入 shadowRoot，而不是直接将其附加到 Buy 按钮

定义内联的 CSS 样式。这些样式只会应用于 shadowRoot 内部

1 除了一些继承的属性，例如 font-family 和根元素上的 font-size。

要在浏览器中运行以上代码，运行以下命令：

```
npm run 09_shadow_dom
```

你应该看到熟悉的商品页。使用浏览器的开发者工具查看 DOM 结构。如图 5.7 所示，可以看到每个微前端组件现在是在它的 shadow root 里渲染其内部的标签和样式。

图 5.7　微前端能够在 shadow root 里渲染它们内部的标签和样式。这提高了隔离性，降低了冲突或样式泄漏的风险

我们已经消除了样式冲突的风险。图 5.8 说明了由 shadowRoot 引入的虚拟边界的作用。这个边界被称为 shadow boundary。

如果你使用过 CSS Modules 或任何其他 CSS-in-JS 方案，对这种编写 CSS 的方式应该很熟悉。这些工具允许你编写 CSS 代码而不必担心作用域的问题。它们通过生成唯一的选择器或内联样式来自动隔离你的代码。Shadow DOM 能确保不同团队的微前端间的样式隔离。而不需要任何约定或额外的工具链。

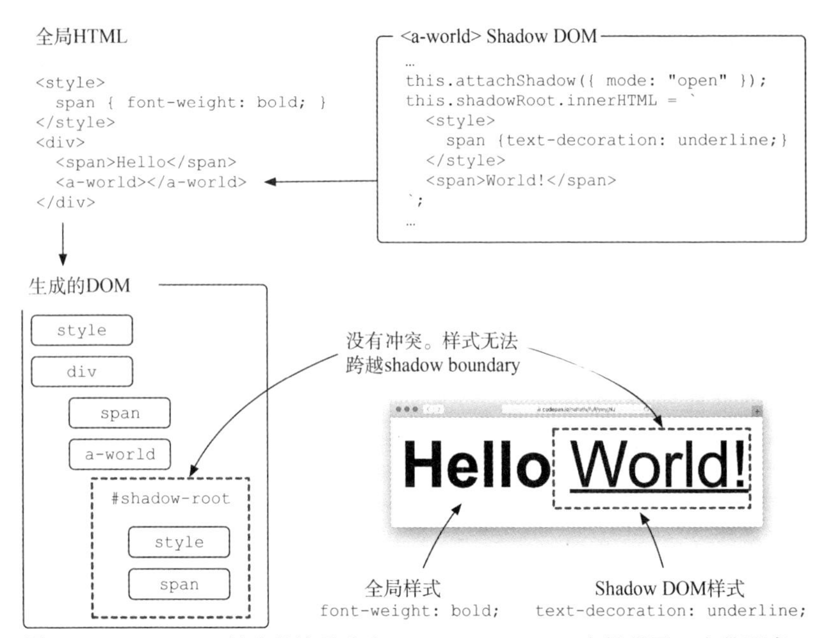

图 5.8 shadow root 创建的边界称为 shadow boundary。它提供了双向的隔离。样式无法泄漏到组件外。页面上的样式也无法影响到 Shadow DOM

5.2.3 何时使用 Shadow DOM

关于 Shadow DOM[1]的更多细节，感兴趣的读者可以进一步阅读相关内容。要知道，当事件从 Shadow DOM 冒泡到常规的 DOM(也称为 Light DOM)时，它们的行为是不同的。但由于这是一本讲解微前端而非 Web Component 的书，因此不会深入讨论这个主题。以下是在微前端环境中使用 Shadow DOM 的利弊：

- 优点
  - 具有 iframe 般的强大隔离性。不需要命名空间。
  - 防止全局样式泄漏到微前端。非常适合在遗留应用程序中使用。

1 见 Caleb Williams，“Encapsulating Style and Structure with Shadow DOM,” *CSS-Tricks*，https://css-tricks.com/encapsulating-style-and-structure-with-shadow-dom/。

  - 减少了对 CSS 工具链的需求。
  - 片段是自包含的，不需要单独的 CSS 文件引用。
- 缺点
  - 不支持旧的浏览器。虽然有 Polyfills，但是它的引入成本较高，并且 Polyfills 是一个启发式的开发过程(一个发现问题然后解决问题的过程，它并不是最优的)。
  - 需要 JavaScript 支持才能工作。
  - 无法使用渐进式增强和服务端渲染。Shadow DOM 不能通过 HTML 进行声明式定义。
  - 很难在不同的 Shadow DOM 之间共享通用样式。主题可以通过 CSS 属性实现。
  - 不能与那些使用全局 CSS 类的样式方法一同工作，例如 Twitter 的 Bootstrap。

5.3 使用 Web Component 进行组合的优缺点

使用 Web Component 进行客户端集成是众多方案中的一种。有一些元框架或自定义的实现可以实现类似的效果。下面讨论这种方法的优缺点。

5.3.1 优点

使用 Web Component 作为集成技术最显著的优点在于它是一个被广泛支持的 Web 标准。直接使用浏览器的 API 通常不够方便。但是抽象的存在使得开发更加容易。Web 标准发展缓慢且总是以非破坏性的、向后兼容的方式在演化。这就是 Web 标准非常适合作为公共的基础支撑的原因所在。

自定义元素和 Shadow DOM 都提供了以前无法实现的隔离功能。这种隔离使微前端应用程序更加健壮。你不需要同时使用这两项技术，可以根据项目需求来进行选择。

自定义元素引入的生命周期方法使得以标准的方式封装不同应用程序的代码成为可能。然后你就能以声明式的方式使用这些应用程序。如果没有这个标准，不同的团队将不得不自行初始化、析构和更新模式。

5.3.2 缺点

Web Component 最突出的缺点是它需要客户端的 JavaScript 支持才能工作。你可能会觉得现在大多数的 Web 框架都是如此。但是所有的主流框架都提供了服务端渲染的方式。当你需要快速加载首页并希望在开发时应用渐进式增强的概念时，无法进行服务端渲染会成问题。有一些私有的方法可以在服务端声明式地渲染 Shadow DOM 并在客户端进行 hydrate，但是缺少统一的标准。

浏览器对 Web Component 的支持在过去几年里有了显著的改善。你可以很容易地在旧浏览器中添加对自定义元素的支持。而支持 Shadow DOM 会比较棘手。如果你针对的运行环境是较新的浏览器，这不是问题。但如果你的应用程序要在不支持 Shadow DOM 的旧浏览器中运行，那么可能要考虑其他替代方案，例如，手动添加命名空间。

5.3.3 使用客户端集成的时机

如果你正在构建的是一个交互式的、类似于原生应用的应用程序，应用程序的用户界面来自不同的团队且需要集成到同一个屏幕区域中，那么 Web Component 是可靠的基础支撑。

另外，关于什么是“交互式”的内容将在第 9 章讨论。至于你正在构建的是一个站点还是一个应用？如果是较简单的用例，如目录或重内容的站点，那么使用 SSI 或 Ajax 的服务端渲染方法通常就很好，且更容易处理。

使用 Web Component 并不意味着所有的地方都要在客户端渲染。我们已经成功地使用了自定义元素作为不同团队之间的契约。

这些自定义元素实现了基于 Ajax 方式的更新——从服务端获取生成的标签。当特定的使用场景要求更强的交互性时，团队可以将此片段从 Ajax 切换至更加复杂的客户端渲染。由于自定义元素是团队间沟通的桥梁，因此其他团队并不需要关心此片段的内部工作原理。

此外，自定义元素(不是 Shadow DOM)与服务端集成结合使用也是可能的。我们将在第 8 章探讨这个话题。

如果你的使用场景要求你构建的是一个完全由客户端渲染的应用程序，那么应考虑使用 Web Component 作为 UI 团队间中立的黏合剂。

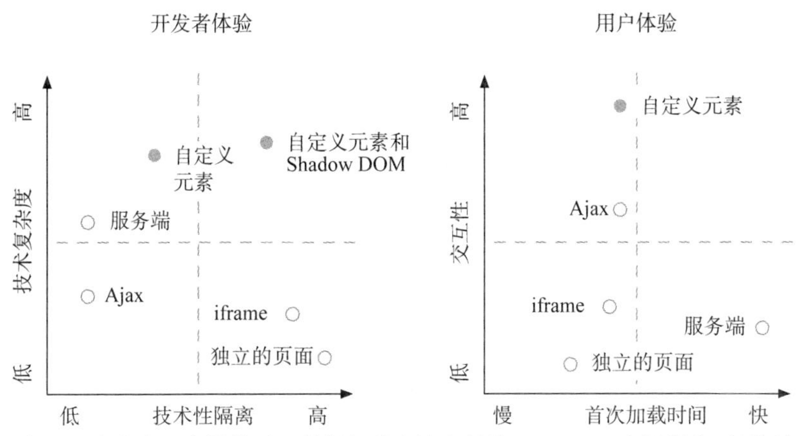

图 5.9　自定义元素提供了一种很好的方法来封装 JavaScript 应用程序，并能以标准方式访问它。Shadow DOM 引入了额外的隔离机制，降低了冲突的风险。你可以使用自定义元素创建基于客户端渲染的、强交互性的应用程序。但是由于它们都需要 JavaScript 支持才能工作，因此服务端渲染的方案在首次加载上往往更快

5.4　本章小结

- 可以在 Web Component 中封装微前端应用程序。其他团队

可以通过浏览器的 DOM API 与它进行声明式交互。由 Web Component 封装业务逻辑和实现细节。

- 大多数现代的 JavaScript 框架都有将应用程序导出为 Web Component 的标准方法。这使得创建基于客户端的微前端应用程序变得更容易。
- Shadow DOM 引入了 iframe 般强大的 CSS 样式隔离。这降低了不同 UI 团队间冲突的风险。
- Shadow DOM 不只是阻止样式泄漏出去，它还可以防止全局样式泄漏进来。这种样式边界使得它非常适合用来将微前端集成到遗留系统中。

第 6 章

通信模式

本章内容：

- 研究用户界面的通信模式，实现在微前端应用程序之间交换事件
- 了解管理状态的一些方法并探讨共享状态带来的一些问题
- 说明如何在微前端架构中进行服务器通信及获取数据

有时，不同团队的用户界面片段需要相互通信。例如，当用户点击 Buy 按钮向购物车添加商品时，其他的微前端应用程序(如迷你购物车)需要收到通知以更新相应的内容。我们将在本章的前半部分深入探讨这个主题。但微前端的架构中还有其他形式的通信，如图 6.1 所示。

在本章的后半部分，我们将探讨这些类型的通信如何协同工作。我们将讨论如何管理状态，分发必要的上下文信息以及在不同团队的后端来回复制数据。

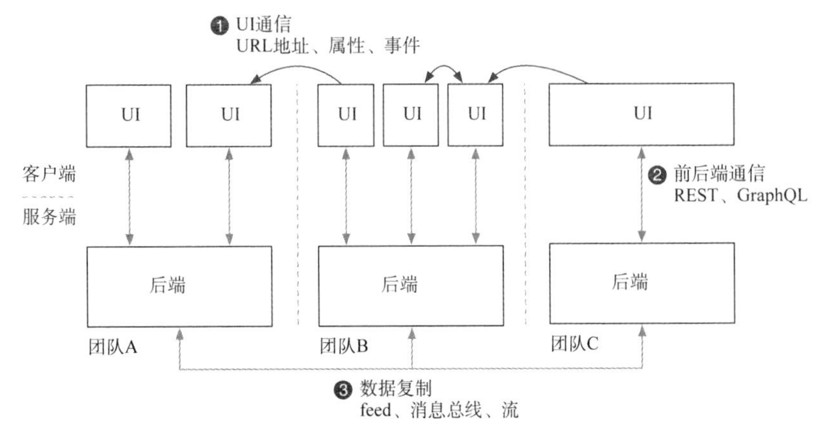

图 6.1 典型微前端架构中的不同通信机制。浏览器中的前端应用程序通常需要一种互相通信的方法。我们称之为 UI 通信❶。每个前端应用从它们自身的后端获取数据❷，在一些情况下，不同团队之间的后端应用程序需要复制数据❸

6.1 用户界面通信

想知道不同团队间的 UI 是如何相互通信的吗？如果你已经确定了一个好的团队边界(你将在第 13 章学习如何做到这一点)，就不需要在浏览器中用到大量跨 UI 的通信。理想状态下，要完成某项任务，客户应只与一个团队的用户界面进行交互。

在我们电子商务示例中，客户经历的流程是很符合线性的：发现一件商品，决定是否购买，实际的付款操作。我们已完成团队与这些阶段的对照。当客户从一个团队转到下一个团队时，在这些交接点上可能需要团队之间进行通信。

这种通信可以很简单。在第 2 章中我们已经使用了页面到页面的通信——通过一个简单的链接从商品页跳转到另一个团队的推荐页。在我们的例子中，我们通过 URL 路径或查询字符串传输商品的 SKU。大多数情况下，跨团队通信都是通过 URL 进行的。

如果你要构建更加丰富的用户界面，要将多个用例组合在一个页面上，那么一个链接就不够用了。你需要一种标准的方式使不同的 UI 片段能够相互通信。图 6.2 展示了三种常见的通信模式。

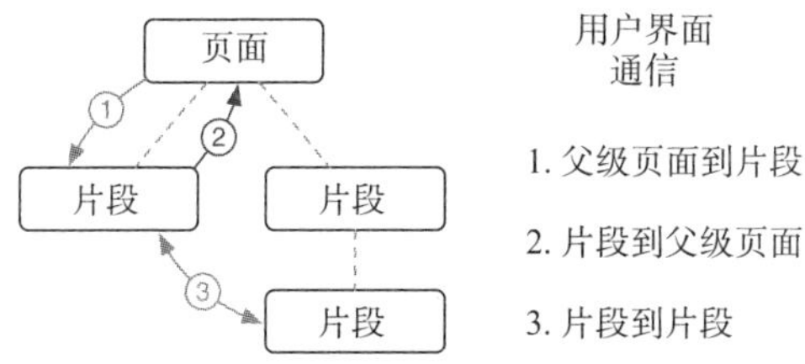

图 6.2　同一页面内，不同团队的 UI 可以进行三种不同形式的通信

我们将通过商品页上一个真实的用例介绍这三种通信方式。在示例中还将介绍一些浏览器的原生功能。

6.1.1　父级页面到片段

在商品页引入 Buy 按钮后的一周内，拖拉机销量大增。但是 Tractor Model 公司没有休息。CEO Ferdinand 雇用了两名最好的金匠，他们为所有的拖拉机设计了特别的白金版本。

为了销售这些高级版的拖拉机，Decide 团队需要在详情页添加一个升级至白金版的选项。选择此选项会将标准版商品的图片切换成白金版。Decide 团队可以在自己的应用程序中实现这个功能。但更重要的是，Checkout 团队的 Buy 按钮也需要更新。它必须显示白金版本的价格，如图 6.3 所示。

两个团队经过讨论提出了一个方案。Checkout 团队将扩展 Buy 按钮，使用另一个属性 edition。当用户改变选项时，Decide 团队会相应地设置和更新这个属性。

- 更新后的 Buy 按钮
  标签名: checkout-buy
  属性: sku=[sku], edition=[standard|platinum]
  示 例 : <checkout-buy sku="porsche" edition="platinum">
  </checkout- buy>

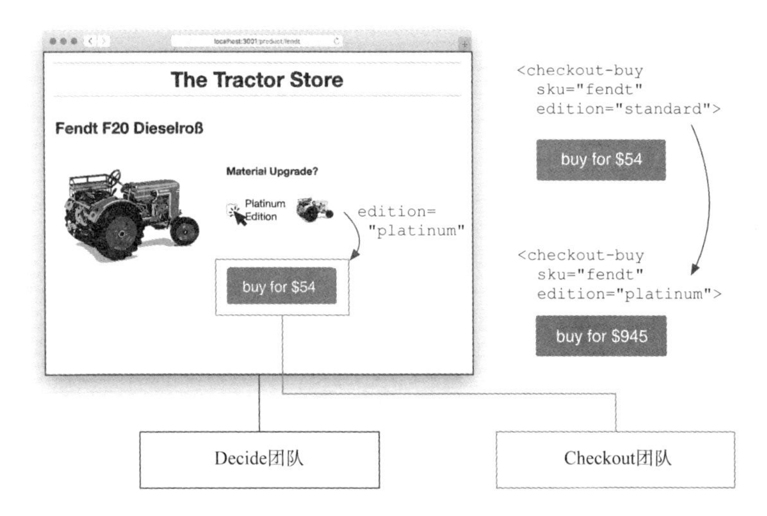

图 6.3　父子级通信。父页面的变更(选中白金版选项)需要向下传递给片段，以便它可以更新自己

实现白金版的选项

商品页添加选项后的标签如代码清单 6.1 所示。

代码清单 6.1　team-decide/product/fendt.html

```
...
<img class="decide_image"
  src="https://mi-fr.org/img/fendt_standard.svg" />
...
<label class="decide_editions">
  <input type="checkbox" name="edition" value="platinum" />   ← 选中白金版选项的复选框
  <span>Platinum Edition</span>
</label>
<checkout-buy sku="fendt" edition="standard"></checkout-buy>   ← Buy 按钮包含一个新的属性 edition
 ...
```

Decide 团队引入了一个简单的复选框元素作为升级选项。Buy 按钮组件还接收了一个新的属性 edition。现在团队需要编写一些胶水代码(glue code)将两个元素连接起来。复选框的改变应当触发 edition 属性的改变。站点上的主图也要随之改变，如代码清单 6.2 所示。

代码清单 6.2　team-decide/static/page.js

```
const option = document.querySelector(".decide_editions input");   ⎤ 选择要监听或改变的 DOM 元素
const image = document.querySelector(".decide_image");              ⎥
const buyButton = document.querySelector("checkout-buy");           ⎦

option.addEventListener("change", e => {    ← 响应复选框的改变
  const edition = e.target.checked ? "platinum" : "standard";    ← 确定选定的版本
  buyButton.setAttribute("edition", edition);    ← 更新 Checkout 团队自定义元素(Buy 按钮)的 edition 属性
  image.src = image.src.replace(/(standard|platinum)/, edition);    ← 更新商品的主图
});
```

这是 Decide 团队需要做的所有更改。现在轮到 Checkout 团队了，该团队需要响应 edition 属性的更改，并更新其组件。

属性改变时更新组件

Buy 按钮的第一个版本只使用了自定义元素的 connectedCallback 方法。但是自定义元素还有一些其他的生命周期方法。

在我们的例子中，最感兴趣的一个方法是 attributeChanged Callback(name，old Value, newValue)。当自定义元素的属性发生改变时，每次都触发该方法。你将会收到改变的属性名称(name)、属性更新前的值(oldValue)和更新后的值(newValue)。为此，必须预先注册被监听的属性列表。现在自定义元素的代码如代码清单 6.3 所示。

代码清单 6.3　team-checkout/static/fragment.js

```
const prices = {
  porsche: { standard: 66, platinum: 966 },    ⎤ 为白金版添加新
  fendt: { standard: 54, platinum: 945 },      ⎥ 的价格
  eicher: { standard: 58, platinum: 958 }      ⎦
```

```
};

class CheckoutBuy extends HTMLElement {
  static get observedAttributes() {
    return ["sku", "edition"];
  }
  connectedCallback() {
    this.render();
  }
  attributeChangedCallback() {
    this.render();
  }
  render() {
    const sku = this.getAttribute("sku");
    const edition = this.getAttribute("edition");
    this.innerHTML = `
      <button type="button">
        buy for $${prices[sku][edition]}
      </button>
    `;
    ...
  }
}
```

监听 sku 和 edition 属性的变化

将渲染逻辑提取为一个单独的方法

每次属性变化时，调用 render()

提取的 render 方法

从 DOM 中获取 sku 和 edition 的当前值

根据 sku 和 edition 渲染价格

注意： 函数名 render 在这个上下文中没有特殊的含义。我们也可以选择其他名称，如 updateView 或 gummibear。

```
npm run 10_parent_child_communication
```

the-tractor.store/#10

现在，每当 sku 或 edition 属性改变时，Buy 按钮都会更新自己。运行以上代码，在浏览器中输入 http://localhost:3001/product/fendt，并在开发者工具中打开 DOM 树。每次选中和取消白金版选项时，你将看到 checkout-buy 元素 edition 属性的变化。作为响应，该组件内部的标签(innerHTML)也会发生变化。

图 6.4 展示了数据的流向。我们将外部应用程序(商品页)状态的变化传给了嵌套的应用程序(Buy 按钮)。这遵循了单项数据流

(unidirectional dataflow)[1]的模式。React 和 Redux 普及了“props 向下传播，事件向上传播”的方法。根据需要，更新后的状态可以通过属性向下传递给子组件。而另一方向上的通信则通过事件来实现，下面学习这个主题。

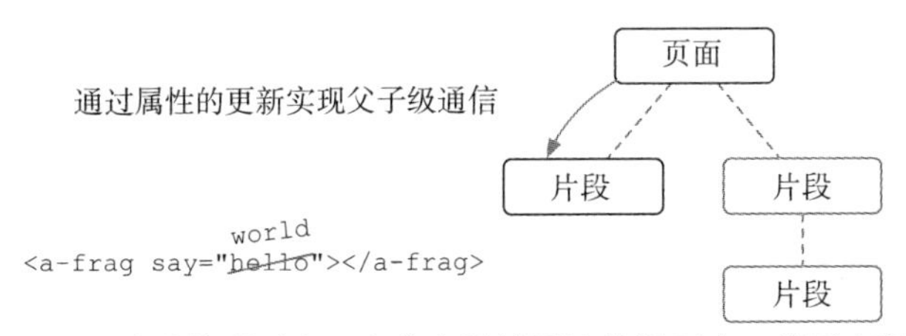

图 6.4 可以显式地将所需上下文信息通过属性传递下去，从而实现父子级通信。片段会针对其属性变化做出响应

6.1.2 片段到父级页面

白金版的引入在 Tractor Model 公司的用户社区里引起了众多争议。一些用户抱怨价格过高，而另一些用户则要求增加黑色、水晶和金色的版本。首批 100 个拖拉机模型在一天内就完成了发货。

Emma 是 Decide 团队的 UX 设计师。她喜欢这个新的 Buy 按钮，但对用户交互并不是很满意。作为点击动作的反馈，用户会收到一个系统警告对话框，用户必须关闭它才能继续购买商品。Emma 想要改变这一点。她想到了一个更加友好的交互方式。在商品图片上放置一个带有动画效果的绿色对勾标记来确认“添加到购物车”的操作。

这个需求有一点麻烦。因为是由 Checkout 团队负责“添加到购物车”操作的。是的，他们知道用户何时在购物车中成功添加了一件商品。对他们来说，在 Buy 按钮片段内显示一条确认信息或者使用本身带有动画效果的 Buy 按钮来提供反馈是很容易的。但是他们无法在不属于自己的页面部分(如商品的主图)上引入新的动画。

从技术角度来看，他们可以做到，因为他们的 JavaScript 可以访问全部的页面标签，但是他们不应该这么做。这会使两个用户界

1 见 http://mng.bz/pB72。

面紧密耦合在一起。Checkout 团队不得不对商品页面的工作方式做出许多假设。如此一来，未来对商品页的修改可能会破坏动画功能。没人想要维护这样的结构。

对于一个干净的方案，动画必须由 Decide 团队来开发。为此，两个团队的合作必须基于一个明确定义的契约。当用户成功添加商品到购物车时，Checkout 团队必须通知 Decide 团队。此时 Decide 团队可以触发动画来响应用户的行为。

两个团队达成一致，通过 Buy 按钮的事件来实现通知。Buy 按钮片段更新后的契约如下：

- 更新后的 Buy 按钮
  标签名: checkout-buy
  属性: sku=[sku], edition=[standard|platinum]
  发送的事件: checkout:item_added

现在，该片段可以发出 checkout:item_added 事件来通知其他方已有用户成功完成“添加到购物车”的操作，如图 6.5 所示。

1. 用户点击按钮。商品被添加到购物车。
2. Buy按钮发送一个事件：checkout:item_added。
3. 页面收到该事件并触发动画。

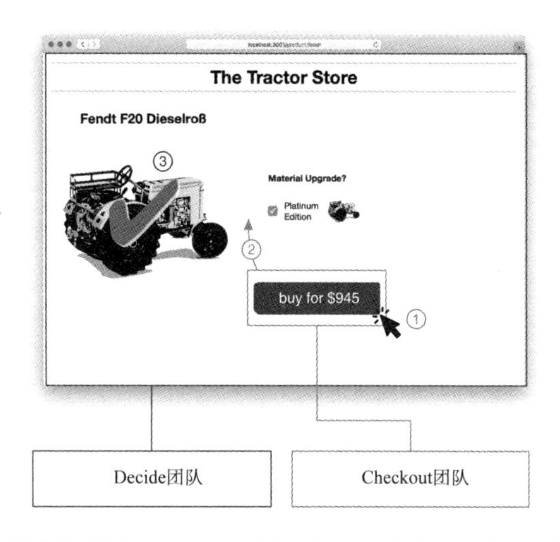

图 6.5 当用户添加商品到购物车时，Checkout 团队的 Buy 按钮会发送一个事件。Decide 团队要响应这个事件并在商品主图上触发一个动画效果

触发自定义事件

让我们看看实现此交互所需的代码。我们将使用浏览器的原生API——CustomEvents(自定义事件)。该功能在所有浏览器中都是可用的，包括旧版的 Internet Explorer。它使你能够触发与原生浏览器事件相同的事件，如 click 或 change。但是你可以自由地选择事件名称。

代码清单 6.4 展示了添加事件后的 Buy 按钮片段。

代码清单 6.4　team-checkout/static/fragment.js

```
class CheckoutBuy extends HTMLElement {
  ...
  render() {
    ...
    this.innerHTML = `...`;
    this.querySelector("button").addEventListener("click", () => {
      ...
      const event = new CustomEvent("checkout:item_added");
      this.dispatchEvent(event);
    });
  }
}
```

创建一个名为 checkout:item_added 的自定义事件

在自定义元素中触发这个事件

注意：我们使用团队前缀([team_prefix]:[event_name])来明确该事件属于哪个团队。

很简单，对吧？CustomEvent 构造函数有第二个可选的选项参数。在后面的示例中我们将讨论其中两个选项。

监听自定义事件

这就是 Checkout 团队需要做的所有工作。接下来让我们在事件触发时添加对勾的动画。这里不会涉及相关的 CSS 代码。我们使用

CSS 的 keyframe 动画，它会使突出的绿色对勾(✓)有一个渐入渐出的效果。我们在现有的 div 元素 decide_product 上添加一个 CSS 类 decide_product—confirm 来触发该动画效果，如代码清单 6.5 所示。

代码清单 6.5 team-decide/static/page.js

```
const buyButton = document.querySelector("checkout-buy");
const product = document.querySelector(".decide_product");
buyButton.addEventListener("checkout:item_added", e => {
  product.classList.add("decide_product--confirm");
});
product.addEventListener("animationend", () => {
  product.classList.remove("decide_product--confirm");
});
```

获取 Buy 按钮元素

获取商品区块，这是触发动画的地方

监听 Checkout 团队的自定义事件

清理工作——动画完成后移除该 CSS 类

通过添加 confirm 类触发动画

监听自定义事件 checkout:item_added 和监听 click 事件的方式相同。选取你希望监听的元素(<checkout-buy>)并注册一个事件处理器：.addEventListener("checkout:item_added", () => {...})。运行以下命令启动示例应用程序：

```
npm run 11_child_parent_communication
```

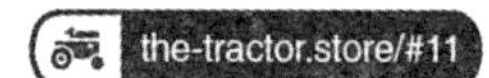

在浏览器中访问 http://localhost:3001/product/fendt 并自己试试这些代码。点击 Buy 按钮来触发事件。Decide 团队收到事件并添加 confirm 类，然后对勾的动画开始播放。通信方式如图 6.6 所示。

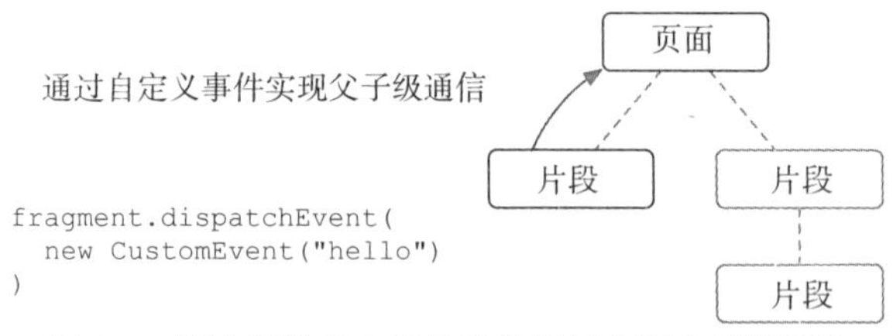

图 6.6 使用浏览器内置的事件机制实现父子级通信

使用浏览器的事件机制有许多优点：

- 自定义事件能够拥有一个全局的事件名称来反映你的领域语言(domain language)。合适的事件名称比技术类的名称(如 click 或 touch)更易于理解。
- 片段不需要了解它的父级。
- 所有主流的库和框架都支持浏览器事件。
- 它允许访问所有原生事件的功能，如.stopPropagation 或.target。
- 通过浏览器开发者工具可以轻松调试。

让我们来看看最后一种通信方式：片段到片段。

6.1.3　片段到片段

使用更加友好的对勾动画代替警告对话框有着显著的积极影响。购物车的平均大小增加了 31%，这直接带来了更高的收益。销售支持人员说，一些客户意外地购买了比他们预期更多的拖拉机。

Checkout 团队希望在商品页中添加一个迷你购物车，以减少商品退回的数量。这样，客户总是能看到他们的购物车里有什么。Checkout 团队将迷你购物车作为一个新的片段提供给 Decide 团队，并在产品页的底部引入。引入迷你购物车的契约如下：

- 迷你购物车

  标签名: checkout-minicart

  示例: <checkout-minicart></checkout-minicart>

这个标签不接收任何属性也不发送任何事件。当标签被添加到 DOM 时，迷你购物车会渲染购物车中所有拖拉机的列表。稍后团队会从其后端的 API 获取状态。但目前，片段将状态保存在本地变量中。

这很简单，但当客户通过 Buy 按钮添加一个新的拖拉机到购物车时，迷你购物车也要得到通知。这样片段 A 中的一个事件会导致片段 B 的更新。有很多种不同的方式可以实现这一点：

- 直接通信——片段找到想要与之通信的片段，直接调用其函数。由于我们是在浏览器中，因此片段可以访问完整的DOM 树。它可以在 DOM 中搜索要查找的元素并与之通信。但请不要这么做。直接引用外部的DOM 元素会引入紧密的耦合。片段应该是自包含的，并且不知道页面上的其他片段。直接通信会导致今后很难改变片段的组合。移除或复制一个片段可能会导致一些奇怪的问题。
- 通过父级进行调度——我们可以组合使用子-父和父-子的通信机制。在我们的例子中，Decide 团队的商品页监听 Buy 按钮的 item_added 事件并更新迷你购物车片段。这是一个干净的解决方案。我们已在父级系统中显式地建立了通信流模型。但是在这种模型下，通信如果需要修改，两个团队都需要调整他们的软件。
- 事件总线/广播——使用这种模型，会引入一个全局的通信通道。片段可以向通道中发布事件。其他的片段可以订阅这些事件并做出响应。发布/订阅的机制降低了耦合。在我们的例子中，商品页不必知道或关心 Buy 按钮和迷你购物车片段之间的通信。你可以使用自定义事件实现这种模型。大多数浏览器[1]还支持新的 Broadcast Channel API[2]，它可以创建一个跨浏览器窗口、标签页和 iframe 的消息总线。

团队决定采用事件总线的方法，使用自定义事件。图 6.7 展示了两个片段之间的事件流。

迷你购物车不仅需要知道用户是否添加了拖拉机，还需要知道用户添加了什么拖拉机。因此我们需要将拖拉机信息(sku、版本)作为负载添加到 checkout:item_added 事件中。更新后的按钮契约如下所示：

---

1 在撰写本书时，Safari 是唯一还未实现此功能的浏览器：https://caniuse.com/#feat=broadcastchannel。

2 见 http://mng.bz/OMeo。

- **更新后的 Buy 按钮**

  标签名: checkout-buy

  属性: sku=[sku], edition =[standard|platinum]

  发送事件:

  名称: checkout:item_added

  负载: {sku: [sku], edition: [standard|platinum]}

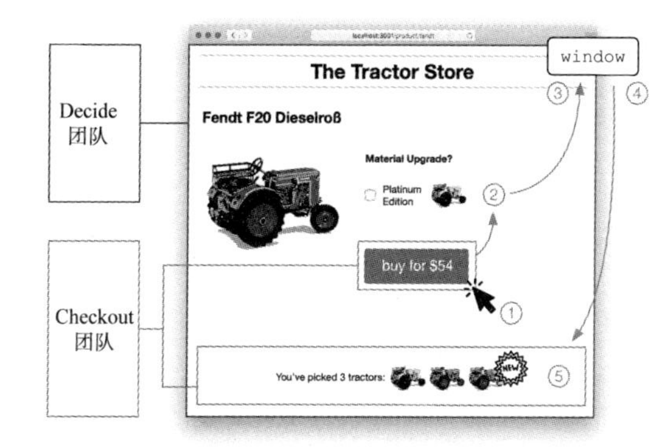

图 6.7　通过全局事件实现片段到片段的通信。Buy 按钮发送 item_added 事件。迷你购物车在 window 对象上监听这个事件并更新自身。我们使用浏览器原生的事件机制作为事件总线

警告：注意事件中交换数据的结构。它会引入额外的耦合。请保持负载最小。事件主要用于通知而不是传输数据。

下面介绍具体实现。

通过浏览器事件实现事件总线

Custom Event API 还指定了一种将自定义负载添加到事件的方法。你可以通过构造函数选项参数中的 detail 字段来传输负载，如代码清单 6.6 所示。

代码清单 6.6 team-checkout/static/fragment.js

```
...
const event = new CustomEvent("checkout:item_added", {
  bubbles: true,                  开启事件冒泡
  detail: { sku, edition }        附加自定义的负载到事件上
}*);
this.dispatchEvent(event);
...
```

默认情况下，Custom Event 不会沿 DOM 树向上冒泡。我们需要开启这种行为，使事件上升到 window 对象上。

这是我们要对 Buy 按钮做的所有修改。让我们看看迷你购物车的实现。Checkout 团队在相同的文件 fragment.js 中定义了 Buy 按钮的自定义元素，如代码清单 6.7 所示。

代码清单 6.7 team-checkout/static/fragment.js

```
...
class CheckoutMinicart extends HTMLElement {
  connectedCallback() {
    this.items = [];                 初始化一个本地变量，用来保存购物车商品
    window.addEventListener("checkout:item_added", e => {     在 window 对象上监听事件
      this.items.push(e.detail);     读取事件的负载并将其添加至商品列表
      this.render();
    });
    this.render();                   更新视图
  }
  render() {
    this.innerHTML = `
      You've picked ${this.items.length} tractors:
      ${this.items.map(({ sku, edition }) =>
        `<img src="https://mi-fr.org/img/${sku}_${edition}.svg" />`
      ).join("")}
    `;
    ...
  }
}
window.customElements.define("checkout-minicart", CheckoutMinicart);
```

该组件将购物车中的商品存储在本地数组 this.items 中。它注册了一个事件监听器，用来监听所有 checkout:item_added 事件。当事件触发时，它读取事件的负载(event.detail)，并将其添加至商品列表中。最后，它调用 this.render()触发一次视图的更新。

要让这两个片段运行起来，Decide 团队必须在页面的底部添加新的迷你购物车片段。Decide 团队不需要知道 checkout-buy 和 checkout-minicart 之间是如何通信的。如代码清单 6.8 所示。

代码清单 6.8　team-decide/product/fendt.html

```
...
<body>
  ...
  <div class="decide_details">
    <checkout-buy sku="fendt" edition="standard"></checkout-buy>
  </div>
  <div class="decide_summary">
    <checkout-minicart></checkout-minicart>     在页面底部添加新的迷你购物车片段
  </div>
  <script src="http://localhost:3003/static/fragment.js" async></script>
</body>
...
```

图 6.8 展示了事件是如何冒泡到顶层的。你可以运行下面的命令来测试这个示例：

```
npm run 12_fragment_fragment_communication
```

the-tractor.store/#12

片段到片段的通信
通过window上的自定义事件

```
fragment.dispatchEvent(
  new CustomEvent("hello", {bubbles: true})
)

window.addEventListener("hello", () => {…})
```

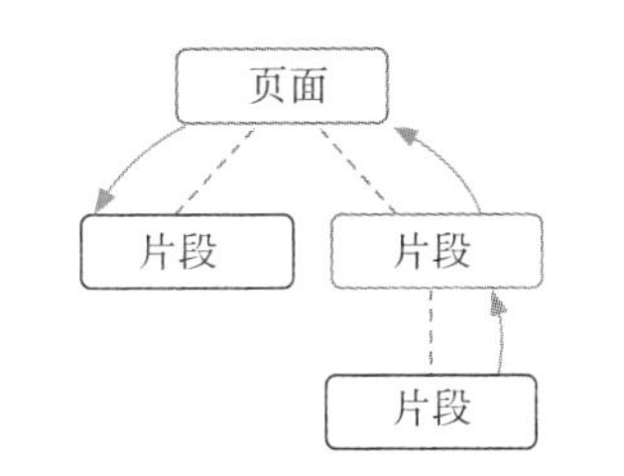

图 6.8　自定义事件可以向上冒泡至文档的 window 对象，其他组件可以利用 window 对象监听这些事件

直接在 window 对象上发送事件

我们还可以将 Custom Event 直接发送到全局的 window 对象上：使用 window.dispatchEvent 代替 element.dispatchEvent。将事件发送到 DOM 元素并让其向上冒泡会有以下几个优点。

事件源(event.target)得以维护。当一个页面上有多个片段的实例时，知道是哪个 DOM 元素触发的事件会很有帮助。有了这个元素的引用，就不必自己创建一个单独的命名或标识方案。

触发事件的父元素还可以在事件到达 window 前取消冒泡。你可以在 Custom Event 中使用 event.stopPropagation，同处理标准的 click 事件一样。当你希望一个事件只被处理一次时，这很有用。但是 stopPropagation 机制也会带来困扰："为什么你没看到我 window 上的事件？我确定我们正确地发送了它。"因此你需要小心处理，特别是当有多方参与通信的时候。

6.1.4 使用 Broadcast Channel API 发布/订阅

到目前为止，在示例中，我们利用 DOM 进行通信。而较新的 Broadcast Channel API 则提供了另一种基于标准的通信方式。它是一个发布/订阅系统，能够跨标签、窗口甚至是相同域名的 iframe 进行通信。该 API 非常简单：

- 可以通过 new BroadcastChannel("tractor_channel")连接一个消息通道。
- 通过 channel.postMessage(content)发送消息。
- 通过 channel.onmessage = function(e) {...}接收消息。

在我们的例子中，所有的微前端都能打开一个中心的消息通道(如 tractor_channel)，并接收来自其他微前端的通知。下面看一个小例子，如代码清单 6.9 和代码清单 6.10 所示。

代码清单 6.9 team-checkout.js

```
const channel = new BroadcastChannel("tractor_channel");
const buyButton = document.querySelector("button");
buyButton.addEventListener("click", () => {
  channel.postMessage(
    {type: "checkout:item_added", sku: "fendt"}
  );
});
```

Checkout 团队连接中心的广播通道

当 Buy 按钮被点击时，发送一个 item_added 消息。在这个例子中，我们发送的是一个对象，但是你也可以发送简单的字符串或其他类型的数据

代码清单 6.10 team-decide.js

```
const channel = new BroadcastChannel("tractor_channel");
channel.onmessage = function(e) {
  if (e.data.type === "checkout:item_added") {
    console.log(`tractor ${e.data.type} added`);
    // -> tractor fendt added
  }
};
```

Decide 团队也连接相同的消息通道

监听所有的消息并在每次收到 item_added 消息时生成一条日志

在撰写本书时，除 Safari 外的所有浏览器都支持 Broadcast Channel API[1]。通过使用 polyfill[2]，你可以使不具备原生支持的浏览器支持这一功能。

与基于 DOM 的自定义事件相比，这种方法最大的优势是可以跨窗口交换信息。如果你需要在多个标签页上同步状态或决定使用 iframe，这将非常方便。还可以通过通道的命名来显式地区分团队

1 Broadcast Channel API—浏览器支持情况：https://caniuse.com/#feat=broadcastchannel。

2 Broadcast Channel API—Polyfill：http://mng.bz/YrWK。

内部和公共的通信。除了全局的 tractor_channel，Checkout 团队还可以打开自己的 checkout_channel 通道，以用作自己团队内各微前端之间的通信。这种团队内的通信还可能包括更复杂的数据结构。对公共消息和内部消息进行明确的划分能减少不必要的耦合。

6.1.5 UI 通信更适合什么场景

现在你已经了解了四种不同类型的通信方式，并且知道如何使用基本的浏览器功能来处理它们。当然，你也可以自定义通信和更新组件的机制。例如，让所有团队在运行时导入一个共享的 JavaScript 发布/订阅模块。但是，在建立微前端集成方案时，你的目标应是尽可能少地引入共享的基础设施。使用标准化的浏览器规范(如 Custom Event 或 Broadcast Channel API)应是你的首选。

使用简单的负载

在上面的例子中，我们通过事件将实际的购物车商品信息({sku,edition})从一个片段传输到另一个片段。在我所参与的项目中，我们有一些很好的经验来保持事件精简。比如，事件不应该作为一种传输数据的手段。它的作用是触发其他部分的用户界面。你应该只在团队内交换视图模型和领域对象。

强烈的 UI 通信需求可能是边界划分问题的征兆

如前所述，一个好的团队边界，不应该有大量团队间的通信。即便如此，如果你在同一视图中添加了很多不同的用例，通信的总量也会增大。

如果实现一个新功能需要两个团队紧密地合作，并且需要在微前端之间来回传递数据，那么说明这不是一个最佳的团队边界。此时请重新审视你的团队边界，也许要扩大你的职责范围，或者将某个用例的职责从一个团队转移到另一个团队。

事件与异步的加载

需要牢记的一点是，当你使用事件或广播时，其他的微前端可能还未加载完成。微前端无法获取在完成初始化之前发生的事件。

使用事件响应用户操作(如 add-to-cart 事件)在实践中并没有太大的问题。但如果你想要将事件传播给所有其他初始加载中的组件，那么标准事件可能不是正确的解决方案。

6.2 其他通信机制

到目前为止，我们已经学习了用户界面之间是如何通信的，这直接发生在浏览器的微前端之间。然而，在构建真正的应用程序时，还需要解决其他类型的数据交换问题。在本章最后一部分，我们将讨论如何把身份验证、数据获取、状态管理和数据复制纳入微前端的版图中。

6.2.1 全局上下文和身份验证

每个微前端都处理一个特定的用例。但在一个复杂的应用程序里，这些前端应用需要一些上下文信息来完成它们的工作。“用户说什么语言，他们住在哪里，他们倾向使用哪种货币？用户是登录状态还是匿名状态？应用是运行在预生产环境还是生产环境？”这些必要的细节信息通常称为上下文信息。这些信息是只读的。你可以将上下文信息视为一种基础的样板信息，这种样板信息只处理一次，然后以一种简单的方式提供给所有团队消费。图 6.9 说明了如何将这些数据分发给所有的用户界面应用程序。

为所有微前端提供上下文信息

在创建提供上下文数据的方案时，需要考虑以下两个问题：

1. 传输——如何将信息传输给团队的微前端应用程序？

2. 职责——由哪个团队来确定该数据并实现相关的理念？

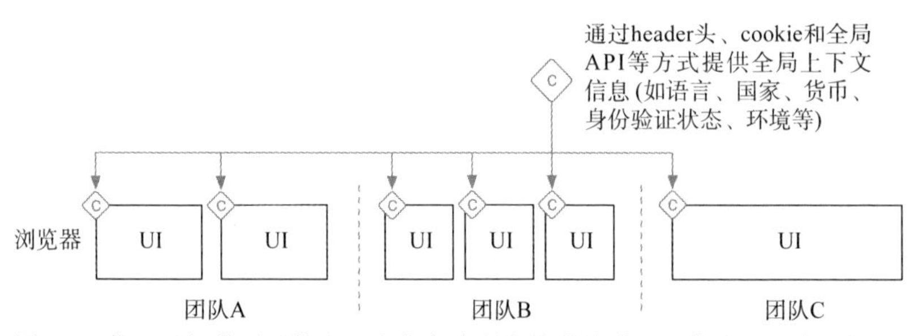

图 6.9 你可以提供通用的上下文信息给所有的微前端。这会将一些常见的任务(如语言检测)放在一个中心位置

下面先介绍传输。如果你正在使用服务端渲染，那么可采用 HTTP 头或者 cookie。前端代理或组合服务能够在每一个传入的请求上设置它们。如果你运行的是一个完全基于客户端的应用程序，那么 HTTP 头不可用。作为替代方案，你可以提供一个全局的 JavaScript API，每个团队通过此 API 获取这些信息。在下一章，我们将介绍应用程序容器的概念。当你决定采用容器时，将上下文信息传入应用程序容器是一种较好的模式。

其次介绍职责。如果你有一个专门的平台团队，那么团队会是提供上下文的最佳候选。若没有平台团队，是在一个分散的场景中，那么你要选择一个团队来完成这项工作。如果你已经有一个中心化的基础设施(如前端代理和应用程序容器)，那么基础设施的所有者是负责提供上下文数据的最佳人选。

身份验证

像管理语言偏好或确定原始国籍这样的任务并不需要太多的业务逻辑。而对于像验证用户身份这样的任务，确定职责则比较困难。你应当根据每个团队的使命来回答“哪个团队负责登录流程？”的问题。

从技术集成的角度看，负责登录流程的团队应为其他团队提供身份验证的功能。他们提供一个登录页面或片段，其他团队可以将未验证的用户重定向到此。你可以使用如 OAuth[1]或 JSON Web Tokens (JWT)等技术标准，安全地为需要的团队提供身份验证状态。

6.2.2 管理状态

如果使用的是像 Redux 这样的状态管理库，那么每个微前端(或者至少每个团队)都应有自己的本地状态。图 6.10 说明了这一点。

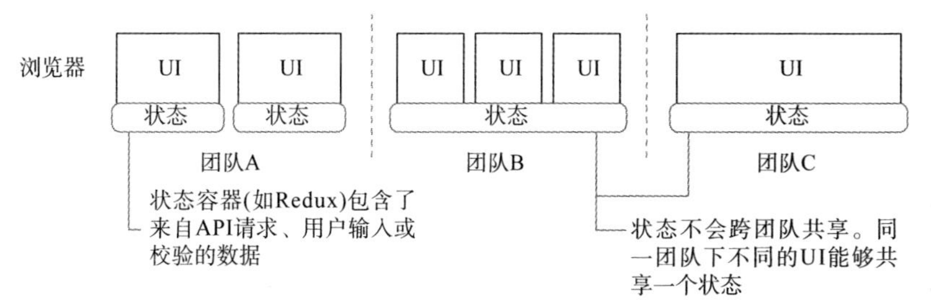

图 6.10 每个团队都有自己的用户界面状态。在团队间共享状态会引入耦合，并使应用程序未来难以更改

虽然在一个微前端中重用另一个微前端的状态来避免加载两次数据，似乎是走了捷径。但这种捷径会带来耦合，使单个应用程序难以修改，并削弱了其健壮性。这可能还会导致团队间的通信过程中错误地使用共享状态。

6.2.3 前后端通信

要实现该功能，微前端应只与相应团队后端的基础设施进行通信，如图 6.11 所示。团队 A 的微前端决不应与团队 B 的 API 端点直接通信。这样做会引入耦合和团队间的依赖。更重要的是，你放弃了隔离性。要想运行和测试你的系统，会需要其他团队的系统支持。团队 B 的一个错误也会影响到团队 C 的片段。

1 见 https://en.wikipedia.org/wiki/OAuth。

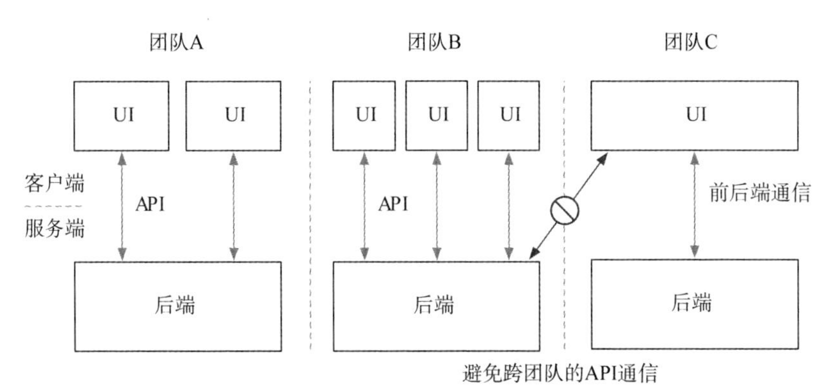

图 6.11 API 通信应始终限制在团队范围内

6.2.4 数据复制

如果你的团队要负责从用户界面到数据库的所有工作，那么每个团队都要有自己的服务端存储。例如，Inspire 团队需要维护他们手动制作的推荐商品的数据库，而 Checkout 团队要存储用户创建的所有购物车和订单信息。Decide 团队对这些数据结构没有直接兴趣。他们要通过前端的 UI 组合将这些相关功能(如推荐条目、迷你购物车)引入页面中。

但是对于某些应用程序来说，UI 组合是不可行的。以商品数据为例。Decide 团队拥有主商品数据库。他们提供后台功能，Tractor Store 的雇员能够使用它添加新的商品。但是其他团队也需要一些商品数据。Inspire 团队和 Checkout 团队至少需要所有 SKU、相关名称和图片 URL 的列表。而他们对更高级的信息，如编辑历史、视频文件或客户评论等都不感兴趣。

要获取这些信息，这两个团队在运行时调用 Decide 团队的 API 即可。但是，这会违反我们自治的目标。如果 Decide 团队的应用程序崩溃，其他团队就无法正常工作。可以通过数据复制来解决这个问题。

Decide 团队提供一个供其他团队获取所有商品列表的接口。其他团队使用这个接口在后台定期复制所需商品的信息。你可以通过

feed 机制实现此功能。图 6.12 说明了这一点。

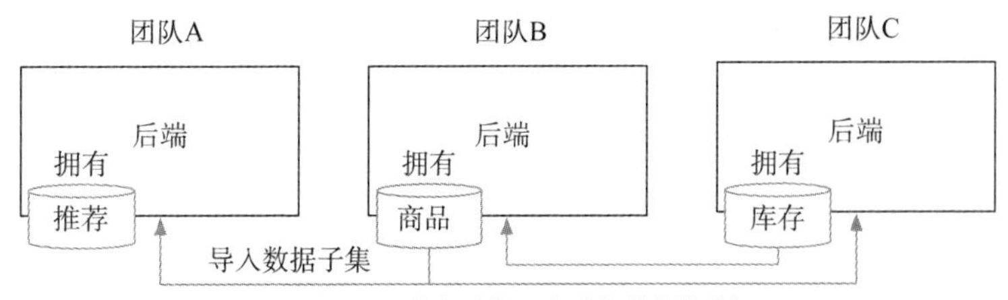

图 6.12　一个团队可以复制其他团队的数据以保持独立性。这种数据复制提供了健壮性。如果一个团队的应用程序崩溃，其他团队的应用程序还能继续工作

这样，当 Decide 团队的应用程序崩溃时，Inspire 团队仍然有它的本地商品数据库来提供推荐功能。我们可以把这个概念应用到其他类型的数据中。

Checkout 团队拥有库存数据库，知道有多少拖拉机库存，并能估算出新货何时到达。如果其他团队对库存数据感兴趣，则有两个选择：复制所需的数据到自己的应用程序，或者要求 Checkout 团队提供一个可引入的微前端，将这些信息直接呈现给用户。

这两种方法都有它们各自的优缺点。如果 Decide 团队希望基于库存数据构建业务逻辑，可以选择复制库存数据。例如，Decide 团队可能想为即将缺货的商品试验另一种商品详情页的布局，为此必须先知道库存，理解 Checkout 团队的库存格式，并构建相关的业务规则。

或者，如果只是希望在 Buy 按钮上以简单的文本形式显示库存信息，那么 UI 组合会更加适合。这样 Decide 团队完全不需要理解 Checkout 团队的库存数据模型。

6.3 本章小结

- 通常情况下，不同的微前端应用程序在切换时，它们之间需要通信。当用户从一个用例切换到下一个时，可以通过URL传递参数的方式处理大多数的通信需求。
- 当多个用例共存于一个页面时，不同的微前端可能需要相互通信。
- 当不同团队的UI需要通信时，可以使用“props向下传播，事件向上传播”的通信模式。
- 父级可以通过属性将更新后的上下文信息向下传递给它的子片段。
- 片段可以使用原生的浏览器事件将用户操作通知给DOM树中高层级的其他片段。
- 非父子关系的片段可以使用事件总线或广播的机制进行通信。自定义事件和Broadcast Channel API是浏览器原生的实现，它们可以提供帮助。
- UI通信应仅用于通知，而不是用于传输复杂的数据结构。
- 可以在一个中心化的地方(如前端代理或应用程序容器)处理通用的上下文信息(如用户语言或国家)，并将其传给每个微前端。HTTP头、cookie或一个共享的JavaScript API都可以实现这一点。
- 每个团队可以拥有自己的用户界面状态(例如，一个Redux store)。应避免在团队间共享状态，因为这会引入耦合并使应用程序难以修改。
- 一个团队的微前端应只从自己的后端应用程序获取数据。跨团队UI的大型数据结构交换会引入耦合并使应用程序难以持续迭代和测试。

第 7 章

客户端路由和应用程序容器

本章内容：

- 介绍如何在单页面应用中应用团队间的路由
- 为用户构建一个共享的应用程序容器，并将其作为唯一入口
- 探索客户端路由的不同用法
- 探究如何利用微前端元框架 single-spa 使项目整合更简单

在之前的两章中，我们专注于组合与通信。我们已将来自不同团队的用户界面整合到了同一界面中，并学习了整合用户界面所需的服务端技术和客户端技术。在本章中，我们将跳出之前的讨论范围，着眼于页面层面的整合。

第 2 章中讲解了最基本的页面整合技术：跳转链接。第 3 章中，你已经学习了如何实现一个公共路由，将进入该页面的请求转发给对应团队。现在我们将重拾这些概念，并将这些概念应用于客户端路由和单页面应用中。

大部分的 JavaScript 框架都有其专属的路由解决方案，例如 @angular/router 和 vue-router。利用这些专属的路由解决方案，可以在同一个应用程序中切换不同的页面，并在点击每个链接时不会刷

新整个页面。因为浏览器没有去请求和加载新的 HTML 文件，客户端页面的切换看上去更平顺，这种方式提供了更好的用户体验。浏览器仅重新渲染当前页面需要更新的部分，而不必加载被引用的资源，如 JavaScript 和 stylesheets。首先介绍本章中将用到的“页面刷新”和“路由跳转”这两个术语：

- 页面刷新是指当切换页面时，浏览器需要从服务器加载一个完整的 HTML 页面。
- 路由跳转是指当切换页面时，完全由客户端重新渲染，通常是使用客户端路由。在这个场景中，客户端通过 API 接口从服务器抓取数据。

在一个巨石前端应用中，通常会有两种方案。要么完全由服务端渲染应用程序的页面，要么选择单页面应用。如果采用第一种方案，页面间的切换全部采用页面刷新的方式。而第二种方案，即一个单页面应用，你可以使用客户端路由实现路由跳转。但对于一个微前端的架构来说，不必非黑即白。图 7.1 展示了整合页面的两种简单的方式。

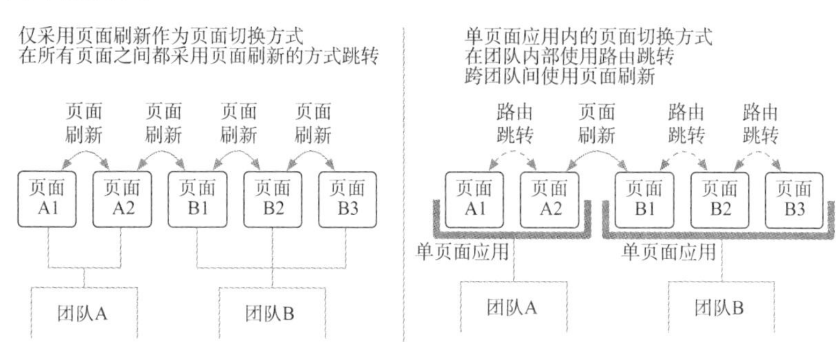

图 7.1 图中展示了微前端中两种不同的页面跳转方法。“仅采用页面刷新作为页面切换方式”的例子相对简单，仅使用原生链接就可以实现页面跳转，但这也会导致整个页面的刷新。在没有特殊需要的情况下，团队 A 必须知道来自团队 B 的页面链接，反之亦然。但是通过“单页面应用间的连接方式”，同一团队内通过路由跳转即可实现所有页面之间的切换，仅当切换来自不同团队的页面时才需要页面刷新。从架构的角度看，它与“仅采用页面刷新作为页面切换方式”是一致的。实际上，在团队内部采用单页面应用程序仅仅是一个实现细节。只要可以正确地响应所有的 URL，其他团队并不会在意技术方案

在上述方法中，不同团队之间的切换页面，唯一的约定就是页面链接，不需要额外的技术和代码即可正常工作。然而，两种方法都包括了页面刷新。是否接受该方法取决于使用场景和团队人员的体量。如果你的目标是让多个团队之间实现相互跳转，而这些团队都只负责一个页面，那么完全可以仅采用页面刷新的方法。图 7.2 展示了第三种选择，所有页面之间的切换仅采用路由跳转的方式。

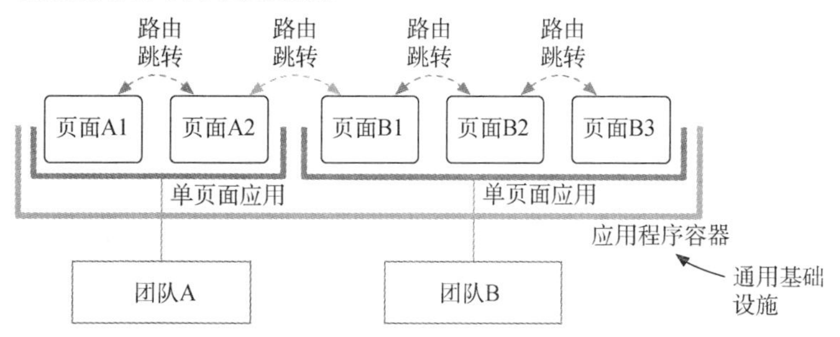

图 7.2　统一的单页面应用引用了一个中心化的应用程序容器。应用程序容器管理着团队间的页面切换。所有的页面切换都使用了路由跳转的方式

为了避免在团队间使用页面刷新的方式，我们需要在架构中搭建一个新的通用基础设施：应用程序容器，简称应用容器(app shell)。它的工作是将 URL 映射到正确的团队。就这一点而言，应用程序容器类似于我们在第 3 章提到的前端代理。但从技术的角度而言，它们是不同的。我们并不需要一个像 Nginx 一样的专属服务器。这个应用程序容器是由一个 HTML 文档以及一系列 JavaScript 脚本组成。

在本章中，你将学习如何利用应用程序容器将不同的单页面应用整合为统一的单页面应用。我们将会从零开始创建一个应用程序容器，其中会包含一个简单的路由，之后这个简单的路由将升级成为一个更复杂且可维护的版本。在本章末，我们将聚焦于微前端元框架 single-spa，它是一个开箱即用的应用程序容器解决方案。

7.1 应用程序容器中的扁平化路由

微前端架构为 Tractor Models, Inc 带来了很多好处。到目前为止，该公司已经能够在短时间内打造自己的线上应用商店。三个团队有着极高的积极性，渴望不断完善他们所负责的系统模块，以提供完美的用户体验。

在一次公司级别的会议中，他们讨论了页面全由客户端渲染的迁移方案。所有页面的跳转都应该采用路由跳转，而不仅限于团队内页面切换。在一个巨石应用中，该方案很简单：采用你喜欢的 JavaScript 框架的路由就可以。但是他们不想因此在各个团队间产生更强的耦合关系。为了确保快速的迭代，应该继续保持部署和依赖升级的独立性。但是迁移至一个通用框架之下将会背道而驰。

这些团队确信他们能够构建一个技术无感知的客户端路由以实现页面切换。他们了解到已经有一个相似的、开箱可用的产品。但因为该中心化的路由将成为他们架构的根基，所以他们决定从头打造一个原型版本。这样，他们就能完全理解所有部分是如何组合在一起运行的。

7.1.1 什么是应用程序容器

在微前端中，应用程序容器扮演着一个父级应用程序的角色。所有的请求都会先到达该应用程序容器。应用容器会匹配用户期望看到的微前端界面，并在文档中的<body>内渲染它，如图7.3所示。

因为该应用程序容器中的代码会被共享，所以最好的办法是让它尽可能地简洁明了，不应该包含任何的业务逻辑。有时，一些可能会影响到所有团队的功能，如身份验证和数据分析，也可内置于应用程序容器中。但是，现阶段我们尽可能地使其简单。

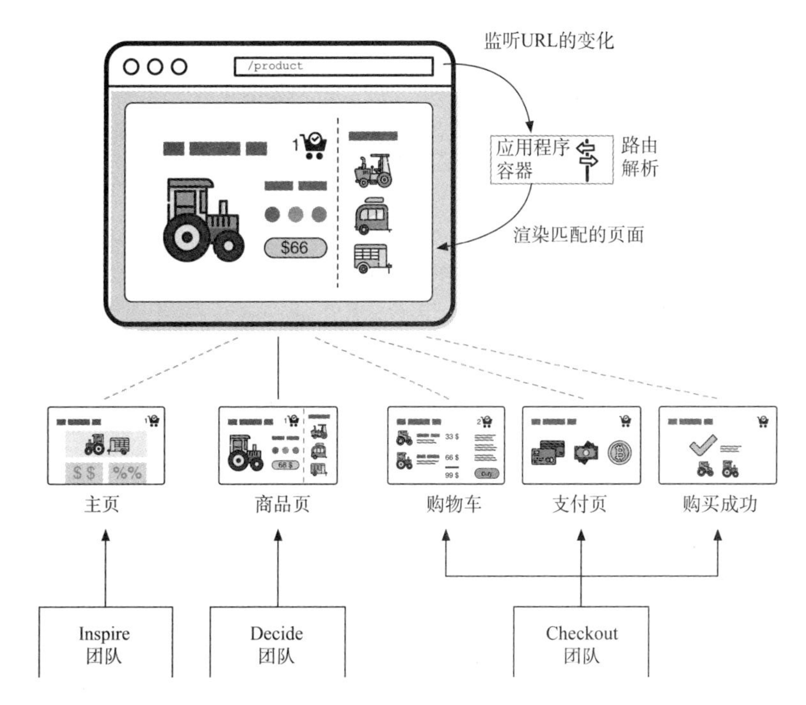

图 7.3　作为一个中心化的客户端路由，应用程序容器监听 URL 的变化，判定匹配的页面(微前端)，并渲染它

7.1.2　剖析应用程序容器

构建微前端的应用程序容器的 4 个关键步骤如下：

(1) 提供一个共享的 HTML 文件

(2) 映射 URL 至对应的团队页面(客户端路由)

(3) 渲染匹配的页面

(4) 在导航时初始化(销毁)上一页/下一页

让我们按部就班开始构建该微前端应用程序。因为应用程序容器是中心化的基础设施，它的代码会与团队的应用程序代码紧邻。图 7.4 所示的是示例代码的目录结构。

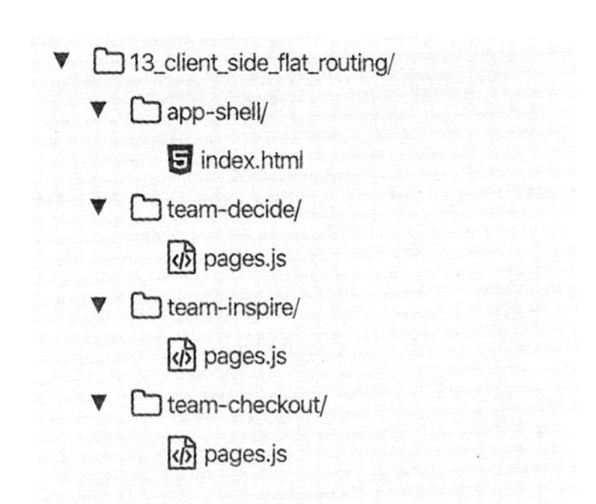

图 7.4 应用程序容器的代码位于团队代码旁，是一个共享的 HTML 文件。团队只需要通过 JavaScript 交付一个页面组件

与之前章节中的代码相似，每一个文件夹代表了一个可独立开发部署的应用程序。在这个例子中，应用程序容器监听着端口号为 3000 的端口，团队的应用程序运行在 3001、3002 和 3003 三个端口上。

如果你正在构建一个完全由客户端渲染的应用程序，通常它会包含一个 index.html 文件，该文件将作为所有传入请求的入口点。真正的路由跳转将会通过 JavaScript 在浏览器中进行。

为了使该路由跳转顺利运行，需要配置 Web 服务器，使其在接收到一个未知的 URL 时返回 index.html 文件。在 Apache 和 Nginx 服务器中，你可以通过指定重写规则来实现该功能。幸运的是，我们的 ad hoc Web 服务器(mfserve)提供了可支持该功能的配置选项，即添加--single 参数。通过运行如下命令即可启动应用程序容器和三个应用程序：

```
npm run 13_client_side_flat_routing
```

现在，服务器将会结合 index.html 应答所有的请求，如/、/product/Porsche 或/cart。

下面讲解代码清单 7.1 中的内容。

代码清单 7.1　app-shell/index.html

```
路由器的代码中将要使用的依赖
<html>
  <head>
    <title>The Tractor Store</title>
    <script src="https://unpkg.com/history@4.9.0"></script>
    <script src="http://localhost:3001/pages.js" async></script>
    <script src="http://localhost:3002/pages.js" async></script>
    <script src="http://localhost:3003/pages.js" async></script>
  </head>
  <body>
    <div id="app-content">
      <span>rendered page goes here<span>
    </div>
    <script type="module">
      /* routing code goes here */
    </script>
  </body>
</html>
```

所有团队的应用程序代码

页面实际内容的容器

应用程序容器的路由代码放置于此

现在我们有了 HTML 文件，并引用了所有团队的 JavaScript 代码，这些代码包含了页面组件。这个 HTML 文件还有一个用于实际内容的容器(#app-content)。这个例子非常简单易懂。接下来我们介绍有意思的部分：路由。

7.1.3　客户端路由

搭建客户端路由的方法有很多。我们可以采用现有的，并且功能全面的路由解决方案，例如 vue-router。但是，由于我们想要保证路由模块的清晰明了，因此会基于 history 代码库开发一个自己的路由器[1]。该 history 代码库仅仅是对浏览器的 History API 做了简单封装。实际上，在许多高级路由器的内部也使用了浏览器的 History API，例如 react-router。即使你之前没有使用过 history 代码库也不

1 详见 https://github.com/ReactTraining/history。

必担心，我们仅使用 history 代码库的两个函数：listen 和 push，如代码清单 7.2 所示。

代码清单 7.2 app-shell/index.html

```
...
const appContent = document.querySelector("#app-content");

const routes = {
  "/": "inspire-home",
  "/product/porsche": "decide-product-porsche",
  "/product/fendt": "decide-product-fendt",
  "/product/eicher": "decide-product-eicher",
  "/checkout/cart": "checkout-cart",
  "/checkout/pay": "checkout-pay",
  "/checkout/success": "checkout-success"
};

function findComponentName(pathname) {
  return routes[pathname] || "not found";
}

function updatePageComponent(location) {
  appContent.innerHTML = findComponentName(location.pathname);
}

const appHistory = window.History.createBrowserHistory();

appHistory.listen(updatePageComponent);
updatePageComponent(window.location);

document.addEventListener("click", e => {
  if (e.target.nodeName === "A") {
    const href = e.target.getAttribute("href");
    appHistory.push(href);
    e.preventDefault();
  }
});
...
```

每一个 URL 路径映射一个组件名称

根据参数 pathname 匹配对应的组件

将组件名称写进页面容器

实例化 history 代码库

注册一个 history 监听器，当调用 push/replace 函数，或点击浏览器的前进/后退按钮，而引发 URL 变化时，都会触发该监听器

当第一次渲染页面时就调用 update 函数

注册一个全局的点击事件监听器，监听全部原生跳转链接的点击事件。事件触发时将目标 URL 传给 history 实例，并阻止其默认的页面刷新事件

保持 URL 和内容同步更新

updatePageComponent(location)函数是核心步骤。它保证了页面所展示的内容与浏览器 URL 的同步。在初始化和每次浏览器的 history 对象被改变时(appHistory.listen)，updatePageComponent 函数都会被调用。浏览器 history 对象的变化可能是由于 appHistory.push()调用的 JavaScript API 触发，也可能是由于用户点击浏览器上的前进或后退按钮引发。updatePageComponent 函数会查找出与当前 URL 匹配的页面组件。现阶段，暂且先将组件名称通过 innerHTML 写入 div#app-content 内。这样浏览器会展示所匹配的页面组件名称。该组件名称可先作为我们的占位符。我们将马上进行迭代，使其可渲染出一个真实的页面组件。

将 URL 映射至组件

routes 对象是一个路径名称(key)和组件名称(value)的映射，如代码清单 7.3 所示。

代码清单 7.3　app-shell/index.html

```
...
const routes = {
  "/": "inspire-home",
  "/product/porsche": "decide-product-porsche",
  ...
  "/checkout/pay": "checkout-pay",
  "/checkout/success": "checkout-success"
};
...
```

所以每一个页面都是一个组件。组件的名称以负责该页面的团队名称开头。例如 URL /checkout/success，应用程序容器会渲染对应的 check-success 组件，该组件是由 Checkout 团队负责的。

7.1.4 页面的渲染

应用程序容器包含了每个团队的 JavaScript 文件。接下来，让我们来分析这些 JavaScript 文件。正如你可能已经猜到的，我们使用 Web Component 作为中立的组件格式。团队再通过自定义元素，将他们的页面向外暴露。应用程序容器仅需要知晓页面组件的名称，并不会关心该页面组件内部使用了哪种技术。接下来，我们将会采用在第 5 章已讨论过的方法，将组件改写为一个完整的页面而不仅仅是一小段代码。代码清单 7.4 所示的是 Inspire 团队的主页组件。

代码清单 7.4 team-inspire/pages.js

```
class InspireHome extends HTMLElement {
  connectedCallback() {
    this.innerHTML = `
      <h1>Welcome to The Tractor Store!</h1>
      <strong>Here are three tractors:</strong>
      <a href="/product/porsche">Porsche</a>
      <a href="/product/eicher">Eicher</a>
      <a href="/product/fendt">Fendt</a>
    `;
  }
}

window.customElements.define("inspire-home", InspireHome);
```

原生链接，用以跳转至 Decide 团队的商品页

全局注册自定义元素

代码清单 7.4 是一个简化的例子。在真实的项目案例中，页面组件也会包含数据读取、模板引擎和样式代码。在这个简化的案例中，connectedCallback 函数是团队渲染页面时的入口。其他页面的代码与此类似。代码清单 7.5 是商品页的例子。

代码清单 7.5 decide/pages.js

```
class DecideProductPorsche extends HTMLElement {
  connectedCallback() {
    this.innerHTML = `
      <a href="/">&lt; home</a> -
```

原生链接，用以跳转至 Inspire 团队的主面

```
      <a href="/checkout/cart">view cart &gt;</a>     ◄── 原生链接，用以跳转至 Checkout 团队的购物车页面
      <h1>Porsche-Diesel Master 419</h1>
      <img src="https://mi-fr.org/img/porsche.svg" width="200">
    `;
  }
}
window.customElements.define(           ┐
  "decide-product-porsche",             │ 全局注册自定义元素
  DecideProductPorsche                  ┘
);
...
```

该代码结构与 Inspire 团队主页的代码结构相似，仅内容不同。接下来，让我们改进一下 updatePageCompnonent 函数的实现，如代码清单 7.6 所示，以正确地实例化自定义元素，而不仅仅是展示组件名称。

代码清单 7.6　app-shell/index.html

```
...
function updatePageComponent(location) {
  const next = findComponentName(location.pathname);   ◄── 根据当前页面地址查询组件名称
  const current = appContent.firstChild;               ◄── 引用已存在的页面组件
  const newComponent = document.createElement(next);   ◄── 实例化即将渲染的自定义元素
  appContent.replaceChild(newComponent, current);      ◄── 用新的自定义元素替换已存在的页面组件(旧页面的 disconnectedCallback 回调函数和新页面的 connectedCallback 回调函数会被触发)
}
...
```

上述代码全部使用了原生的 DOM API——创建一个新元素，并用它替换已有的元素。我们的应用程序容器只是一个职责明确的媒介，负责监听 History API，并通过简单的 DOM 修改来更新页面。开发团队能够通过介入自定义元素的生命周期方法，来获取正确的

钩子函数，如初始化、页面卸载、懒加载和页面更新。从而不需要额外的框架或者复杂的代码。

微前端中的页面跳转

接下来研究页面的重定向，这也是该实践的关键一环。我们想实现页面快速切换，并且页面均由客户端渲染。你可能已经注意到上述两个页面都包含了跳转至其他团队页面的链接。接下来，应用程序容器将会通过其所包含的全局点击事件监听器处理这些跳转链接。代码清单 7.7 是从你之前看到的代码中节选的片段。

代码清单 7.7 app-shell/index.html

```
...
document.addEventListener("click", e => {   // 在全局的 document 对象上添加点击事件监听器
  if (e.target.nodeName === "A") {           // 只关注 a 标签
    const href = e.target.getAttribute("href");   // 从目标元素的 href 属性上提取跳转链接
    appHistory.push(href);                   // 将新的 URL 放入浏览器的 history 对象中
    e.preventDefault();                      // 阻止浏览器进行页面刷新
  }
});
...
```

注意：这是一个缩略版的全局点击事件处理器。在生产环境中，你可能也需要监听会使浏览器在新的标签页中打开页面的组合键，也需要检查外网链接。但对于这个例子，你领会其意即可。

该点击事件处理器拦截了跳转链接上的点击事件，并采用了独特的微前端方式进行渲染，使浏览器通过执行路由跳转，代替了原本应被触发的页面整体刷新：

- 目标 URL 成为 history 栈中最新的条目(appHistory.Push(href))。
- appHistory.listen(updatePageComponent)的回调函数被触发。

- updatePageComponent 将新 URL 与路由表匹配以确定新的组件名称。
- updatePageComponent 用新的组件替换原有组件。
- 旧组件的 disconnectedCallback 回调函数被触发(如果该回调函数被实现)。
- 新组件的构造函数和 connectedCallback 被触发。

当你成功运行这些示例代码，并打开 http://localhost:3000/，你就能看到期望的结果。点击在页面间切换的跳转链接，所有的页面切换都会由客户端渲染。应用程序容器在任何时候都没有重新加载。图 7.5 描绘了示例项目中可进行页面切换的跳转链接。

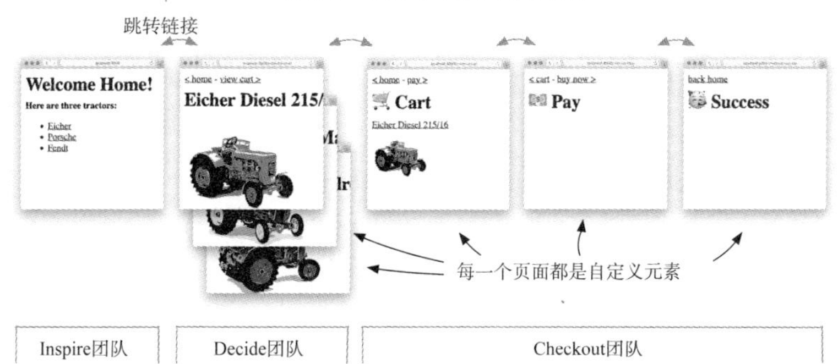

图 7.5　示例项目中的页面通过链接进行跳转。应用程序容器拦截了这些跳转链接，并执行了路由跳转，切换至请求的页面。所有团队将他们的页面暴露为自定义元素即可。在跳转时，应用程序容器把当前的页面组件替换为新的页面组件

7.1.5　应用程序容器和团队间的契约

接下来，让我们探究应用程序容器和团队间的契约(见图 7.6)。每一个团队都需要发布一个自行管理的 URL 清单。其他团队能够通过这些 URL 跳转至指定页面。但是，团队并不需要知道其他团队的组件名称，这些信息会被封装进应用程序容器内。当一个团队想要修

改某一个组件的名称时，就必须升级应用程序容器。

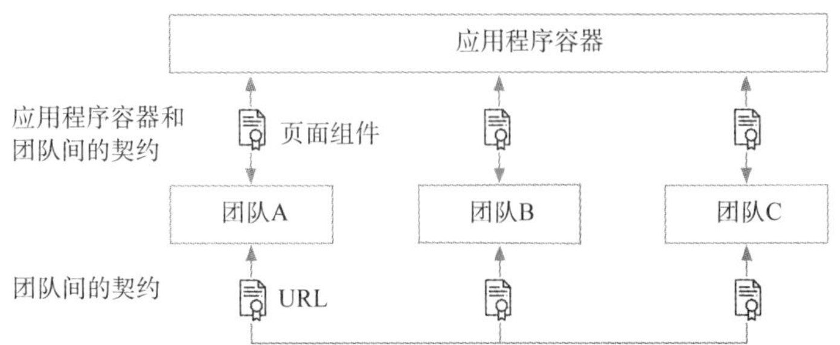

图 7.6 系统间的契约。团队需要通过约定的组件格式(如 Web Component)将他们的页面暴露给应用程序容器。如果团队想跳转至其他团队的页面，就要知道这个团队的 URL

7.2 双层路由的应用程序容器

经过上述实践，开发团队对他们的第一个应用程序容器原型还比较满意。原型中的代码量比预期的还要少。但是他们也发现了一个严重的缺陷。扁平化的路由方法要求应用程序容器必须知道所有应用程序的 URL。如果一个团队想修改一个现存的 URL 或新增一个 URL，那么该团队也需要修改并重新部署应用程序容器。这种开发团队与应用程序容器间的耦合并不理想。应用程序容器是架构中非常核心的一部分，它不应该要知道应用程序中的每一个 URL。

二级路由的概念就是为了避免这一点：应用程序容器仅局限于团队间的相互跳转。但是，每个团队是能够有自己的路由器的，路由器可以把即将跳转的 URL 映射至某一个指定页面。这与你在第 3 章中学习的概念相同，只是从 Web 服务器移到浏览器中的 JavaScript。

为了实践该方法，应用程序容器需要一个可靠的方式来区分哪个团队拥有某特定URL。最简单的方式是通过 url 前缀，如图 7.7 所示。

在这个例子中，我们将多个单页面应用(来自多个团队)打包进另一个单页面应用中(应用程序容器)。它的好处是使应用程序容器内部的路由规则最小化。一级路由决定归哪一个团队负责。实际的路由定义被移至相应团队的应用程序中。团队能在其应用程序内部新增 URL，而无须修改应用程序容器。团队只需要将新增的 URL 添至自己的路由器中即可。这样，只有当引入一个新的团队或修改团队前缀时，才需要修改应用程序容器。

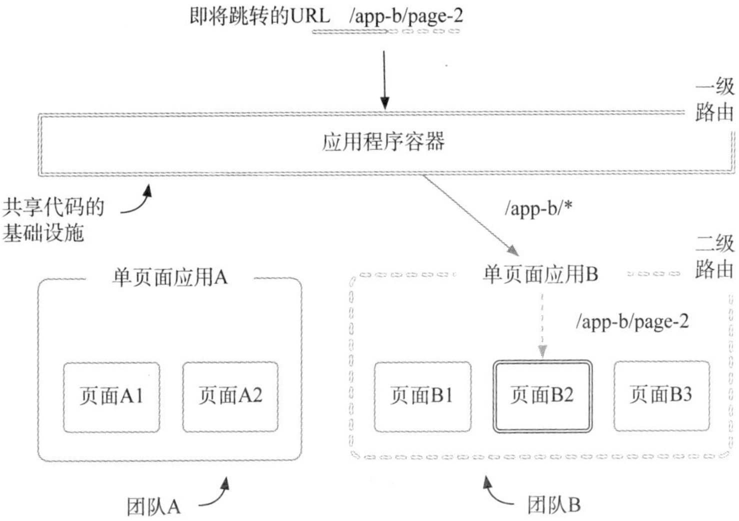

图 7.7　该图描绘了双层路由的概念。应用程序容器通过 URL 的第一部分以判定应由哪个团队负责(一级路由)。被匹配的团队，通过他们的路由器处理完整的 URL，以在其单页面应用内找出正确的页面(二级路由)

接下来，让我们继续实现这些功能。

7.2.1　实现一级路由

应用程序容器脚本保持不变。我们仅修改路由的定义，如代码清单 7.8 所示。

代码清单 7.8　app-shell/index.html

```
...
const routes = {
  "/product/": "decide-pages",
  "/checkout/": "checkout-pages",
  "/": "inspire-pages"
};

function findComponentName(pathname) {
  const prefix = Object.keys(routes).find(key =>
    pathname.startsWith(key)
  );
  return routes[prefix];
}
...
```

routes 对象映射了 URL 前缀和团队组件的关系

为了找到对应的组件，该函数对比了 routes 对象中的 url 前缀和当前的路径。并返回了第一个匹配的组件名称

routes 对象比之前更为简洁。在扁平化的路由版本中，它通过详尽的路由映射到准确的页面组件，如/checkout/success 映射到 checkout-success。新的 routes 对象将一个团队的所有页面融合成一个组件名称，而不区分页面。

在此之前，findComponentName 函数通过 pathname 参数执行一个简单的对象查找。现在，该函数根据 pathname 参数匹配所有的前缀，并返回第一个匹配的组件名称。例如，所有以/checkout/开头的 URL 将触发 check-pages 组件的渲染。而处理 pathname 参数剩余部分，并展示正确页面的工作则交由 Checkout 团队完成。

这就是对于应用程序容器全部的修改。其余代码保持不变。

7.2.2　团队层面的路由实现

接下来，我们介绍 checkout-pages 组件的内部，对二级路由进行探索。这个新组件在之前的示例中扮演了购物车(checkout-cart)、收银台(checkout-pay)和支付成功(checkout-success)三个组件的角色。代码清单 7.9 是 Checkout 团队用以应对这些页面跳转的代码。

代码清单 7.9　checkout/page.js

```
const routes = {
  "/checkout/cart": () => `
    <a href="/">&lt; home</a> -
    <a href="/checkout/pay">pay &gt;</a>
    <h1> Cart</h1>
    <a href="/product/eicher">...</a>`,
  "/checkout/pay": () => `
    <a href="/checkout/cart">&lt; cart</a> -
    <a href="/checkout/success">buy now &gt;</a>
    <h1> Pay</h1>`,
  "/checkout/success": () => `
    <a href="/">home &gt;</a>
    <h1> Success</h1>`
};

class CheckoutPages extends HTMLElement {
  connectedCallback() {
    this.render(window.location);
    this.unlisten = window.appHistory.listen(location =>
      this.render(location)
    );
  }
  render(location) {
    const route = routes[location.pathname];
    this.innerHTML = route();
  }
  disconnectedCallback() {
    this.unlisten();
  }
}

window.customElements.define("checkout-pages", CheckoutPages);
```

包含了 Checkout 团队全部的路由地址

映射购物车(cart)页面至模板函数

购物车(cart)页面的模板

监听 history 对象的变化，并在变化的基础上进行渲染(注意我们正在使用应用程序容器提供的 appHistory 实例)

当应用程序容器将 <checkout-pages> 组件附加到 DOM 时触发该函数

根据当前地址渲染页面内容

通过新的页面地址查找页面模板

负责渲染页面内容

执行路由模板，并将结果写入 innerHTML

当应用程序容器从 DOM 中移除组件并注销之前添加的 history 监听器时触发该函数

将收银台页面(checkout-pages)作为组件，通过注册自定义元素，暴露给全局该代码包含了三个页面模板。当应用程序容器将组件附加到DOM时，触发connectedCallback方法，并根据当前的URL渲染页面，同时对URL的变化进行监听(window.appHistory.listen)。

当地址改变时，只需要根据新地址更新视图。简单起见，我们仅使用了一个简单的基于字符串的模板。但在真实的应用程序中，你可能会追求更复杂的技术方案。

"重中之重"的清理工作

在完成任务后，及时清理是很重要的。同样，这在微前端建设中也极其重要。应用程序容器的运行就像是和其他人共享一个房间。任何的全局变量、被遗忘的计时器和事件监听器都可能影响到其他团队或者导致内存泄漏。这些问题也很难追查。

为避免上述问题，当页面组件不再使用时，及时有效的清理极其关键。这也是为什么我们在示例代码的disconnectedCallback()函数中，通过调用appHistory.listen()函数返回的unlisten()方法移除history监听器的原因。

但是请谨慎使用第三方代码。因为旧版本的jQuery插件或是其他一些框架，如AngularJS(v1)，有着众所周知的糟糕的清理行为。但是，当你正确地卸载它们时，大多数现代工具都表现得很好。

这就是我们使二级路由正常运行要做的全部工作。在一级路由中，应用程序容器判定了页面由哪一个团队负责。在二级路由中，团队的路由选择匹配的页面。为了更深入地进行分析，可以花点时间在你的本地环境运行示例代码：

```
npm run 14_client_side_two_level_routing
```

7.2.3 在URL变化时会发生什么

接下来，让我们测试一下URL变化时会发生什么。我们将着眼于三个场景：首屏加载，在同一个团队负责的范围内重定向，以及跨团队重定向。

场景 1：首屏加载

图 7.8 展示了首屏加载的过程。

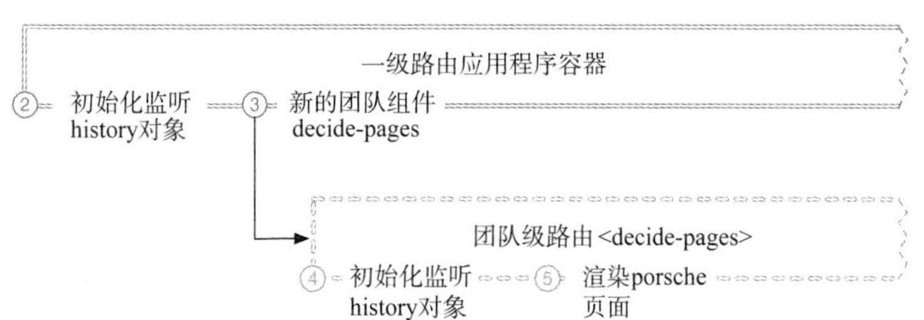

图 7.8 二级路由中的首屏渲染。一级路由通过团队前缀判定负责任的团队。第二级的团队路由通过查看 URL 中的最后一部分以渲染实际页面

下面从图中的第二步开始介绍：

(2) 应用程序容器的代码首次运行，并完成初始化所需要的一切工作，同时开始监控 URL 的变化。

(3) 当前的 URL 以团队前缀/product/为始。该前缀映射到 Decide 团队的<decide-pages>元素上。应用程序容器将该组件插入 DOM 中。

(4) 团队的页面组件自行初始化。并开始监听 URL。

(5) 团队的页面组件通过观察 URL，渲染出 Porsche tractor 的商品页。

简而言之，应用程序容器判定出哪一个团队应对当前的 URL 负责，然后由该团队渲染该页面。两个环节都注册了 URL 的监听器。在下一个场景中，我们将对运行中的监听器进行探索。

场景 2：在同一个团队负责的范围内重定向

图 7.9 展示了用户在/product/porsche 页面点击了跳转至/product/eicher 页面的链接时，将会发生的事情。应用程序容器拦截了该跳转链接并在 history 对象内加入了新的 URL。

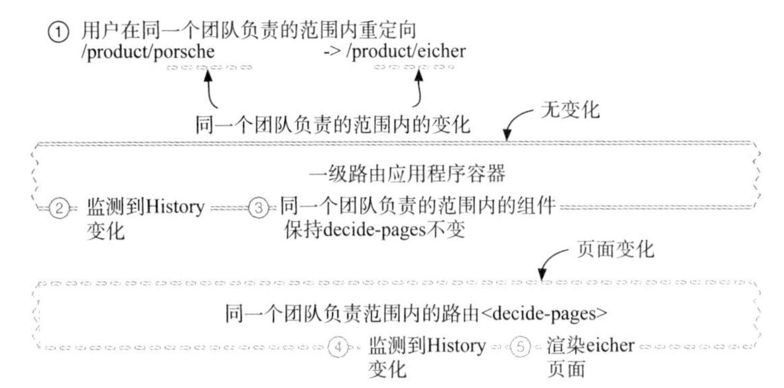

图 7.9 当用户导航至由同一团队管理的另一个页面时，应用程序容器不做任何动作。团队级的组件需要根据当前 URL 更新页面

(2) 应用程序容器检测到 history 对象的变化，并注意到团队前缀并无变化。

(3) 团队级的组件可保持不变。应用程序容器不必做任何动作。

(4) 团队组件也注意到 URL 变化。

(5) 更新页面内容，从 Porsche 切换至 Eicher tractor。

因为对应的负责团队并无变化(相同的团队前缀)，所以应用程序容器不用做任何动作。仅 Decide 团队内部处理页面变化即可。

接下来探究最令人兴奋的部分：跨团队重定向。

场景 3：跨团队重定向

当用户从商品页移至支付页时，他们会跨越团队边界。购物车页面是由 Checkout 团队负责的。在图 7.10 中，你将看到应用程序容器是如何处理这种变化的。

(2) 应用程序容器识别 history 对象的变化。

(3) 因为团队前缀从/product/变为/checkout/，所以应用程序容器用新的<checkout-pages>组件替换已存在的<decide-pages>组件。

(4) 在应用程序容器将<decide-pages>组件从 DOM 中移除前，Decide 团队接收到卸载<decide-pages>组件的请求。Decide 团队自行完成清理工作，并停止对 history 对象的监听。

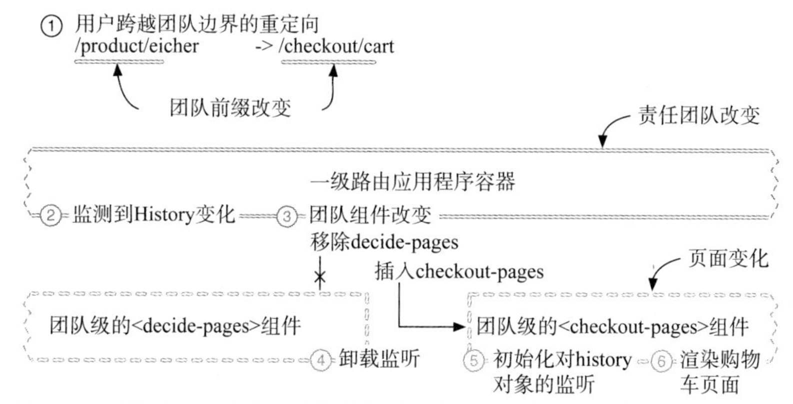

图 7.10　跨团队重定向中，责任的归属发生改变。应用程序容器用新的团队组件替换已存在的团队组件。该新组件接管并负责渲染页面

(5) Checkout 团队组件初始化<checkout-pages>组件并开始监听 history 对象。

(6) 渲染购物车页面。

在该场景中，应用程序容器替换了团队级的组件，并将控制权从一个团队移交给另一个团队。团队组件将自行处理它们的初始化和卸载。

7.2.4　应用程序容器 API

你已经学习了应用程序容器中最重要的任务：

- 加载团队的应用程序代码
- 基于 URL 在团队间重定向

下面是应用程序容器可能需要额外负责的功能清单：

- 上下文信息(如语言、国家、用户)
- 元数据处理(更新标签、爬虫提示、语义数据)
- 身份验证
- Polyfills
- 数据分析与标签管理
- JavaScript 错误报告

- 性能监控

上述功能中，应用程序代码对某些功能并不关心。例如性能监控经常是在基础设施中通过添加脚本完成。该监控能够在应用程序无感知的情况下正常工作。

但是，其他一些功能是需要应用程序容器与应用程序交互的。接下来的代码展示了一个追踪应用程序内部事件的功能：

```
window.appShell.analytics({ event: “order_placed” });
```

该应用程序容器能够传递信息给应用程序。在基于 Web component 的例子中，它看上去类似如下代码：

```
<inspire-pages country=“CH” language=“de”></inspire-pages>
```

尽可能地保证 API 的单一职责是很好的思维习惯。一个稳定的单一职责的接口可减少耦合性。破坏性的 API 总会伴随着一些团队协调问题。所有的团队都需要更新他们的代码，以确保功能正确执行。图 7.11 描绘了应用程序容器和团队的应用程序之间的契约。

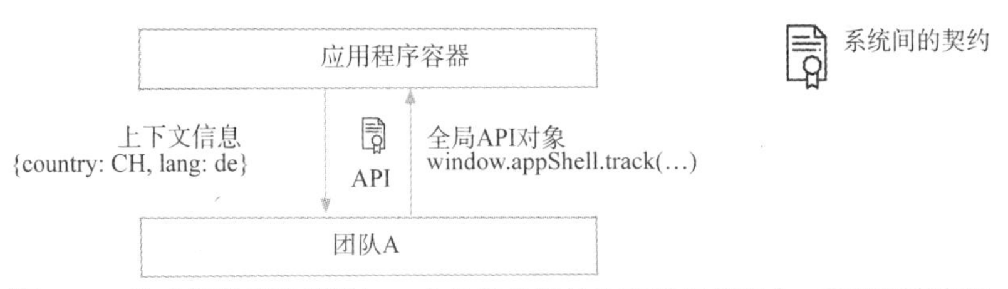

图 7.11 给应用程序容器添加一个共享功能导致更紧密的耦合。应用程序容器和团队应用程序间的 API 作为系统间的契约应保持职责单一和稳定

业务逻辑应在团队应用程序的代码中——而不是在被共享的应用程序容器中。一个用于判断是否过于耦合的指标是：团队部署一个功能时，不应该改变应用程序容器。

现在，我们已经构建了一个小型的应用程序容器。下面我们简要介绍一个开箱即用的解决方案：single-spa。

7.3 single-spa 元框架的简述

在构建并升级了应用程序容器原型后，Tractor Models 公司的开发团队已经对各环节如何运行有了较好的理解，并确定了他们要使用双层路由的方式。但是，仍然缺失几个功能，其中两个分别是 JavaScript 的懒加载和正确的异常处理。

为了避免重复，他们查阅了那些可开箱即用，且能满足他们需求的解决方案。恰巧发现了 single-spa[1]，这是一个流行的微前端元框架。本质上，它是一个应用程序容器——类似于我们刚刚打造的应用程序容器。但是它有着更先进的功能。single-spa 内置了应用程序代码的按需加载，并有着结合框架的良好生态。你可以找到一些样例和辅助的代码库，即可花费很小的工作量，令 single-spa 与那些使用了 React、Vue.js、Angular、Svelte 或是 Cycle.js 的应用程序一同运行。这使得以统一方式将应用程序暴露给应用程序外壳更加简单，这样就可以让 single-spa 与应用程序进行交互。

开发团队想把他们的原型移植至 single-spa 中。为了试验 single-spa 的限制，每一个团队都为他们在商城中所负责的模块选择另一个 JavaScript 框架。Inspire 团队选择使用 Svelte.js 实现主页(Homepage)，Decide 团队选择使用 React 渲染商品页(product pages)，Checkout 团队选择使用 Vue.js 框架，如图 7.12 所示。他们并没有打算在生产环境上使用混合技术，但就观察该整合方案的运行情况而言，这是一个极好的实践。

接下来，让我们探究 single-spa 的工作方式。

1 详见 https://single-spa.js.org。

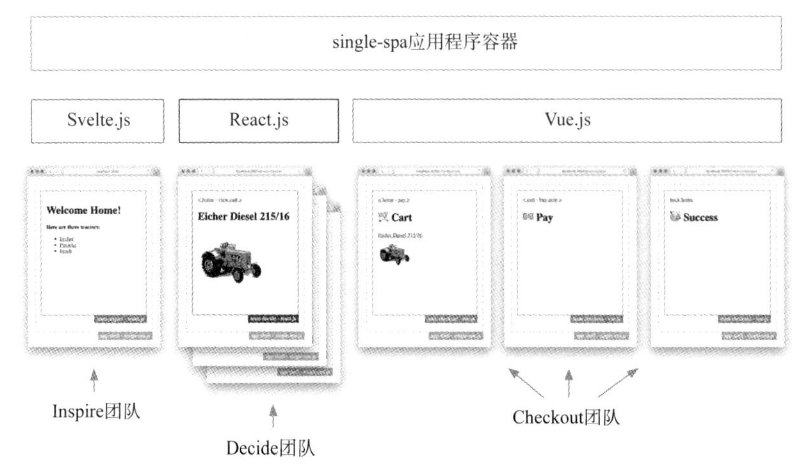

图 7.12 single-spa 作为应用程序容器，负责不同应用程序间的重定向。在我们的例子中，所有的团队在他们的应用程序代码中使用了不同的前端框架

single-spa 的工作方式

提示： 15_single_spa 文件夹内有该项目的代码。

它的基本概念与我们之前原型的相同。通过一个 HTML 文件作为项目入口，这个 HTML 文件包含 single-spa 的 JavaScript 代码和与 URL 前缀映射的应用程序代码。最大的不同在于它没有使用 Web Component 作为组件格式。取而代之的是，开发团队通过特定的接口将他们的微前端以 JavaScript 对象的形式暴露给 single-spa。我们马上会对此进行探究。首先，让我们来看一下代码清单 7.10 所示的初始化代码。

代码清单 7.10 app-shell/index.html

```
<html>
  <head>
    <title>The Tractor Store</title>
    <script src="/single-spa.js"></script>
```

导入 single-spa 代码

```
  </head>
  <body>
    <div id="app-inspire"></div>
    <div id="app-decide"></div>
    <div id="app-checkout"></div>

    <script type="module">
      singleSpa.registerApplication(
        "inspire",
         () => import("http://localhost:3002/pages.min.js"),
         ({ pathname }) => pathname === "/"
      );
      singleSpa.registerApplication(
        "decide",
         () => import("http://localhost:3001/pages.min.js"),
         ({ pathname }) => pathname.startsWith("/product/")
      );
      singleSpa.registerApplication(
        "checkout",
         () => import("http://localhost:3003/pages.min.js"),
         ({ pathname }) => pathname.startsWith("/checkout/")
        );
      singleSpa.start();
    </script>
  </body>
</html>
```

每一个微前端都有专属的 DOM 元素作为加载点

应用程序的名称，便于调试

在 single-spa 中注册一个微前端

函数接受一个路径地址参数，并通过该参数判断该微前端是否需要激活

初始化 single-spa，渲染首页，并开始监听 history 的变化

应用程序的加载函数，需要时会加载 JavaScript 代码

在这个例子中，single-spa.js 库被全局加载。注意，必须为每一个微前端(<div id= “app-inspire” ></div>)都创建一个 DOM 元素。微前端的应用程序代码会在 DOM 中查找此元素，并在该元素下加载自己。

singleSpa.registerApplication 函数会将应用程序代码映射到某一个 URL 上。该函数需要三个参数：

- 一个唯一的字符串作为应用程序名称，便于调试。
- loadingFn 函数返回一个加载应用程序代码的 promise。在例子中，我们使用原生的 import()方法。

- activityFn 函数在每一次 URL 改变时被调用，该函数接受当前的路由地址(location)作为参数。当该函数返回 true 时，对应的微前端会被激活。

初始化时，single-spa 使用当前的 URL 与全部已注册的微前端进行匹配，通过调用 registerApplication 函数的第三个参数(activityFn)，检测哪一个微前端应该被激活。当一个应用程序首次被激活时，single-spa 通过加载函数获取相关的 JavaScript 代码并将其初始化。当一个已激活的应用程序被注销时，single-spa 调用该应用程序的 unmount 函数，令其销毁自己。

有一种特殊情况是，同一时间可能不止一个应用程序被激活。一个典型的用例就是全局导航，它可能是一个最初就被加载的特殊微前端，并在所有路由中都处于激活状态。

以 JavaScript 模块作为组件格式

不同于我们基于 Web Component 的原型，single-spa 将 JavaScript 接口用作应用程序容器和团队的应用程序间的约定。应用程序要提供三个异步函数，如代码清单 7.11 所示。

代码清单 7.11 team-a/pages.js

```
export async function bootstrap() {…}
export async function mount() {…}
export async function unmount() {…}
```

这些函数(bootstrap、mount 和 unmount)与自定义元素的生命周期函数(constructor、connectedCallback 和 disconnectedCallback)类似。single-spa 在某一个微前端第一次被激活时调用它的 bootstrap。在应用程序每一次被(卸载)加载时调用(un)mount。

所有的生命周期方法都是异步的，有助于懒加载和应用程序中的数据读取。同时，single-spa 确保了不会在 bootstrap 完成之前调用 mount。

框架适配器

single-spa 有一系列的框架适配器。它们的职责是将三个生命周期方法链接至框架内适当的位置，以便于初始化和销毁。让我们看看负责主页(homepage)的 Inspire 团队的代码。他们选择使用 Svelte.js 框架。即便你过去没有用过 Svelte 也不必担心。代码清单 7.12 给出的是一个简单的例子。

代码清单 7.12　team-inspire/pages.js

```
import singleSpaSvelte from "single-spa-svelte";        ← 导入 single-spa 的 Svelte 适配器
import Homepage from "./Homepage.svelte";               ← 导入 Svelte 组件以渲染主页(homepage)
const svelteLifecycles = singleSpaSvelte({
  component: Homepage,
  domElementGetter: () => document.getElementById("app-inspire")
});
// ↑ 调用适配器并传入根组件和一个检索 DOM 元素的函数，该 DOM 元素用于加载将被渲染的页面

export const { bootstrap, mount, unmount } = svelteLifecycles;   ← 导出由适配器返回的三个生命周期
```

首先，我们导入了适配器 single-spa-svelte 和包含真实模板的 Homepage.svelte 组件。接下来将着眼于主页的代码。适配器函数 singleSpaSvelte 接收了一个包含两个参数的配置对象：根组件和一个查找 Inspire 团队对应的 DOM 元素的函数。适配器对于其关联的框架有着不同的参数。在最后，我们导出适配器函数返回的生命周期方法。

注意： *在示例代码中，每个团队都通过一个打包的过程生成了一个 ES module 格式的 pages.min.js 文件。但是这里并没有详细讲解打包的过程。可以通过 Webpack 或 Gulp 完成打包工作。*

在微前端中的重定向

下面重点介绍主页组件，如代码清单 7.13 所示。

代码清单 7.13　team-inspire/Homepage.svelte

```
<script>
  function navigate(e) {
    e.preventDefault();
    const href = e.target.getAttribute("href");
    window.history.pushState(null, null, href);
  }
</script>

<div>
  <pre>team inspire - svelte.js</pre>
  <h1>Welcome Home!</h1>
  <strong>Here are three tractors:</strong>
  <a on:click={navigate} href="/product/eicher">Eicher</a>
  <a on:click={navigate} href="/product/porsche">Porsche</a>
  <a on:click={navigate} href="/product/fendt">Fendt</a>
</div>
```

拦截函数：给 history 对象新增一个 URL 并阻止默认事件

跳转至 Decide 团队商品页的链接

在例子中，你看见了三个商品页的跳转链接。它们的点击事件绑定了名为 navigate 的函数，其阻止了页面刷新(e.preventDefault())，并向原生的 history API(window.history.pushState)中写入了跳转链接的 URL，替代了原本的页面刷新。single-spa 监控着 history，并根据 history 更新微前端。

点击商品页的链接，触发了 Inspire 团队微前端的卸载(unmount)。接下来，single-spa 加载 Decide 团队的应用程序并激活它(mount)。该行为与你之前看到的跨团队重定向的场景类似。

应用程序的运行

可以通过运行如下命令启动该示例代码：

```
npm run  15_single_spa
```

它启动了四个 Web 服务器(一个应用程序容器和三个应用程序)，并打开了浏览器 http://localhost:3000/。在商城使用跳转链接进行重定向时，将再次介绍开发者工具。

- 看一下应用程序容器中的#app-inspire、#app-decide 和#app-checkout DOM 节点是如何被激活的。当用户从一个微前端重定向到下一个微前端时，页面内容就会变化。前一个微前端会移除它的页面。新的微前端则使用新的内容填充自己的 DOM 节点。你可在图 7.13 中看见此行为。

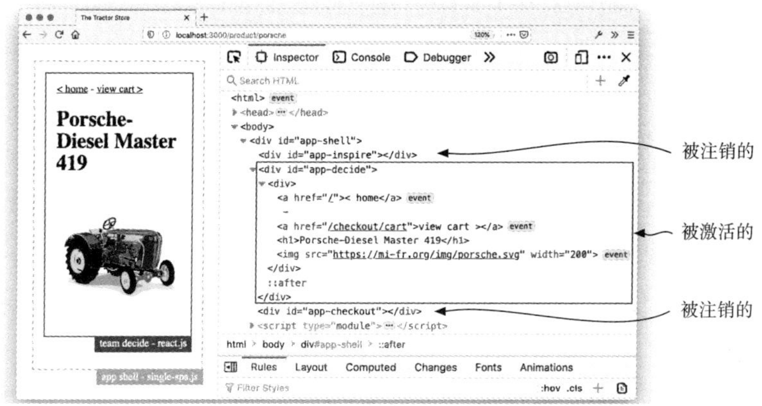

图 7.13　通过 single-spa，每一个微前端拥有自己的 DOM 节点，用以渲染它的页面内容。在这个例子中，Decide 团队的商品页的微前端被激活，在#app-decide 元素内展示了自己的页面内容。其他的微前端被注销，对应的 DOM 元素也是空元素

- 打开开发者工具的 Network 标签，可注意到 single-spa 仅加载了它们需要的 JavaScript 打包文件(pages.min.js)，而不是全部加载。

- 再次讨论一下 Decide 团队和 Checkout 团队的微前端代码。它们两个都包含了一个框架级别的路由器(react-router 和 vue-router)。应用程序的代码并无特别之处。客户端的重定向通过普通的<Link>-标签和路由器的<router-link/>组件得以工作。

微前端中的嵌套

在当前例子中，每次都只有一个微前端被激活。应用程序容器在顶层实例化微前端。这是 single-spa 最常见的使用方式。如前所述，实现一个包含导航的微前端也是可能的，即一个微前端一直被呈现在页面上，同时还包含着其他的应用程序。single-spa 也允许这种嵌套。这正是所谓的 portals。portals 的概念类似于我们前几章中提到的片段。

single-spa 的深度剖析

你已经了解了 single-spa 潜在的机制。相比我们提到的功能，它提供了更多额外的功能。除了我刚刚提到的 portals，还有状态事件，自上而下传递上下文信息的能力和处理异常的方法。

如果想深入学习 single-spa，可以查看官方文档[1]，其中展示了许多不同框架与 single-spa 配合使用的优秀案例。

7.4 来自统一单页面应用的挑战

现在，你已经对构建一个连接不同的单页面应用的应用程序容器的必要条件有了很好的理解。当用户跨应用程序重定向时，统一化的模板使得这种重定向不再需要页面整体的刷新。所有的页面切换都由客户端渲染，这通常会实现更快的响应。

---

1 详见 https://single-spa.js.org/docs/getting-started-overview.html。

7.4.1　需要思考的问题

尽管如此，用户体验上的提升并不是低成本的。当使用统一的单页面应用路由时，你需要解决一系列的问题。

共享的 HTML 文件和元数据

但团队并不能控制周围的 HTML 文件。一个微前端仅能修改其根 DOM 节点内的内容。

通常，你也需要为每个页面设置一个有意义的标题。解决该问题的一种方法是提供一个全局的 appShell.setTitle()方法。另外，每一个微前端也能通过 DOM API 直接修改 head 部分。

但是，如果你的站点能在公共网络接入，仅修改 title 通常是不够的。也需要提供像 Facebook 或 Slack 拥有机器可读信息(如 canonicals、href langs、schema.org 标签和索引提示)的爬虫和预览生成器。其中一些可能对整个站点都是相同的，但有一些则特定于某一类页面。

要提供一种有效的、可跨所有微前端的元数据管理机制会涉及一些额外的工作，并有一定的复杂度。可从应用程序容器的角度借鉴[1]Angular 的 meta service、vue-meta[2]，或 react-helmet[3]。

异常边界

如果来自不同团队的代码在一个文档中运行，那么找出一个异常的来源有时是很棘手的。在第 6 章的构造方法中，我们面临同样的问题。而来自某一片段的代码，可能潜藏着影响整个页面的异常行为。但统一的单页面应用还是将调试的范围从一个页面放宽至整个应用程序。例如，主页(homepage)中一个被遗忘的滚动监听器能够在 checkout 团队的确认页面引起一个 bug。因为这些页面并不属

---

1 https://angular.io/api/platform-browser/Meta。

2 https://vue-meta.nuxtjs.org。

3 https://github.com/nfl/react-helmet。

于同一个团队。所以，在查找问题时是很难去关联的。

在实践中，该类问题并不在少数。但在过去的这些年，错误报告和浏览器的调试工具已得到完善，通过识别引起错误的 JavaScript 文件，将有助于找到相关的责任团队。

内存管理

查找内存泄漏比追查 JavaScript 异常更为复杂。内存泄漏的一个常见原因是清理不彻底：移除了 DOM 中的部分内容却没有注销事件监听器，或忘记了写入全局位置的某个事件或变量。由于微前端应用程序会定期地初始化和卸载，即使是小问题也能积攒成大问题。

single-spa 有一个名为 single-spa-leaked-globals 的插件，这个插件用来在微前端被卸载后清理全局变量。尽管如此，仍没有一种通用的，极其有效的清理方案。所以，在开发团队中应强调“正确地卸载同正确加载一样重要”的意识。

单点失败

应用程序容器的性质是单点接触。因为在应用程序容器中有任何严重的错误都能使整个应用程序宕机。这就是应用程序容器应该保证很高的代码质量和充分测试的原因。所以应用程序容器的专注和精益，有助于实现这一目标。

应用程序容器所有权

与我们第 3 章讨论的前端代理类似，应用程序容器是基础设施中重要的组成部分，需要明确的所有者。但是，一旦你有了一个正在运行的系统，就不应对应用程序容器有过多的改动需求，如添加功能和不断改进的需求。如果你的应用程序容器是单一职责的，通常由一个业务团队负责维护它即可。在第 13 章我们将深入探讨该问题。

通信

有时，微前端 A 需要知道在微前端 B 发生的事情。我们在第 6 章讨论过的通信方式也可应用于这里：

- 尽可能地避免跨团队通信
- 通过 URL 传递上下文信息
- 需要时，提供简单的信息提示
- 通过后端 API 进行通信

切记不要在应用程序容器中引入状态处理。即使这听上去像是一个好主意，因为不会从服务器加载两次同样的信息。但是，把应用程序容器滥用为一个状态容器，会造成微前端间的强耦合。在后端的世界中，微服务不共享数据库是最好的做法。中心数据库表的任何修改，都有可能破坏另一个服务。这同样适用于微前端，状态容器就等同于一个数据库。

引导时间

在 Web 开发中，代码分离已成为最佳实践。当实现一个应用程序容器时，你也应该将其考虑在内。在 single-spa 示例中，展示了代码库如何按需加载真实的微前端代码。因此，要实现整体性能的优越，优化也是极其重要的。

7.4.2　何时适合使用统一的单页面应用

当用户需要在不同团队负责的界面间频繁切换时，统一的单页面应用有助于其强健性。在电商业务中，搜索结果和商品详情之间的跳转就是一个很好的案例。例如，用户浏览一列产品，点击某一个，跳转回列表，然后重复该过程，直到他们找到喜欢的商品。在这个案例中，使用路由跳转在用户体验上体现了明显的差异。

对于一个提供了大量交互的 Web 应用程序，并且这些交互比首页加载时长更重要，那么统一的单页面应用方法较为符合。例如，需要用户在使用前登录的应用程序和后台办公应用程序，都是主要的候选应用。

但如前所述，这种方案并不是低成本的，并且引入了大量的共享的复杂度。如果你想把一个现有的单页面应用拆分为几个小的应用，统一的单页面应用方案并不是必经之路。对于一些用例，两个单页面应用通过页面刷新的方式连接也是可以的。

想象一个含有撰写长文区域和跟帖评论区域的内容管理应用程序。这可以是两个独立的单页面应用。因为一个普通的用户不会频繁地在文章写作和跟帖评论间切换，所以，通过组合两个包含相同 header 片段的应用程序以构建该应用是完全可行的。

图 7.14 展示了在用户体验和低耦合配置上的权衡。

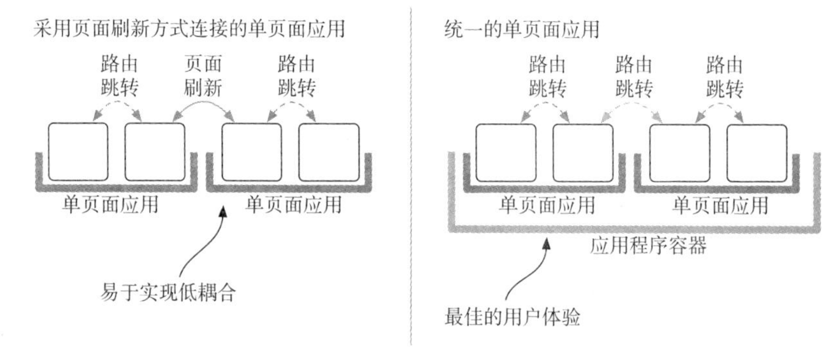

图 7.14 通过页面刷新连接的单页面应用是易于构建和引入低耦合的。但是，从一个应用程序跳转到另一个时需要页面的整体刷新。统一的单页面应用解决了页面整体刷新的问题，并提供了更好的用户体验。但是这种优化也带来了更高的复杂度

还是那句话，没有绝对正确与错误的解决方案。两个模型各有自己的优点。让我们通过对比统一的单页面应用与前几章所构建的应用来结束本章，见图 7.15。

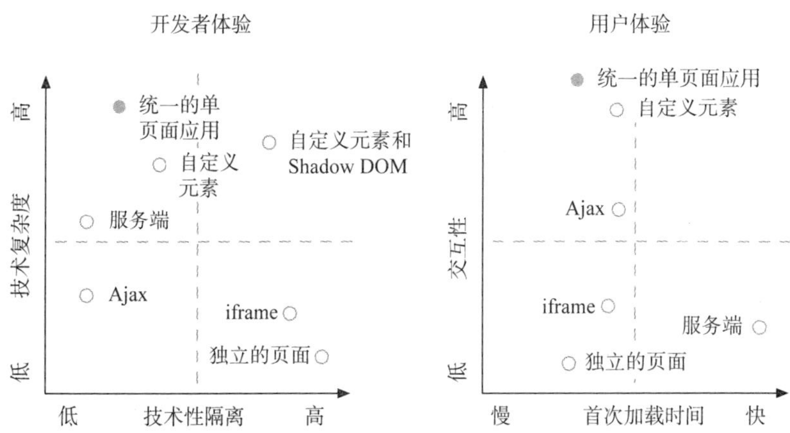

图 7.15　在生产环境下构建并运行一个统一的单页面应用并不是一件容易的事。一些开箱即用的代码库，例如 single-spa，能简化统一的单页面的构建。但是，因为所有的应用程序代码都存在于同一个 HTML 文件中，没有技术性隔离。所以，风险是应用程序 A 中的异常会对应用程序 B 造成影响。因为统一的单页面应用是由客户端渲染，并且需要额外的应用程序容器，所以启动时间更长。如果你的目的是构建一个有完美用户体验的产品，那么统一的单页面应用方案才是正确选择

7.5　本章小结

- 组合多个单页面应用需要一个共享的应用程序容器来进行路由处理。
- 这种方案使得在所有页面间都使用路由跳转变为可能。
- 应用程序容器在基础架构中是一个共享的模块，并且不应该包含任何业务逻辑。
- 在部署团队的功能时，不必重新部署应用程序容器。
- 双层路由对于保证应用程序容器的单一职责大有裨益，应用程序容器仅负责匹配相应的团队，而由团队的单页面应用去判定真正要展示的页面。

- 团队在暴露他们的单页面应用时，应采用框架无感知的格式。Web Component 很符合该要求。但是你也可以采用自定义的接口方式(如 single-spa)暴露应用程序。
- 在应用程序容器和应用程序间建立额外的 API 是必要的。数据分析、身份验证和元数据处理是需要建立额外 API 的主要原因。但这些 API 引入了新的耦合，所以应尽可能地保证其简洁。
- 在这个方案中，所有的应用程序必须被正确地卸载和清理。此外，内存泄漏和一些意料之外的异常，也是潜在的威胁。

第 8 章

组合和多端渲染

本章内容：

- 在微前端架构中采用多端渲染
- 采用服务端和客户端的协同组合，以结合它们各自的优点
- 探究如何在微前端的上下文中，利用现代 JavaScript 框架的服务端渲染(SSR)能力

在之前几章中，我们一直将重点放在各种各样的集成技术上，并讨论了它们的优缺点。这些集成技术被分为两类：服务端集成和客户端集成。服务端集成使得页面能够被快速加载，并遵守渐进式增强准则。而客户端集成使得能构建丰富的用户界面，并且页面可以对用户的输入立即做出响应。

大部分支持多端渲染的框架，都能使构建运行服务端和客户端的应用程序更简单，这简化了开发人员的工作。但是，在将多个多端应用程序整合到一个更大的应用程序中时，我们需要做些什么呢？

术语：多端、同构和服务端渲染

本质上，多端渲染[1]，JavaScript 同构[2]和服务端渲染(SSR)这三个术语指的是同一概念：通过底层代码使服务器和浏览器能够渲染和更新标签，但在细节上，它们的含义和观点各不相同。在本书中，我们仅会对多端渲染进行讲解。

通过前面的介绍，你已经掌握了必要的构建模块。现在，可通过客户端和服务端的组合，以及上一章的路由技术来实现多端渲染。图 8.1 说明了如何将各个模块如拼图般组合起来。

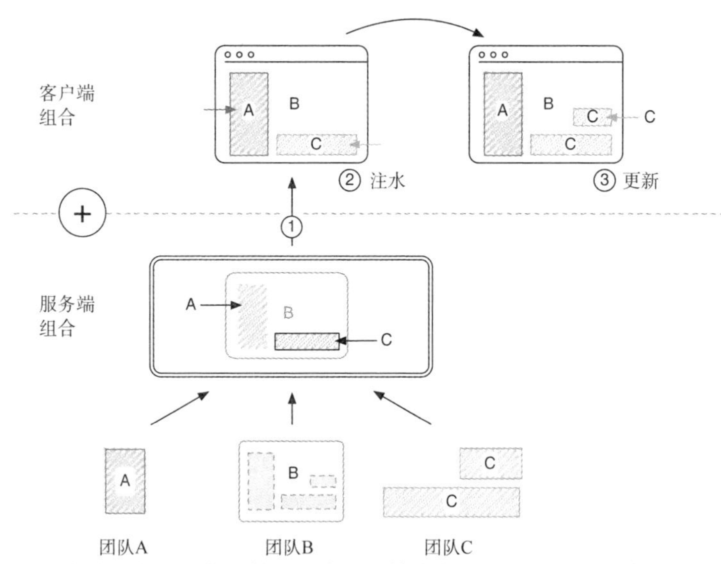

图 8.1 多端组合是服务端技术和客户端技术的结合。对于第一个请求，将采用一种如 SSI、ESI 或 Podium 的技术整合所有微前端服务端的标签。整合后，得到完整的 HTML 文件，该 HTML 文件会被发送至浏览器①。在浏览器中，每一个微前端会进行“注水”工作，使之成为可交互的页面②。此后，用户的交互行为便完全地在客户端中进行。微前端也可直接在浏览器中更新标签③。

1 详见 Michael Jackson，*Universal JavaScript*，componentDidBlog, http://mng. bz/GVvR。

2 详见 Spike Brehm，*Isomorphic JavaScript*: *The Future of Web Apps*，Medium, http://mng.bz/zj7X。

注意：在本章中，我们假设你已经熟悉了多端渲染的概念和“注水”的含义。如果你不熟悉，建议阅读 Kevin 的博客[1]，以快速了解这些概念。如果你想深入学习，也可阅读 *Isomorphic Web Applications*[2]一书。

在本章中，我们将升级商品详情页。采用多端渲染改造所有的微前端，并采用必要的整合技术，使经过了多端渲染改造的网站如同一个完整的网站一样正常运行。

8.1　结合使用服务端和客户端组合

自从 Decide 团队在商品页添加了 Checkout 团队的 Buy 按钮后，tractor 的销量大增。现在，来自世界各地的订单每小时数以百计。由于订单量的激增，Tractor Store 背后的团队已应接不暇。为了满足需求，他们不得不提高产能和物流能力。但不是所有的事情都那么乐观。在过去的几周，开发团队被一些严重的问题困扰。一天，Checkout 团队发布了自己的软件，却引发了在 Microsoft Edge 浏览器中的 JavaScript 异常。由于该 bug 导致了 Buy 按钮已无法在页面上显示，销售量也因此下降了 34%。这个突发事件反映了一个重要的质量问题，团队将采取一系列措施以防止同样的问题再次发生。

但这不是唯一的问题。商品页集成了 Buy 按钮，该按钮是采用了 Web Component 格式的客户端组合的微前端。该按钮也不是初始化标签中的一部分。它是由客户端的 JavaScript 渲染的。当该按钮被加载时，用户会在本该出现 Buy 按钮的位置看到一个空白格，在短暂延迟后 Buy 按钮将会出现。在本地开发时，该延迟并不会引人注意。但在真实的生产环境中，特别是在一些低端的智能手机或者不理想的网络状态下，Buy 按钮的加载会耗费很长的时间。如果再

---

1 详见 Kevin Nguyen, *Universal Javascript in Production—Server/Client Rendering*, Caffeine Coding, http:// mng.bz/04jl。

2 Elyse Kolker Gordon, *Isomorphic Web Applications—Universal Development with React*, http://mng.bz/K2yZ。

给 Buy 按钮添新功能，加载时长的问题会更加严重。图 8.2 展示了当商品页存在 JavaScript 失败和加载过程未完成时的视觉效果。

JavaScript失败，被阻止，或者尚未加载

多端集成

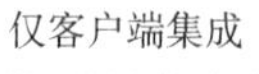

多端集成

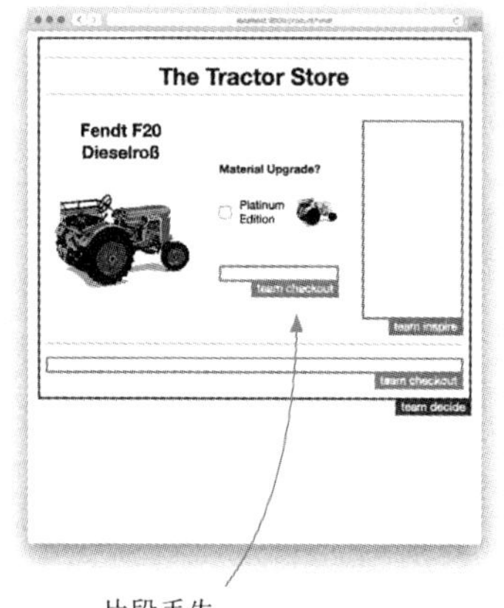

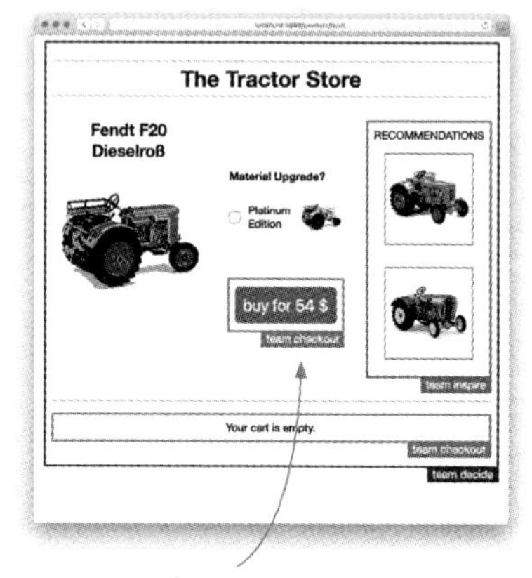

片段丢失
用户无法进行购买

片段可见，但并未进行“注水”
可进行购买->渐进式增强

图 8.2 客户端组合需要 JavaScript 能正常工作。如果 JavaScript 运行失败，或加载时间过长，页面所包含的微前端将无法显示。对于商品页而言，这种问题就意味着用户无法购买拖拉机。但是，如果在微前端的上下文中采用渐进式增强的多端组合，那么 Buy 按钮会立即呈现，并且即使没有 JavaScript 也能正常运行

团队决定转变至混合集成的模式。服务端组合采用 SSI，Web Component 仍作为客户端组合。该方式可使首页快速加载，并可支持客户端的更新和通信。接下来将探究这种结合方式。

8.1.1 SSI 和 Web Component

在第 5 章中，Checkout 团队将他们的 Buy 按钮的微前端打包进自定义元素中。浏览器会接收代码清单 8.1 所示的 HTML 标签。

代码清单 8.1　team-decide/product/fendt.html

```
...
<checkout-buy sku="fendt"></checkout-buy>
...
```

因为 checkout-buy 是一个自定义的 HTML 标签，所以浏览器将其视为空的行内元素。最初，用户无法看到该按钮。客户端的 JavaScript 会创建实际的内容(展示了价格的按钮)，并将其作为子元素进行渲染。浏览器中，最终的 DOM 结构如下：

```
...
<checkout-buy sku="fendt">
  <button type="button">buy for $54</button>
</checkout-buy>
...
```

如果能使用初始化后的标签作为 button 的内容，会有更好的体验。然而遗憾的是，Web Component 并没有一种标准方法来渲染服务端。[1]

提示：可以在 16_universal 文件夹下找到示例代码。本质上，它只是结合了 05__ssi 和 08_web_components 两个示例代码。

因为并没有标准的方式去完成上述功能，所以我们需要自行创新。在这个例子中，我们将会采用第 4 章所学到的 SSI 技术去给 Web Component 添加服务端组合。通过这种方式，我们将会对 Web Component 内部的标签进行预填充。图 8.3 展示了文件的目录结构。Decide 团队在 Buy 按钮的自定义元素中添加了 SSI 指令。

1 例如 Skate.js 和 Andrea Giammarchi 的 Heresy 项目，都有可用的自定义解决方案。但是，因为 W3C 规范规定，Shadow DOM 是一种纯粹的客户端概念，所以目前没有可遵循的 Web 标准来指导我们执行“注水”。

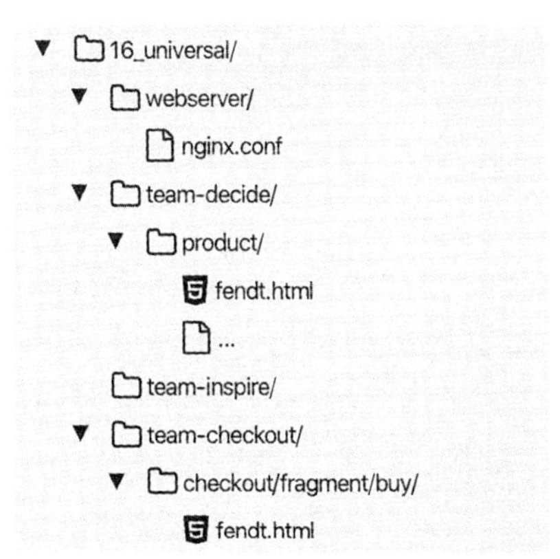

图 8.3 Nginx(webserver/)作为一个前端代理，其内部代码被共享，并负责处理服务端上的标签组合。该图仅仅是完整文件目录的节选

代码清单 8.2 team-decide/product/fendt.html

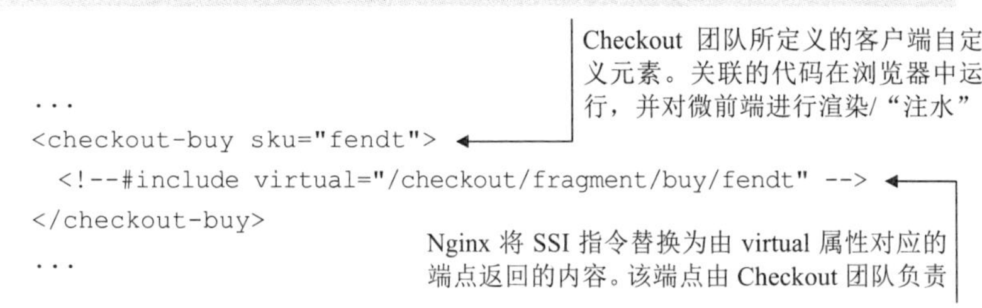
```
...
<checkout-buy sku="fendt">
  <!--#include virtual="/checkout/fragment/buy/fendt" -->
</checkout-buy>
...
```


代码清单 8.2 所示的代码是 Decide 团队负责的商品页代码，它结合了客户端和服务端的组合。Nginx Web 服务器会将 SSI 指令替换为<button> 标签，在调用/checkout/fragment/buy/fendt 端点时，由 Checkout 团队生成<button> 标签。我们的例子通过提供一个静态的 HTML 文件来模拟此功能，如代码清单 8.3 所示。

代码清单 8.3 team-checkout/fragment/buy/fendt.html

```
<button type="button">buy for $54</button>
```

在实践中，你可能会更愿意采用具有服务端渲染能力的代码库，在 Node.js 环境下动态地生成响应。对一个基于 React 的应用程序，可以调用 ReactDOMServer.renderToString(<CheckoutBuy/>)，并返回该函数的结果。<CheckoutBuy/>是一个基于 React 的微前端应用程序。当这种组合后的商品页标签被返回至浏览器时，它看上去如下所示：

```
...
<checkout-buy sku="fendt">
  <button type="button">buy for $54</button>
</checkout-buy>
...
```

Nginx 将 SSI 指令替换为实际内容

现在，浏览器已经能够立即展示 Buy 按钮。当 JavaScript 完成加载时，关联的自定义元素代码就会运行。经过“注水”后的微前端确保了标签和进一步交互的附属事件的正确性。

Checkout 团队的 Buy 按钮的客户端代码如代码清单 8.4 所示。

代码清单 8.4　team-checkout/checkout/static/fragment.js

```
const prices = {
  porsche: 66,
  fendt: 54,
  eicher: 58
};

class CheckoutBuy extends HTMLElement {
  connectedCallback() {
    const sku = this.getAttribute("sku");
    this.innerHTML = `
      <button type="button">buy for $${prices[sku]}</button>
    `;
    this.querySelector("button").addEventListener("click", () => {
      ...
    });
  }
  ...
}
window.customElements.define("checkout-buy", CheckoutBuy);
...
```

渲染客户端标签。这是一种并不讨巧的实现方式，这种方式替换了当前全部的标签，无论当前的标签是否需要被更新，都会被替换。你可以采用更聪明、性能更好的方式，如 DOM-diffing

添加能够与用户交互的事件监听器

这些代码与第 5 章中的示例完全相同。组件在内部渲染自己的标

签，并附带上全部所需的事件处理器。我们再次采用了简化版的实现，没有复用客户端到服务端的代码，没有采用 DOM-diffing。但是可以实现期望的效果。

当使用类似 React 的框架时，需要调用 ReactDOM.hydrate (<CheckoutBuy/>,this)，<CheckoutBuy/>是采用 React 开发的应用程序按钮，this 是对自定义元素的引用。ReactDOM.hydrate (<CheckoutBuy/>,this)的调用使得框架检索已存在的服务端生成的标签，并对其进行“注水”。

图 8.4 展示了我们刚刚讨论的完整流程，包括从最下方的服务端标签的生成到 Buy 按钮的自定义元素在 DOM 中初始化的整个过程。

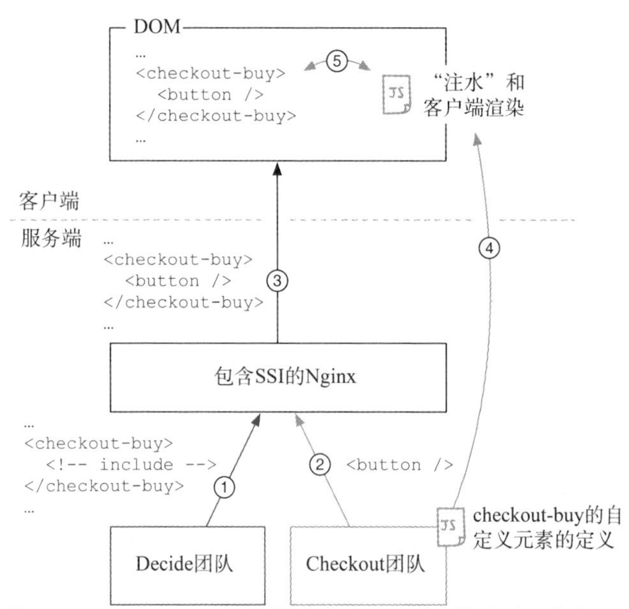

图 8.4　基于 Web Component 的微前端通过 SSI 预渲染了页面内容。Decide 团队商品页的标签包含了 Checkout 团队的 Buy 按钮的自定义元素。该自定义元素包含了 SSI 的 include 指令①。Nginx 使用 Checkout 团队生成的 Buy 按钮标签替换 include 指令②。浏览器接收到组合后的标签，并将其展示给用户③。浏览器加载 JavaScript 代码，该 JavaScript 代码是 Checkout 团队对 Buy 按钮的自定义元素的定义④。该自定义元素的初始化代码(constructor, connectedCallback)将会运行。这些初始化代码将会对服务端生成的标签进行“注水”，完成该动作后，便能够与用户进行交互⑤

可以在你的机器上输入命令 npm run 16_universal 运行示例代码，在浏览器中打开 http://localhost:3000/ product/fendt 便可看到正常运行的页面。

the-tractor.store/#16

- 注意 Checkout 团队的迷你购物车和 Inspire 团队的推荐片段，这些代码片段的集成与 Buy 按钮的相同。
- 查看控制台的服务器日志，能够看到 Nginx 是如何请求当前页面所需的单个 SSI 片段的。
- 当选择 platinum edition 时，观察 Buy 按钮上的价格是如何在客户端上更新的。
- 点击按钮，触发选择的动画，并更新迷你购物车。
- 在浏览器中禁用 JavaScript，以模拟当客户端代码加载失败或还未加载时页面的显示效果。

渐进式增强

你已经注意到，即使 JavaScript 被禁用，Buy 按钮仍然被显示。但是，在点击按钮时没有执行任何动作。这是因为我们是通过 JavaScript 给按钮附加了添加进购物车的功能。但如果把按钮打包进 HTML 的 form 元素中，那么不需要 JavaScript 就能让按钮工作，代码如下：

```
<form action="/checkout/add-to-cart" method="POST">
  <input type="hidden" name="sku" value="fendt">
  <button type="submit">buy for $54</button>
</form>
```

在加载失败或 JavaScript 未执行的案例中，浏览器发送了一个标准的 POST 请求到 Checkout 团队的指定端点。接下来，Checkout 团队将用户重定向回商品页。在商品页中，已经更新过的购物车内包含了新添加的商品。

采用渐进式增强的准则构建应用程序，而不是基于 JavaScript 始终工作的事实，将需要更多的思考和测试。但在实践中，可以在应用程序中复用一些模式。这种架构方式能构建一个更强健更安全的产品。在你的项目中采用上述 Web 范例是很好的选择，并且也不需要对项目进行彻底的改造。

8.1.2 团队间的约定

下面简单探讨一下当一个团队引用了另一个团队的代码片段时，团队间的约定。下面是 Checkout 团队提供的定义：

- Buy button

  自定义元素：<checkout-buy sku=[sku]></…>

  HTML 端点：/checkout/fragment/buy/[sku]

因为我们结合了两种集成技术，所以提供微前端的团队需要给出两个信息：自定义元素的定义和 SSI 端点，SSI 端点负责输出服务端标签。使用微前端的团队也需要指定这两项。在我们的例子中，Decide 团队的代码如下：

```
<checkout-buy sku="fendt">
  <!--#include virtual="/checkout/fragment/buy/fendt" -->
</checkout-buy>
```

这三行代码中有许多冗余，为了减少冲突，一种比较好的方式就是建立一个项目范围内的命名模式(schema)。在这种方式下，标签的名称和端点看上去会比较相似，团队在引用一个片段时，能够采用通用模板。图 8.5 展示了 schema 的示例。

图 8.5 该 schema 展示了如何以标准化方式生成多端渲染的标签。当提供或集成一个片段时，团队需要知道三个属性：拥有该片段的团队名称、微前端的名称和该片段所需的参数

8.1.3　其他解决方案

当然，构建多端集成的方式并不仅限于此。除 SSI 和 Web Component 外，也可以结合其他技术。例如，通过 ESI 或 Podium 集成服务端，并在最上层添加客户端初始化，同样也是可行的方案。

如果你正在寻找一种功能齐全的解决方案，那么可以尝试 Ara 框架[1]。Ara 是一个相对年轻的微前端框架，但是该框架结合了多端渲染的思想。该框架内置了一个 Go 语言实现的、类似于 SSI 的服务端集成引擎。客户端的“注水”工作则是通过自定义初始化事件实现的。现实中也有许多运行多端 React、Vue.js、Angular 和 Svelte 应用程序的示例。

8.2　何时适合采用多端组合

你的应用程序是否需要快速的首页加载？如果你的用户界面应具备高度的交互性，并且你的使用场景要求实现在不同微前端间的通信。那么毋庸置疑，你应采用本章讲解的多端组合的技术。

8.2.1　纯服务端组合的多端渲染

实际上，如果一个团队想要使用多端渲染，那并不意味着一定要用到客户端组合技术。下面举一个例子。

Decide 团队负责的商品页包含了一个微前端(片段)header，该微前端由 Inspire 团队负责。这两个应用程序(商品页和 header)不需要互相通信。所以，采用简单的服务端组合即可。在能够达成目标的前提下，两个团队都可在他们的微前端中采用多端渲染。但这并不是必须要采用的方案。如果 header 中并没有用于交互的元素，采用一个纯粹的服务端渲染即可。如果使用场景发生了变化，他们也可稍后再添加客户端渲染。而且，其他团队并不会对此有所感知。从

1 详见 https://github.com/ara-framework。

架构的角度看,团队内的多端渲染仅仅是团队内部的实现细节而已。

8.2.2 复杂性增加

多端的组合，结合了服务端和客户端渲染的优点。但这种多端组合也有一定的成本。与单纯的客户端或服务端解决方案相比，多端组合应用程序的构建、运行和调试都更复杂。在架构中采用多端组合的概念并不简单。每一个开发者都需要理解服务端的集成和客户端的“注水”是如何工作的。现代的 Web 框架使得构建多端应用程序得到了简化。通常，添加一个功能并不会更复杂。但是对于系统的初始构建和新入职的开发者而言，这要花费额外的时间。

8.2.3 多端的统一单页面应用

有没有可能将第 7 章中的应用程序容器与多端渲染结合呢？答案是肯定的，在本章中，我们通过结合客户端和服务端组合的技术，将多个多端应用程序运行在同一个视图中。你也可以通过结合客户端和服务端的路由机制，创建一个多端应用程序容器。但是，这并不是一个轻松的任务，目前我还未见过这样做的生产项目。

我们的 single-spa 项目计划新增对服务端渲染的支持。但在撰写本书时，该支持还未实现[1]。

图 8.6 是一个多端组合的对比图。正如刚刚所述，运行一个多端组合的项目并不容易，并会带来额外的复杂度。因为它构建在已经存在的客户端和服务端组合技术之上，也没有引进额外的技术性隔离方案。但是这种多端组合的方案在用户体验方面是优越的。有可能达到与服务端渲染解决方案媲美的首页加载速度。并且，因为页面是直接在浏览器内渲染，所以具备良好的交互性。

为了增加对比图的可读性，我已遵循了多端的统一单页面应用的理论。到目前为止，这是最复杂的方案，但因为该方案彻底排除了页面刷新，所以它提供了更好的交互性。

1 详见 https://github.com/CanopyTax/single-spa/issues/103。

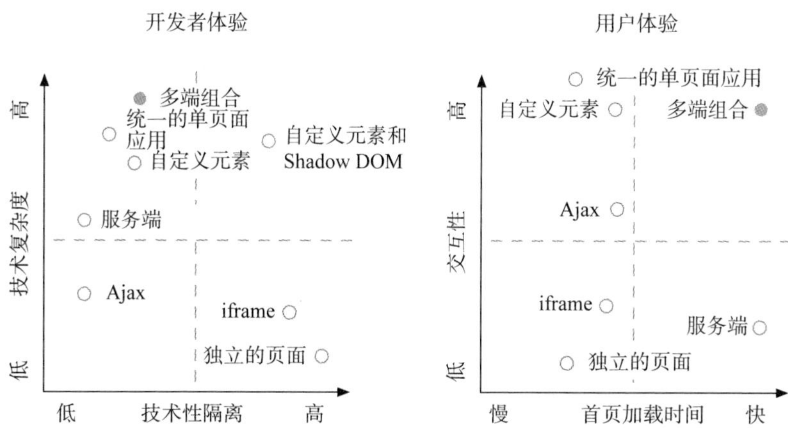

图 8.6　构建一个微前端集成项目，并支持面向所有团队的多端渲染，我们需要结合服务端和客户端组合技术。并要保证两类技术可一同运行，没有冲突。所以这种方案格外复杂。对于用户体验，这是关键标准，因为它提供了快速的首页加载，也提供了很好的交互性，还使开发人员在开发功能时能遵守渐进式增强原则

8.3　本章小结

- 多端渲染结合了服务端和客户端渲染的优点：快速的首页加载和对用户输入的快速响应。为了在微前端项目中利用这些潜在的优点，需要一个服务端与客户端组合的解决方案。
- 可以将 SSI 与 Web Component 一同使用，作为一个组合模式。
- 每个团队必须能够通过位于服务器的 HTTP 端点渲染他们的微前端，并且使其能够在浏览器中通过 JavaScript 正确展示。大部分的现代化 JavaScript 框架都能够满足该需求。
- 在首页加载时，一个类似于 Nginx 的服务集成了全部微前端的标签，并将其发送给浏览器。在浏览器中，所有微前端通过 JavaScript 自行初始化。完成初始化后，这些微前端便能在客户端与用户进行交互。

- 到目前为止，还没有服务端渲染 Web Component 的 Web 标准。但是，有一些自定义解决方案可用来定义 Shadow DOM。在我们的例子中，采用了标准的 DOM，在服务器上预填充 Web Component 内容。
- 实现一个同时兼容客户端和服务端路由的多端渲染也是可行的，但这种方案极其复杂。

第 9 章

适合我们项目的架构

本章内容：

- 在已学习的集成技术范围内，对比不同的微前端架构
- 比较顶层架构的优点和挑战
- 结合项目需求，挖掘最好的架构和组合技术

回顾前七章的内容，你会发现已学习了很多集成技术，可用于集成来自不同团队的用户界面。首先，学习了一些简单的集成技术，例如跳转链接、iframe 和 Ajax。此后，又学习了一些较为复杂的集成技术，例如服务端集成、Web Component 和应用程序容器。这些章的结尾都提供了一个对比图，对比了新学技术与之前技术的区别。在本章中，将针对已学过的全部技术，做一个深度比较。首先，将复习已学过的专业术语，并指出不同技术和架构的核心优势。此后，会学习 Documents-to-Applications Continuum，它能够帮助你决定是采用服务端集成还是客户端集成。这是一个关键的抉择，因为它决定了哪一种架构和集成方式适合你的使用场景。在本章的最后，将提供一个架构选择指导。在该指导中，将学习如何基于少量问题做

出合理的选择，这些问题将引导你做出不同的选择。

9.1 复习专业术语

当你和其他团队一起构建微前端项目时，每个人都必须使用相同的词汇。这也是为什么我们要重新复习、分类之前几章学习过的专业术语的原因。我们将从基本的构建模块——集成技术开始。之后，将着眼于你能够用到的几个顶层架构。

我们将其分为两类：路由和页面切换，另一类是组合。图 9.1 展示了本书中讲解的所有集成技术。

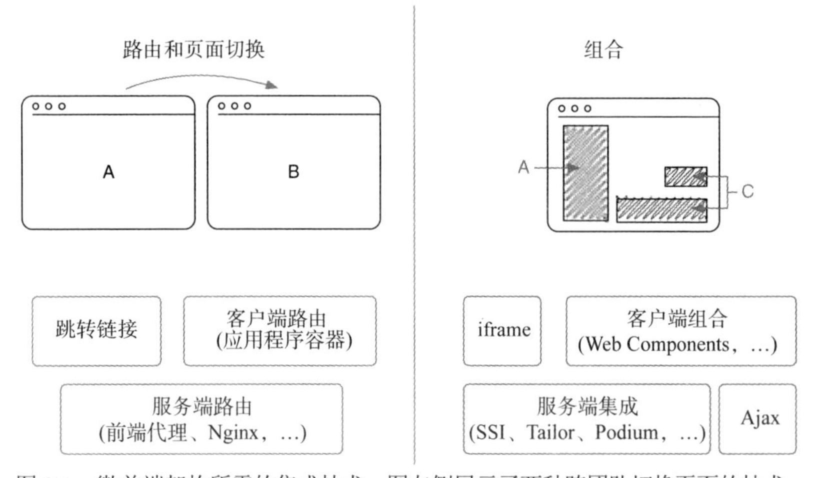

图 9.1 微前端架构所需的集成技术。图左侧展示了两种跨团队切换页面的技术。图右侧展示了将多个用户界面组合到同一个页面的一系列方法

接下来，对这些技术进行简单的回顾，首先是路由和页面切换。

9.1.1 路由和页面切换

当我们将页面切换作为一种集成技术讨论时，一般是指团队间的页面切换。用户如何从团队 A 的页面跳转至团队 B 的页面？从架

构的角度而言，并不需要知道团队内如何处理页面切换，这仅是一个技术实现细节。

链接

传统的空白超链接是实现微前端集成的最基本形式。每个团队负责一系列的页面。要引导用户跳转至应用程序的其他部分时，只需要放置一个指向其他团队页面的链接即可。这是最简洁的方式，不需要额外的沟通协调工作。团队甚至可以在不同的域名下链接至自己所负责的应用程序中，如我们在第 2 章中介绍链接时所述。

应用程序容器

点击一个传统的超链接，会强制浏览器从服务器获取目标标签，再将当前页面替换为新的页面。对大部分的应用场景而言，这种重新加载是没有问题的。但随着浏览器的 History API 的迭代和单页面应用框架的出现，开发人员可以完整地构建一个客户端页面切换。其主要优点是可立即渲染目标页面的布局。这样，即使从服务端请求的页面内容仍未执行完，用户仍可得到快速的响应。实现跨团队的客户端页面切换需要在浏览器中构建一个中心化的 JavaScript 模块，这通常被称为应用程序容器。该应用程序容器作为多个团队构建的多个单页面应用程序的父级应用，根据浏览器的 URL，判定哪一个团队的应用程序应该被激活。当 URL 发生变化时，应用程序容器将页面的归属权从团队 A 移交给团队 B。更多关于应用程序容器的技术细节见第 7 章。

9.1.2　组合技术

在实践中，经常要将不同团队的部分界面展示在同一个页面中。一个典型的示例是 header 和微前端导航。一般由一个团队来构建和负责该 header 或微前端导航。而其他团队则可以将其集成进他们负责的页面中，就像我们商品页中的 Buy 按钮或迷你购物车功能一样。

在本书中，通常将一个可被包含的微前端称之为片段。为了达到集成的目的，需要规定一个通用的格式。片段的责任团队必须以规定的格式提供其片段。片段的应用团队也要以通用的格式将需要的微前端集成进他们的页面中。

我们大致可将组合技术分为两类：服务端集成和客户端集成。这其中也包含了 iframe 和 Ajax，因为它们也是服务端和客户端的一种混合技术。

服务端集成

如果团队是在服务端生成标签，那么采用服务端集成技术就有意义。页面中所有片段的标签，在被传输给浏览器之前就已经被组合完成。中央化的基础设施(如 Web 服务器)负责执行标签的组合工作。在第 4 章中，我们在 Nginx 中采用了 SSI 技术以实现该功能。另一种可替代的方案是负责页面展示的团队直接从其他团队抓取所需的片段。服务端集成的代码库 Tailor 和 Podium，就是采用了这种方案。

客户端集成

如果团队是在浏览器中生成标签，那么你就要用到客户端集成技术。一种可靠的方案是利用 Web Component 规范中的自定义元素API。由自定义元素 API 定义初始化和销毁的钩子。采用自定义元素的团队可自行实现钩子函数。这种方案可直接通过浏览器的 DOM API 实现集成，而不需要额外的代码库或是自定义 JavaScript API。

客户端集成的一个重要组成部分是通信。当一个事件发生时，片段 A 如何能够通知片段 B 呢？微前端可以通过自定义事件或事件总线/广播的解决方案来通信。详见第 6 章。

iframe

iframe 的集成方案是有些突兀但也很强大的 Web 开发技术。因为各种各样的原因，iframe 已经被忽视多年。在没有 JavaScript 介入的前提下，在自适应设计下采用 iframe 是无效的。并且，在一个站点中大量采用 iframe 会占用大量的资源。但是它的一个隐藏优势在于其技术性隔离。在微前端的上下文中，技术性隔离是一个理想的功能。这样，微前端 A 的故障不会对微前端 B 造成任何消极影响。跨 iframe 的通信也可通过 window.postMessage API 实现。我们曾在第 2 章中简要探讨过 iframe 技术。

Ajax

通过JavaScript从服务器端点获取一段标签是Web 2.0革命的关键技术。你同样可以在微前端中将 Ajax 用作集成技术。客户端的 JavaScript 会触发 Ajax 请求，以获取服务端生成的 HTML。Ajax 是一个混合的方法，并不适合被归为客户端集成或服务端集成的某一类。它经常与服务端集成技术协同使用，即渐进地更新嵌入式微前端中的标签。Ajax 并没有提供处理生命周期和通信的规范方式。但是，将 Web Component 和 Ajax 一同使用以方便内部更新也不失为一种好的选择。

以上这些就是你到目前为止学习的基础集成技术。接下来重点介绍不同的架构技术。

9.1.3　顶层架构

微前端的一个优点就是团队可自由选择最满足他们需求的技术。尽管如此，在开始构建微前端项目之前，当涉及顶层架构时，所有团队仍要站在同一层面上。弄清楚是要构建一个仅通过跳转链接集成的静态页面，还是要构建一个高度动态，且更紧密集成的单页应用程序。对此，你应有意识地与所有团队一起做出决定。图 9.2 展示了 6 种不同的架构。

我们将自上而下地逐一讲解它们。

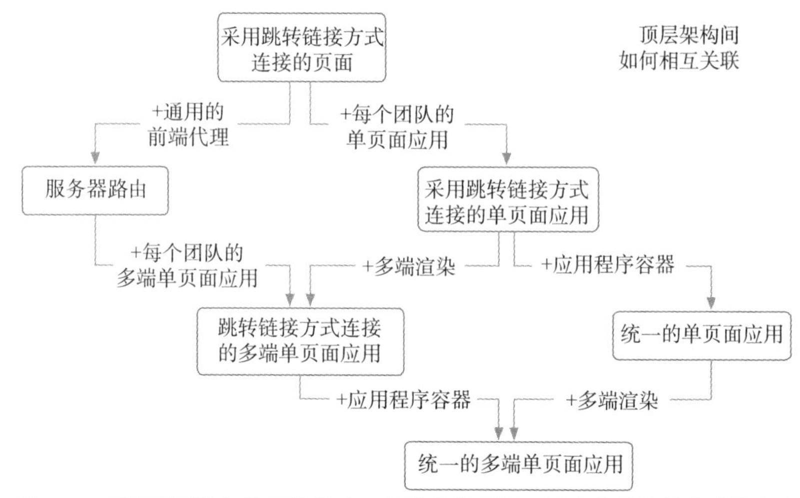

图 9.2 采用不同的架构风格构建一个微前端项目。图中从最简单的连接方式(即跳转链接)开始，展示了在此基础上如何使用额外的功能(如单页面应用、多端渲染和通用的应用程序容器)来进行扩展

采用跳转链接方式连接页面

这是最简单的架构。每一个团队都将他们的页面作为完全由服务端渲染的 HTML 文件对外提供。点击跳转链接，将重新加载完整的页面，并展示期望的页面内容。无论你是同一个团队的页面间切换，还是跨团队切换页面，这种方式都会引起页面刷新。但这种方式的主要优点是简单：不需要中央化的基础设施或共享代码，调试也更加简单，新加入团队的开发者也能够立刻理解此方式。但是从用户体验的角度看，仍有很大的提升空间。

服务端路由

与采用跳转链接连接页面的方案基本一致，但有一点不同，就是所有的请求都要通过一个共享的 Web 服务器或反向代理。该服务器位于团队的应用程序之前。它包含了一系列的路由规则，这些路由规则将判定接收到的请求该由哪一个团队负责。通常，会通过

URL 前缀来判定相关联的团队，以完成路由。第 3 章中已讨论过该内容。

采用跳转链接方式连接单页面应用

为了改善用户体验，更快地响应用户的输入，某一团队决定，将他们所负责的页面从原有的服务端生成的静态页面变为由客户端渲染的单页面应用。在客户端渲染的单页面应用中，当点击跳转链接，请求由同一团队负责的页面时，会引起快速响应的路由跳转。但跨团队切换页面时，仍是页面刷新的方式。从技术的角度来看，在一个团队内采用单页面应用的架构仅仅是一个技术实现的细节。只要保证其他团队仍可通过链接跳转至指定页面，该团队可以自行决定他们内部的架构。但是，当我们稍后讨论更高级的架构和合适的集成技术时，采用跳转链接方式连接页面和采用跳转链接方式连接单页面应用的区别就大了。

采用跳转链接方式连接多端单页面应用

当然，团队也可以决定采用多端渲染。让第一次请求得到的标签在服务器上完成渲染并呈现。这种方式能够提供极其快速的首页加载体验。在完成第一次请求以后，应用程序的行为如单页面应用一样——渐进地更新所需的用户界面。从团队的角度看，这是一种更复杂的设定，因为它需要一些额外的开发技术。但是从架构的角度看，这种方式与其他采用跳转链接的架构完全一致。团队间的约定仍是一系列被共享的 URL 规则。跨团队导航仍会导致页面的重新加载。但是，如果实现得好的话，与采用跳转链接方式连接的单页面应用相比，这些重新加载的过程理应更平滑。因为采用跳转链接方式连接的单页面应用时，在用户可看到页面内容之前，浏览器需要执行一系列的 JavaScript 代码。第 8 章中已讨论了多端渲染，也包括其优点和面临的挑战。

统一的单页面应用

统一的单页面应用是指由其他单页面应用组成的单页面应用。第 7 章已经介绍过这个概念。它需要所有团队都以单页面应用的方式构建他们的软件。这些单页面应用将由一个父级应用程序(通常称为应用程序容器)来统一。通常情况下，容器并不负责渲染任何的用户界面。它的职责是监听浏览器地址栏的变化，并在需要的情况下，将控制权由一个单页面应用移交给另一个。在统一的单页面架构下，所有的页面切换仅是路由跳转，这可提供更简洁、更类似移动应用程序的用户界面。但是，应用程序容器是中央化的代码，会导致严重的耦合和更高的复杂度。

统一的多端单页面应用

如果同时采用统一的单页面应用和多端渲染，那么这正是所谓的统一的多端单页面应用。在这种方案中，每一个团队都会构建具备多端渲染能力的单页面应用。同时，父级应用程序(应用程序容器)也需要兼容多端渲染能力，并要在服务器和客户端上都能运行。这是一种极具挑战的架构。它既保证了技术上的兼容，但也带来了极高的复杂度。

9.2　复杂度的比较

要知道，你所选的架构和集成程度会严重影响复杂度。复杂度体现在下述几个方面：

- 启动项目前需要建设的初始基础设施
- 多个运转部分(服务，人工部分)需要维护
- 大量的耦合：部分更改需要多个团队才能完成
- 开发者的技术能力：部分概念增加了开发团队新成员的理解成本
- 调试：定位 bug 属于哪个团队并不容易

图 9.3 将这些架构的复杂度分为四类，从非常简单到非常复杂。这仅仅是常规指南。架构的真实成本也取决于团队经验和使用场景。根据经验，你应该始终选择最简单的架构。当然，采用一个没有页面刷新方式切换页面的统一单页面应用是一种很好的方案，但是，考虑到实现和维护这个统一的单页面应用所需的额外工作，其潜在的好处是否值得呢？

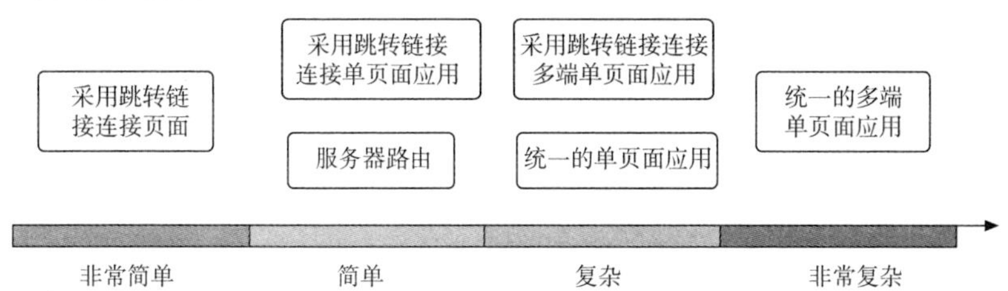

图 9.3　根据复杂度，将微前端架构进行了分类。采用跳转链接连接页面是最简单的构建与运行方案。复杂度会随着架构的复杂程度递增。统一的多端单页面应用方案需要多种开发技术才可正确运行，它的构建也需要共享的基础设施和代码

异构的架构

在之前的描述中，我们假设所有团队都采用了相同的架构。但是你也可以采用混合搭配的方式构建一个异构的架构。对于负责构建需要快速加载的登录页的团队而言，采用跳转链接连接页面的方案即可。但是如果需要平滑的浏览体验，那么构建一个统一的单页面应用才能满足需求，该单页面应用将集成负责商品列表的团队和负责商品页的团队的工作。这些团队的架构可以并行工作：一些团队采用跳转链接连接页面，而其他团队可采用统一的单页面应用，他们共享同一个应用程序容器。这种方案仅在必要部分增加复杂度。

但是，异构的架构也有一些缺点：

- 对于一个新团队而言，架构选择上会难以抉择。团队需要提前分析和讨论他们的使用场景(这不一定是缺点)。

- 集成不同团队的片段可能会更困难。团队需要以某一种格式交付可被引用的微前端。

9.3 是构建网站还是应用程序

就像你在书中看到的，在服务端渲染标签和在客户端渲染标签有着巨大的不同。选择在服务端渲染还是在客户端渲染，这是每个要构建全新 Web 项目的人都要回答的常见问题。但是在微前端的上下文中，这个决定至关重要。因为这个选择决定了采用哪一种集成技术才是最适当的。

本节将介绍 Documents-to-Applications Continuum(从理论到实践的思维连续方式)。我发现这个概念对架构讨论很有帮助。它创建了一种优秀的思维模式，可以帮助你选择合适的工具和技术。在面对一个待开发的项目时，许多开发者(也包括我)的本能反应是“让我们使用最新的 JavaScript 框架吧！”，Documents-to-Applications Continuum 的思维模式平衡了这种本能反应。解释完这个概念后，我们将探究如何在顶层架构中采用 Documents-to-Applications Continuum 的思维模式。

9.3.1 Documents-to-Applications Continuum

首先，要知道我们正在建设的项目有什么用途？人们来我们的网站是浏览网页内容，还是他们想要使用我们提供的某一功能？为了让问题更直观，下面列举一些极端的例子：

- 以内容为中心——想象一个简单的博客网站。用户能够浏览一系列的博客，并阅读专用文章页面上的完整内容。
- 以行为为中心——想象一个在线绘图应用程序。人们可以去这个网站，用手指画出漂亮的素描，并将其导出为图像。

第一个例子是典型的以内容为中心的网站。第二个例子是一个纯应用，没有包含任何内容，仅给用户提供功能。

在一个体量并不小的项目中，有些事并不是非黑即白的。这就是 Documents-to-Applications Continuum[1]的由来。如图 9.4 所示，两个例子分别处于该频谱图的不同终点。通过该频谱图衡量你的微前端项目，将有助你设置正确的优先级和选择恰当的顶层架构。

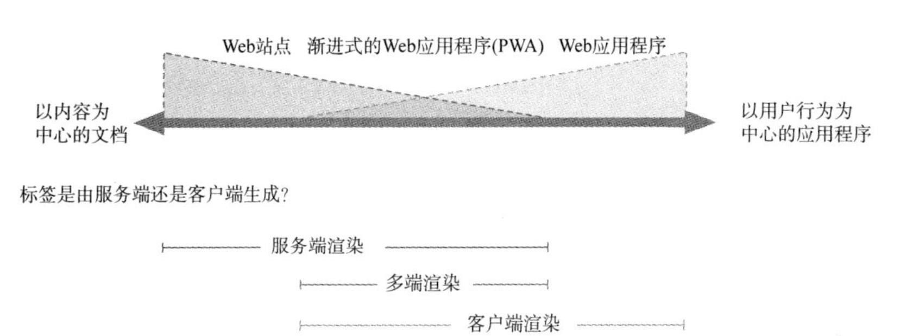

图 9.4 Documents-to-Applications Continuum 提供了一种思维模式，这种思维模式能帮助你思考你的项目是更倾向于 Web 站点还是 Web 应用程序。这是一种渐变的衡量，而不是完全倾向于某一侧的决定

下面介绍两个例子。在这种衡量方式下，amazon.com 会是怎样的定位？amazon.com 提供了大量的功能。你可以在商品列表中进行搜索、分类和筛选，也可以给商品评分，对退还商品进行管理，还有线上客服。但是，amazon.com 的核心却是以内容为中心的网站。有人可能会反问一个问题，“如果我们舍弃那些功能，amazon.com 是否仍有价值？”对于这个问题，我们可以给予肯定答复。毋庸置疑，那些额外的功能是很重要，但如果没有商品，那些功能将毫无意义。所以，我们会将 amazon.com 放置于频谱图中靠左的位置。从服务端组合开始，逐渐将其升级为多端组合，再将其构建成微前端架构，这才是安全可靠的选择。

1 详见 Aral Balkan, “Sites vs. Apps defined: the Documents-to-Applications Continuum,” *Aral Balkan*, http:// mng.bz/90ro。

接下来我们讨论第二个例子。CodePen.io 站点为 Web 开发人员和设计人员提供了在浏览器中编写 HTML、CSS 和 JS 的功能，从而能够实时预览。开发者可以通过在线代码编辑器表达想法和复现 bug。CodePen 也有一个活跃的社区，人们可以在社区中展示他们的作品或分享他们的代码。你可以浏览 CodePen 社区的公共目录，探索一些令人热血澎湃的新技术。那么，在 Documents-to- Applications Continuum 的衡量方式下，CodePen 会是怎样的定位？这是一个较难回答的问题。因为 CodePen 在 Continuum 所注重的两个方面都有很强的属性：在线编辑器(以用户行为为中心)和公共目录(以文档为中心)。如果我们摒弃全部以用户行为为中心的功能，那么在线编辑器将不复存在。如果我们移除以文档为中心的功能，那么目录将会消失，但是编辑器功能仍然存在。这就是我们为什么会将 CodePen 放在频谱图中间位置的原因。如果我们采用微前端的架构重构 CodePen，我们将会组建两个团队。负责开发编辑器的团队会采用客户端渲染的方案，而负责开发目录的团队会采用服务端路由的方案，这才是良好的开端。为了找出最适合的微前端架构方案，我们需要对使用场景进行分析。例如，某一团队负责的页面是否需要包含其他团队的页面内容？用户在网站中的使用轨迹是怎样的？

9.3.2 服务端渲染、客户端渲染和多端渲染的选择

如果想要辨识你的 HTML 模板应该在服务器中生成还是在浏览器中生成，将你的产品根据 Continuum 进行分类是很好的方式。如果你的产品有着很强的内容属性，那么服务端渲染才应是你的第一选择，并且应自然而然地采用渐进式增强。

如果你正在构建一个充满交互，而无关内容的应用程序，那么客户端渲染的方案才最适合。在这个应用程序中，渐进式增强完全没有用武之地，因为页面中没有可采用渐进式增强的内容。

对于位于频谱图中间的项目，你可能会难以抉择。无论是在服务端渲染 HTML 模板，还是在客户端渲染 HTML 模板，都是有效的选择。但在这种情况下，两种选择都有各自的优缺点。如果你对

额外的复杂度并不畏惧，那么可以同时采用两种渲染方式，也就是所谓的多端渲染。

下面复习一下顶层架构。图 9.5 突出显示了不同架构所采用的不同渲染方式，如服务端渲染、客户端渲染和多端渲染。

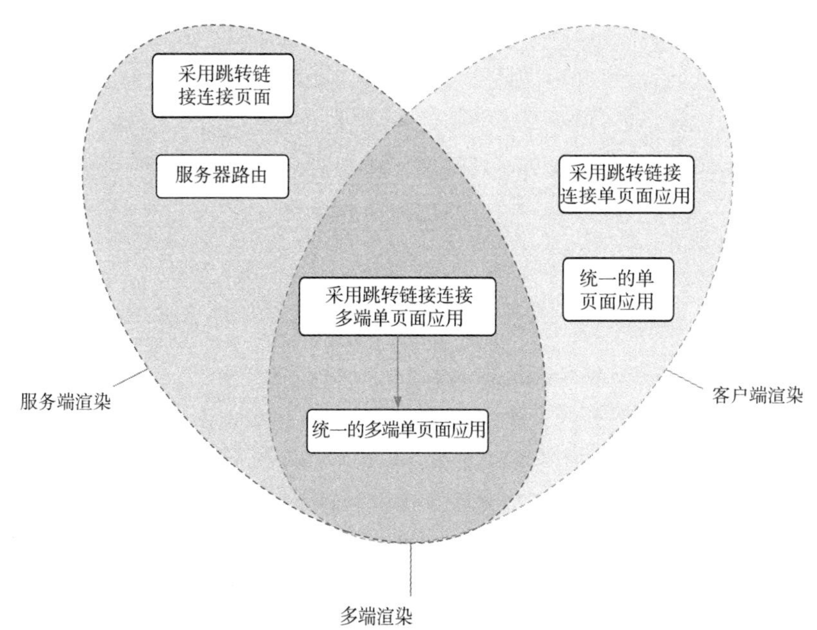

图 9.5　不同架构采用的不同渲染方式(服务端渲染、客户端渲染、多端渲染)

你需要确保所选的架构与你的项目和业务特征相符。HTML 模板的生成方式和复杂度是做出决定时要考虑的两个重要因素。接下来，我们将从另一种角度，用决策树的方式选择合适的架构。

9.4　选择正确的架构和集成技术

现在我们已经对专业术语有了更多的认识，并且学习了一种思维模式，用来辨识我们正在构建的产品类型。接下来将用一种更具体的方式来确定项目真正需要的架构和集成技术。图 9.6 展示了有助于解决此问题的决策树。它的灵感源自 Manfred Steyer 创建基于 Angular 的前端微服务时所做的工作[1]。

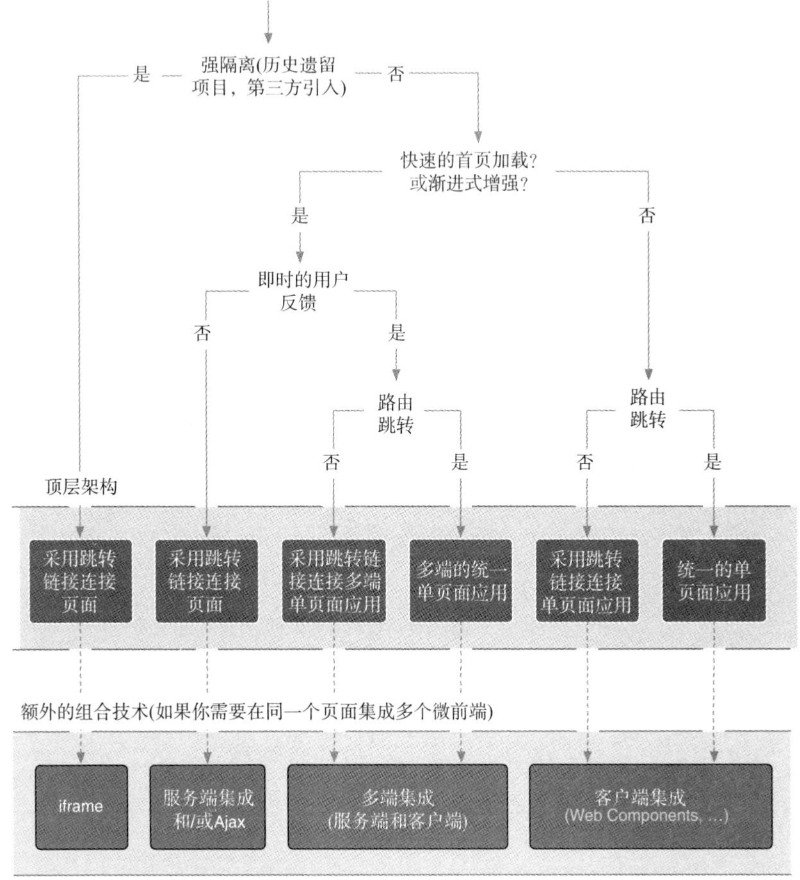

图 9.6　决策树帮助你根据项目需求选择合适的微前端架构。该图也展示了哪种组合技术最适合你的使用场景

1 详见 Manfred Steyer, "A Software Architect's Approach Towards Using Angular (And SPAs In General) For Microservices Aka Microfrontends," *Angular Architects*, https://www.angulararchitects.io/aktuelles/a-software-architects-approach-towards/。

让我们花些时间理解一下图中的内容。沿着决策树中的引导线，自上而下逐一回答问题，就会得到适合你的顶层架构。从顶层架构的位置开始，沿着虚线，你就会看到其所兼容的组合技术。如果你的使用场景不需要同时采用不同的微前端方案(片段或嵌套的微前端)，那么可以跳过这一步。

接下来探究决策树中存在的几个问题。

9.4.1　强隔离(遗留系统，第三方引入)

期望在不同团队的代码间增强技术性隔离吗？我想答案是肯定的。通常情况下，隔离和封装能够减少意料之外的影响与 bug。但是，强隔离也排除了许多可能的益处。所以，真正要问的是，你是否需要“强”隔离？如果你需要集成一个遗留系统，并且这个项目没有遵循命名规范，又依赖于全局状态，那么你的确需要强隔离。另一个原因是安全性的考虑。如果你正在集成一个不被信任的第三方解决方案，或是应用程序中的部分内容有着很高的安全要求(如信用卡数据)，那么在微前端中进行相互屏蔽就很有必要。

9.4.2　快速的首页加载/渐进式增强

这其实是两个问题。如果你需要两个特性中的任一个，那么都应按照“是”箭头的指引。

快速的首页加载是十分讨喜的，但是，这个特性是否重要，很大程度上取决于你的业务。如果你希望你的网站在搜索结果中有着靠前的排名，那么首页加载的性能不容忽视。很多搜索引擎(如 Google)在排名[1]中越来越偏爱能快速加载的网站。即使搜索排名不是你的主要目标，也有很多案例研究[2]表明更好的 Web 性能能够提升业务指标。

---

1 详见 http://mng.bz/WP9w。

2 详见 https://wpostats.com/。

我们已在第 3 章中探讨过渐进式增强的优点。如果你的项目处于 Documents-to-Applications Continuum 的中间位置或者左侧位置，强烈建议你采用渐进式增强。并且你应该鼓励所有的开发团队都学习渐进式增强。对于那些入行即开始使用 React 或 Angular 等框架的开发者，第一次接触渐进式增强这个概念会感到陌生。但是，本着渐进式增强的原则开发功能，并且积极拥抱原生的 Web 技术，会有助于构建一个更易维护、更易懂、更稳定的软件。如果你的项目位于 Documents-to-Applications Continuum 的右侧部分，并且是一个纯粹的 Web 应用程序，那么基本上是没有页面需要采用渐进式增强的。

9.4.3 即时的用户反馈

在之前的问题中，我们讨论了首页加载的性能。但你的网站是如何响应用户的进一步交互的呢？当你为了避免整个页面的重新加载而采用 Ajax 技术时，可采用传统的“点击跳转链接”和“获取由服务器生成的标签”，它们对大多数使用场景都有效。在这个方案中，完整的 HTML 模板是由服务器生成的。这就意味着，为了响应用户的输入而更新 UI，至少需要与服务器进行一次往返请求。

如果你需要比上述方案更快的响应，只能采用客户端渲染。在网络延迟时间相同的前提下，相比于渲染 HTML，JSON 数据会更轻便，所以获取数据将会更快捷。但是，客户端渲染最大的优点在于它能够提供即时的返回。即使用户想要看到的数据仍在传输中，也可以更新页面，并展示占位符或骨架屏[1]。

你也能够采用优化的 UI 图形[2]。借助优化的 UI，可以通过立即渲染最有可能的结果来增加感知性能。例如，购物车的例子。当用

1 详见 Luke Wroblewski, “Mobile Design Details: Avoid The Spinner,” *LukeW*, https://www.lukew.com/ff/ entry.asp?1797。

2 详见 Denys Mishunov, “True Lies Of Optimistic User Interfaces,” *Smashing Magazine*, http://mng.bz/8pdB。

户想要从购物车中移除一件商品时，会单击 Delete 按钮。浏览器会调用服务器上相关的 API，当获取到响应信息时，这件商品才会在视觉上从购物车列表中移除。借助优化的 UI，你可以假定大多数情况下，删除 API 的调用都是可以正常工作的。所以你可以直接从购物车中移除这件商品，而不用等待 API 的返回信息。如果这个假定失败(商品移除失败)，你可以在购物车中复原这件商品，并展示恰当的错误信息。虽然这是个有效的技术，但实际上你是在欺骗用户，所以在采用这个方案时应格外小心。这些技术可帮助你立即对用户输入做出响应，从而改善用户体验，并让你的网站更像一个移动应用。

9.4.4　路由跳转

在“即时的用户反馈”问题中，我们讨论了如何在微前端改善用户体验。接下来讨论如何应对用户需要跨团队切换页面的情境。这个问题要分“采用跳转链的架构方案”和“采用统一的应用程序容器的架构方案”两种情况来讨论。我们已经在第 7 章讨论过这两种方案。那么，采用客户端渲染的方式进行跨团队的页面切换有多重要呢？

这个问题的答案取决于团队划分的方式、团队的数量以及应用程序的使用模式。如果你是根据用户的任务和需求划分团队，那么用户并不需要频繁地跨团队切换页面。

假设你正在为银行构建一个网站，这个网站包含了两个能够明显区分的模块，由两个团队分别负责：用户查阅账户余额(团队 A)，和房贷计算与申请(团队 B)。为了良好的用户体验，模块内的交互性就显得十分重要。但两个团队可自行决定，是否在各自的模块中提供大量的交互。通常情况下，用户极少会在查阅余额和贷款申请间切换，所以两个模块之间采用页面刷新的方式也是可行的。

再举一个例子。假设我们正在构建一个呼叫中心的应用程序。

代理人会使用该应用程序去操作订单(团队 A)和提供个性化建议(团队 B)。因为代理人会频繁地在两个微前端之间切换，所以采用路由跳转更可取。这可使应用程序提供快速的响应，并为代理人的工作流程带来积极影响。

9.4.5 同一页面集成多个微前端

如果你已经回答了决策树中的所有问题，并得到了推荐的顶层架构，那么最后将有一个附加题“你需要组合技术吗？”如果你的答案是“需要”，那么引导线将会为你指向一个与架构关联的组合技术。如果你正在构建一个纯粹的单页面应用，那么需要集成客户端。如果你选择在服务端生成页面，那么应采用服务端集成。

组合技术并不是必须采用的方案。比如我们之前讨论的银行网站，就不需要采用组合技术。在网站中，账户模块和房贷模块是两个可清楚区分的部分，可以采用跳转链接相互连接。

对于组合技术，最常见的例子是 header 和导航片段。通常情况下，header 或导航片段是由某一团队负责，其他团队在他们的页面上引用该片段。

9.5 本章小结

- 为了避免误解，所有团队需要共建一个专业术语词汇表。对于页面切换技术、组合技术和高级架构的区分，可以帮助每个人清楚地了解正在构建的目标。
- Documents-to-Applications Continuum 是一种良好的思维方式，可以帮助你识别项目是以内容为中心还是以行为为中心。这能够帮助你做出良好的技术选择。
- 并没有绝对正确或错误的解决方案。解决方案是否能够满足需求取决于项目的本质、使用场景、你愿意接受的耦合程度与复杂度、团队的规模，以及团队的经验水平。

- 并不是所有的团队都需要采用相同的架构。因为应用程序的部分模块可能是以文档为中心，其他部分可能更倾向于以行为为中心。通过微前端，你能够将不同类型的模块混合搭配。但是当你需要组合它们时，必须采用集成技术，并且要满足所有团队的需求。
- 尽量选择合乎你业务的最简单的架构。

第Ⅲ部分

如何做到快速、一致、有效

你已经学习了构建微前端应用程序所需的集成技术。但为了促使项目成功，一些与集成相关的问题仍需解决。在之前的不同章节中，我们谈及了性能、视觉的一致性和团队的责任等方面。在接下来的章节中，我们会进一步探索这些方面。

在第 10 章中，我们首先会讨论一个技术性的话题：资源的加载。为不同的微前端加载正确脚本和样式代码可能是一个巨大的挑战——特别是你追求性能最佳，又不希望牺牲团队自主性的情况下。在第 11 章中，我们将深入讨论性能相关的话题。你将在第 11 章看到一些常见的缺陷，并学习一些策略来构建和维护一个快速加载的站点，即使站点的 UI 来自不同的团队。第 12 章讨论了有关微前端的一个最大争议：我们如何确保最终用户可享有一致的外观和感受？设计系统对于解决这一问题至关重要。建立一个共享的设计系统，使其不会干扰微前端的自治目标，这具有一定的挑战性。在第 13 章中，我们将讨论在引入微前端时，与组织架构相关的问题。你将学习如何界定团队的划分，组织团队间知识的转移，以及处理共享的基础设施。最后一章涵盖了迁移至微前端的方法，本地开发的技巧，以及有效的测试模式。

第10章 资源加载

本章内容：

- 解决微前端上下文中公共资源加载的挑战
- 比较从不同团队加载资源时，可缓存性和同步的处理技术
- 选择合适的打包策略：是多个较小的打包文件，还是少量大体积的打包文件
- 了解如何将按需加载有效地应用于微前端

之前的章节中，已经涵盖了许多不同的集成技术。但是，我们一直将注意力放在页面内容上——在服务器和客户端集成标签。有关传递方面，我们仅讨论了“如何加载与微前端关联的资源？”本章中，我们将深入讨论这个重要的话题。对于这个话题，至少有几方面你必须考虑。如何确保团队能够自行部署微前端和所需资源？如何在不加剧耦合的情况下，实现缓存破坏(cache busting)，以提高可缓存性？如何确保加载的CSS和JS始终符合服务器生成的标签？打包文件应该是粗粒度还是细粒度？你希望是将每个团队的应用程序打包成一个大的文件，还是多个更小的打包文件？按需加载技术如何帮助浏览器减少需要预处理的资源数据？

10.1 资源引用策略

我们将从一些技术开始，将资源集成进同一页面。简单起见，在接下来的场景中，我们会始终采用传统的<link>和<script>标签。像 RequireJS[1](AMD)或 CommonJS[2]这样的模块加载器在当下很流行，并提供可编程的加载功能。但是，现在所有主流的浏览器[3]都支持 ES 模块。它们已经是 Web 标准，解决了大多数 JavaScript 加载的需求，而不需要额外的代码库或自定义模块格式。

在本章的后半部分，我们将讨论打包的粒度。现在，让我们假设每个提供了可被包含的微前端(片段)的团队，都会生成一个 JavaScript 和 CSS 文件。而包含这些片段的团队必须在他们的页面添加两个文件的引用。

10.1.1 直接引用

这个概念比较容易理解。如果你想集成来自另一个团队的微前端，那么你必须添加它们的引用。你可以将关联资源想象成是在你的源码文件的最上方添加一条 import 语句，如同 Java、C#或 JavaScript 中的引入方式。

如果你采用了应用程序容器路由，引用方式将会有所不同。在采用了应用程序容器路由的方案中，包含了唯一的一个 HTML 文件，负责帮助应用程序容器加载全部微前端的代码。最简单的方式就是预先引用所有团队的全部资源。但是，更聪明的方式是在用户需要时再加载资源。single-spa 元框架就实现了这种按需加载。你可以回到第 7 章，查阅基于动态 import()的 JavaScript 注册代码。在本章后面的部分，我们将讨论更多关于按需加载的内容。

接下来，让我们再将注意力转回至 Tractor Store，再次回顾我们

1 详见 https://requirejs.org。

2 详见 http://www.commonjs.org。

3 详见 https://caniuse.com/#feat=es6-module-dynamic-import。

在前几章中是如何处理资源加载的。在项目中，Decide 团队直接引用了资源，而其他团队发布相关资源的 URL 作为其文档的一部分。

以下是第 5 章中的一个示例。Checkout 团队指定 Buy 按钮自定义元素的详细信息，以及包含相关初始化代码和样式的文件：

- 自定义元素——<checkout-buy sku="{sku}"></checkout-buy>
- 所需的资源——/checkout/fragment.js，/checkout/fragment.css

为确保快速渲染，最佳实践[1]是在<head>中包含样式代码，并在<body>末尾处异步地包含 script 标签。Decide 团队在其商品页的标签中，直接添加了这些引用，如代码清单 10.1 所示。

代码清单 10.1　08_Web_components/team-decide/product/Porsche.html

```
<html>
  <head>
    <link href="/decide/page.css" rel="stylesheet" />
    <link href="/checkout/fragment.css" rel="stylesheet" />
  </head>
  <body>
    <h1>The Tractor Store</h1>
    <checkout-buy sku="porsche"></checkout-buy>

    <script src="/decide/page.js" async></script>
    <script src="/checkout/fragment.js" async></script>
  </body>
</html>
```

Checkout 团队片段的样式

Decide 团队包含了 Checkout 团队的 Buy 按钮微前端，它依赖 Checkout 团队的资源

Checkout 团队片段的脚本

10.1.2　挑战：缓存破坏和独立部署

有一天，公司首席执行官 Ferdinand 提着电脑，走进 Decide 团队的办公室，坐在椅子上，打开电脑指着屏幕说："我读了一篇关于 Web 性能在电子商务中重要性的文章。之后，我在产品页上运行了

1 详见 Ilya Grigorik, "Analyzing Critical Rendering Path Performance," http://mng.bz/rr7e。

一个名为Lighthouse[1]的工具。它测量了性能，并检查我们的站点是否采用最佳实践。最终，我们的得分是94分。这个分数比我们的竞争对手高得多！尽管如此，Lighthouse仍给出了一条建议，在静态资源上，我们使用的缓存策略似乎效率低下。”[2]

当前，高性能的资源加载的最佳实践是将静态资源(JavaScript、CSS)放在单独的文件中，并指定一个“一年”的缓存header。采用这种方式就可以确保浏览器不会重复加载相同的资源。添加缓存header并不复杂，在大多数的应用程序、Web服务器或CDN中，它仅是一个简单的配置入口。但是，你需要一个缓存失效策略。如果部署了新的CSS文件，那么所有用户都应停止使用以前缓存的版本，而下载更新后版本。一种有效的失效策略是向资源的文件名添加指纹。指纹是基于文件内容的校验和。文件名可能类似于fragment.49.css。指纹仅在修改文件时更改。

我们称此为缓存破坏。大部分的前端构建工具(如Webpack、Parcel和Rollup)都支持这种方式。它们在构建时生成指纹化的文件名，并提供一种在HTML标签中使用这些文件名的方法。但是，你可能已经发现了问题，缓存破坏与我们的分布式微型前端设置不匹配。

在之前的例子中，Decide团队需要知道Checkout团队的JavaScript和CSS文件路径。但是，Checkout团队可以更新他们的文档：

所需的资源——/checkout/fragment.a62c71.js, /checkout/fragment.a98749.css。

但在当前流程中，每次Checkout团队部署新版本时，Decide团队都必须手动更新商品页面标签中的相关引用。在这种情况下，一个团队在没有与另一个团队协调的情况下是无法部署的。而这种协调正是我们想要避免的耦合。接下来将探讨一些更好的选择。

---

1 详见https://developers.google.com/web/tools/lighthouse。

2 详见https://developers.google.com/web/tools/lighthouse/audits/cache-policy。

10.1.3　通过重定向引用(客户端)

您可以通过使用 HTTP 重定向来避免此问题，类似下面这样：

1. Decide 团队引用 Checkout 团队的资源，与之前一样，无指纹方案。URL 是持久的，不会改变(如/checkout/fragment.css)。

2. Checkout 团队响应 HTTP 请求，并重定向至指纹化的文件(/checkout/fragment.css→/checkout/static/fragment.a98749.css)。

通过这种方式，Checkout 团队可以将直接引用的文件(/checkout/fragment.css)设置为短缓存 header 或将其设置为 no-cache；为包含真实内容的指纹化文件设置较长的缓存周期(例如，一年)。这样做的好处是注册代码可以保持不变，用户仅在大的资源文件改变时下载它。

在我们的例子(17_asset_client_redirect)中，我们已经给团队的 Web 服务器添加了一个重定向配置和缓存 header。如代码清单 10.2 所示，你可以在每个团队的 serve.json 文件中看到该配置。mfserve 代码库将拾取该文件。在真实的应用程序中，构建工具或打包工具将帮助你创建指纹和重定向规则。

代码清单 10.2　team-checkout/serve.json

```
{
  "redirects": [
    {
      "source": "/checkout/fragment.css",
      "destination": "/checkout/static/fragment.a98749.css"
    },
    ...
  ],
  "headers": [
    {
      "source": "/checkout/static/**",
      "headers": [
        { "key": "Cache-Control", "value": "max-age=31536000000" }
      ]
```

重定向配置，从公共资源的路径重定向到最新的指纹化的版本

```
    }
  ]
}
```

为所有指纹化的资源设置一年缓存 header。默认情况下，所有其他资源的 Cache-control 设置为 no-cache

通过运行 npm run 17_asset_client_redirect 启动应用程序。Checkout 团队的样式片段的网络请求如下：

the-tractor.store/#17

```
# Request
GET /checkout/fragment.css
```

浏览器请求 Checkout 团队的样式片段

```
# Response (redirect)
HTTP/1.1 301 Moved Permanently
Cache-Control: no-cache
Location: /checkout/static/fragment.a98749.css
```

Checkout 团队通过 301 响应，重定向到指纹化的资源。重定向不可缓存

```
# Request
GET /checkout/static/fragment.a98749.css
```

浏览器请求指纹化的资源

```
# Response (actual content)
HTTP/1.1 200 OK
Content-Type: text/css; charset=utf-8
Content-Length: 437
Cache-Control: max-age=31536000000
```

Checkout 团队为资源文件设置一年缓存 header

图 10.1 展示了浏览器网络面板的示例代码，从中可以看到，每一个注册文件都被重定向到采用了指纹化和缓存的版本。

相比于直接引用的版本，这个方案的最大优点是解耦。提供微前端的团队可以提供缓存时间较长的版本化资源。他们不必通知其他引用该文件的团队，即可更新代码。构建方面也很简单，用户只需要在资源发生变化时重新下载。

注意： 通过结合使用 Cache-Control：must-revalidate 和 ETag header，也可以达到相似的解耦与缓存效果。但是使用基于文件名的版本控制和长缓存 header 还附带了一些其他优点，我们将在后面讨论。

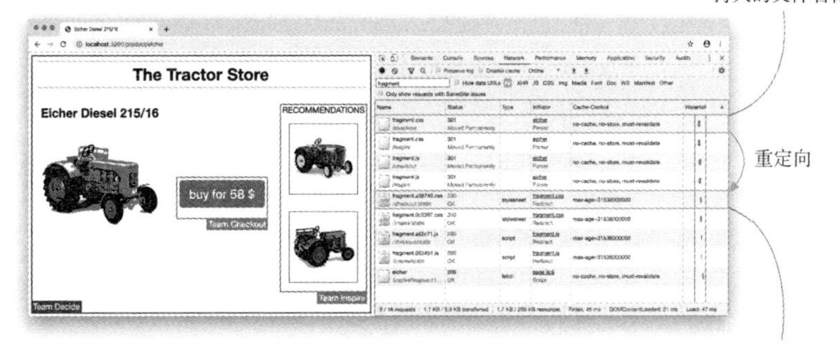

图 10.1　显示加载样式和脚本片段的网络请求。Checkout 团队和 Inspire 团队都有一个 fragment.css 和一个 fragment.js。每一个资源都会重定向到最新的版本

但这种方案也有缺点。浏览器无法缓存初始资源。它必须至少发出一个网络请求，以确保重定向仍然指向同一资源。

第二个问题是同步性的缺失。重定向始终指向最新版本。当进行滚动部署时，可能会有不同版本的软件在同时运行。但是你会希望 CSS、JavaScript 和 HTML 都来自同一次构建。接下来，我们将首先解决额外的网络请求，然后讨论同步性问题。

10.1.4　通过 include 引用(服务端)

这些团队对改进后的缓存策略很满意。Ferdinand 重新运行 Lighthouse 测试。这次获得了 98 分——提高了 4 分。但是，一个新的改进建议出现：最小化关键请求深度[1]。

通过重定向的方案，我们以更多的网络请求为代价，实现了解耦与缓存的优点。浏览器在知晓实际资源的 URL 之前，必须发出

1 详见 https://developers.google.com/web/tools/lighthouse/audits/critical-request-chains。

额外的查找请求。在较差的网络条件下，这可能会导致明显的延迟。接下来，让我们将此类查找请求移至服务器。服务器与服务器的通信要快得多。在这种方案中，延迟的单位数是在毫秒范围内的。

如果你已经在服务端集成标签，也可采用同样的机制注册资源。办法很简单。在 Decide 团队引用了其他团队资源的地方使用 link 或 script 标签，里面包含由各团队生成的一段标签。

在我们的示例中，我们将再次使用 Nginx 的 SSI 功能。如果想了解 SSI 的工作原理，可以查阅第 4 章。

商品页的标签类似于代码清单 10.3。

注意：为简单起见，我们没有指纹化 Decide 团队的 page.css 和 page.js 文件。

代码清单 10.3 team-decide/product/eicher.html

```
<html>
  <head>
    <title>Eicher Diesel 215/16</title>
    ...
    <link href="/decide/static/page.css" rel="stylesheet" />
    <!--#include virtual="/checkout/fragment/register_styles" -->
    <!--#include virtual="/inspire/fragment/register_styles" -->
  </head>
  <body>
    <h1>The Tractor Store</h1>
    ...
    <script src="/decide/static/page.js" async></script>
    <!--#include virtual="/checkout/fragment/register_scripts" -->
    <!--#include virtual="/inspire/fragment/register_scripts" -->
  </body>
</html>
```

SSI 指令将解析为相应团队的 link 标签

SSI 指令将解析为相应团队的 script 标签

Checkout 团队和 Inspire 团队必须为脚本和样式提供注册端点。现在，这些端点也是团队间契约的一部分。代码清单 10.4 中展示了其中一个 include 命令的内容。

代码清单 10.4　team-checkout/checkout/fragment/register_styles.html

```
<link href="/checkout/static/fragment.a98749.css" rel="➥
stylesheet" />
```

这是一个指向指纹化资源文件的 link 标签。图 10.2 描绘了装配的过程。Nginx 用实际内容替换掉注册的 include 指令。

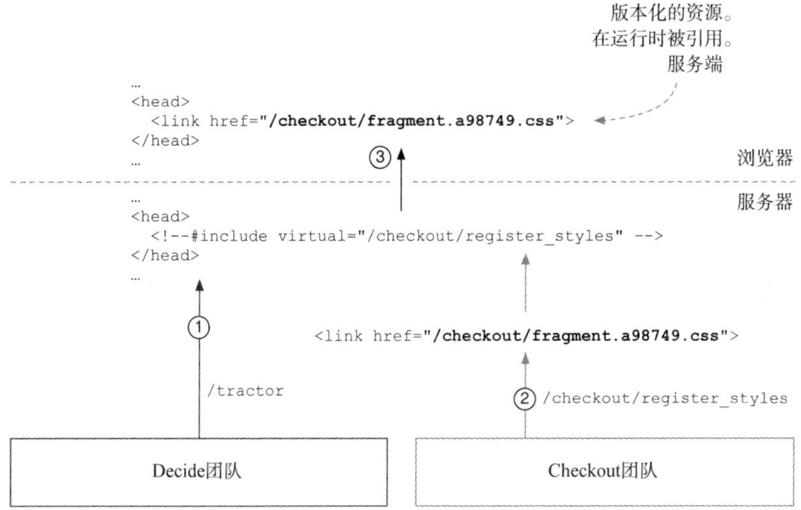

图 10.2　Decide 团队没有直接引用 Checkout 团队的资源。取而代之的是 SSI 的 include 指令，它指向 Checkout 团队的 register_style 端点①。这个端点返回了指纹化资源的 HTML 标签。Checkout 团队可以即时更新指纹，而不必与 Decide 团队协调②。浏览器通过指向指纹化资源的链接，接收装配好的标签③

这些被浏览器接收到的标签已经包含了解析好的 include 指令。浏览器可以立即开始下载资源。如果它存在于磁盘缓存中，浏览器可以使用其本地副本，而无须发出另一个网络请求或重新验证。运行 npm run 18_asset_registration_include 启动示例。图 10.3 展示了第一次在浏览器中访问页面的样子。

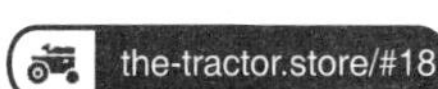

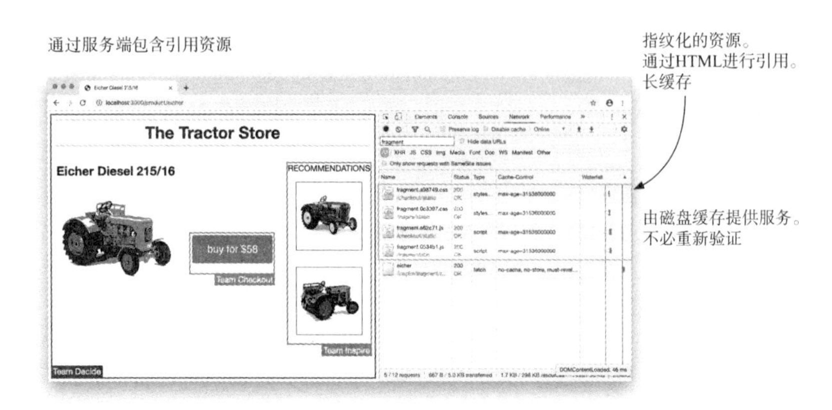

图 10.3　展示了当前页面需要的资源片段的浏览器网络面板。HTML 直接连接到其他团队的指纹化文件。这些资源可以被长时间缓存

这个方案提供了很好的解耦能力。一个团队可以在不通知其他团队的情况下修改他们资源的 URL。因为我们不需要客户端的重定向或验证请求，从 Web 性能的角度看，这也是一个完美的解决方案。

如果你还没有适当的服务端集成机制，那么采用这种方案还需要一些额外的工作和通用的基础设施。

10.1.5　挑战：同步标签和资源版本

在服务端注册资源能很大程度提升 Lighthouse 的分数。现在，Decide 团队的商品页已经达到了 100 分。开发人员和首席执行官 Ferdinand 对此十分满意。他们将这个修改推进到生产环境的服务器。

一周后，Checkout 团队的 DevOps 人员，Noah，在查看服务器日志时发现了一个奇怪的现象。有时，应用程序服务器会在某一个指纹化资源文件上报 404 错误。看上去似乎是浏览器正在请求一个应用程序查询不到的文件。首先，他怀疑存在 bug，但经过仔细检查后，他意识到这些问题有时会在 Checkout 团队部署新版本的软件时出现。

在咨询他的队友后，Noah 确信这些问题的原因是：滚动部署(rolling deployment)。为了处理大流量，Checkout 团队同时运行了 10

个应用程序实例。每一个应用程序包含从数据库通信到渲染标签和传输资源的所有内容。团队采用了 Kubernetes 进行自动化部署。在部署的过程中，Kubernetes 用新实例逐步替换旧应用程序。它逐步执行此操作：创建一个新实例，等待它运行，将流量重定向到它，然后杀死一个旧实例。Kubernetes 重复此过程，直到所有 10 个应用程序都完成更新。完整部署可能需要几分钟的时间。在此期间，新旧版本的应用程序存在并行运行的情况。这种并行运行是引起 404 错误的原因。

注意： 当你采用“金丝雀部署”(canary deployment)时，这个问题可能会更糟糕。通过金丝雀部署，你可以将新版本部署到一小部分实例，并在一段时间内，对其进行监控。如果新实例表现良好，则所有实例都将被更新。如果新实例存在性能问题，团队会将本次部署回滚。采用金丝雀部署，新旧版本会同时运行的时间更长，增加了不一致的风险。

负载均衡器会将传入的请求随机路由到 10 个应用程序服务器之一，以平均分配工作负载。想象一下，新部署的实例为注册片段(/checkout/register_styles)提供服务，但实际的资源请求(/checkout/static/fragment.[new-fingerprint].css)被分配到一个旧实例，可是该实例只具有旧的指纹化文件。该场景导致了 404 错误，并且用户看到没有样式的 Buy 按钮也会很不开心。图 10.4 描绘了该情况。

为避免该问题，有两种快速修复的方法：

1. 在负载均衡中采用粘滞会话(sticky session)能确保来自同一个用户的请求被分配到同一个应用程序服务器[1]。

2. 采用 CDN 为所有的资源提供服务。团队在部署应用程序之前，会将新的资源推送到 CDN。而 CDN 包含新资源和旧资源。

这些修复方法能够减少上述错误的可能性，但是这些并不是完美的修复措施。粘滞会话不是一种保障。当应用程序服务器由于故

---

1 详见 Zhimin Wen，*Sticky Sessions in Kubernetes*，Medium, http://mng.bz/VgKW。

障或重新部署而停机时，用户必须切换到另一个应用程序。

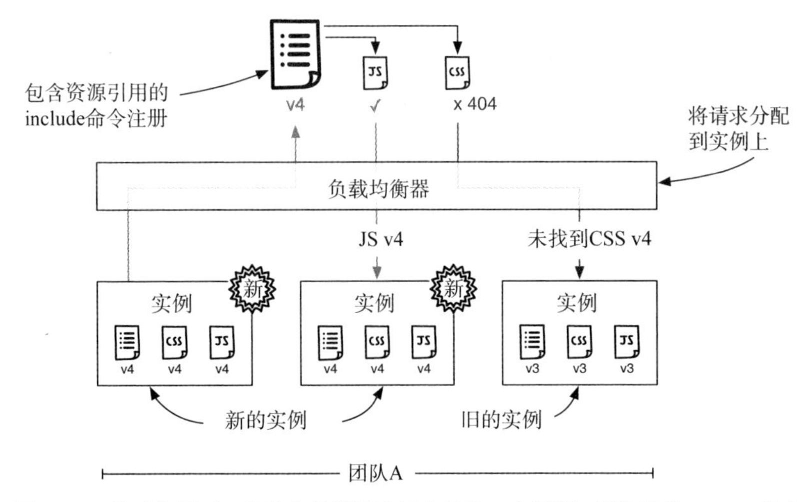

图 10.4　滚动部署时，指纹化的资源引用会导致一个问题。当注册的 include 指令是来自新版本的应用程序服务器，而实际的资源请求被分配到一个不知晓该文件的旧实例上时，浏览器会接收到 404 错误

CDN 解决方案也没有解决全部问题。你不仅需要确保所有的资源文件都存在，还必须保证片段标签与加载的 JavaScript 和 CSS 文件兼容。如果你在发布新的标签时附带了一个别致的圣诞彩蛋，但是却加载了一个不包含相关样式的旧样式表，那么该站点看起来不会像圣诞节一样，而是一个坏掉的站点。我们必须找到一种能够确保标签和资源引用始终匹配的方法。图 10.5 描绘了这种不匹配的情况是如何发生的。

注意：本质上，同步问题是服务器生成标签的问题。当你运行一个完全由客户端渲染的应用程序时，HTML 模板是 JavaScript 文件的一部分。如果你采用了 CSS-in-JS 解决方案，那么样式很可能也是捆绑包的一部分。或者，你可以通过相同的注册片段发送 script 和 link 标签，以确保它们彼此兼容。

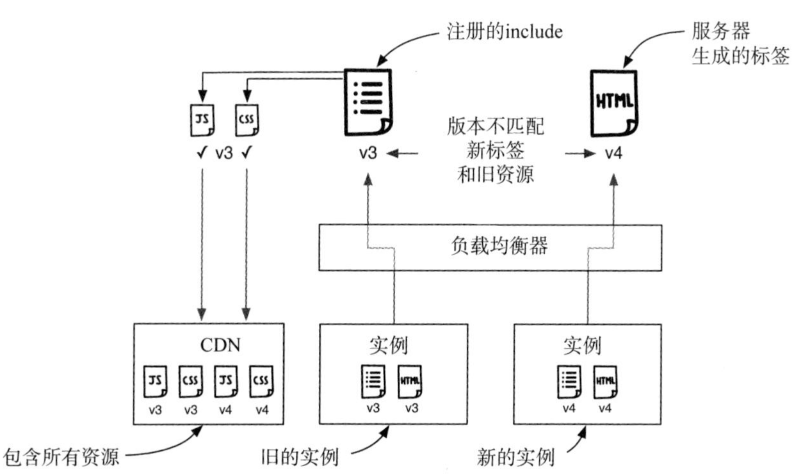

图 10.5　图中，我们采用了一个同时包含了新旧资源的 CDN。CDN 确保了指纹化的资源请求始终能够被成功检索。但是，因为注册的 include 命令和服务器生成的标签可能分别在两个请求中被检索，因此可能会出现版本不匹配。本图中，旧实例(v3)用于 include 命令的注册，但实际的页面内容是由新版本的应用程序(v4)生成的。这就导致了版本不匹配，引起了浏览器错误

10.1.6　代码嵌入

确保同步的最简单方法是将标签嵌入片段本身的标签中。假设 Checkout 团队在服务端生成 Buy 按钮的标签。然后，他们可以将 link 和 style 标签直接嵌入响应 Buy 按钮的请求中，如代码清单 10.5 所示。

代码清单 10.5　team-checkout/fragment/buy-button.html

```
<link href="/checkout/static/fragment.a98749.css" rel="stylesheet" />
<button>buy now</button>
<script src="/checkout/static/fragment.a62c71.js" async></script>
```

代码嵌入可以正常运行，但也有几个问题：

- 冗余的 link/script 标签——如果你有一个包含了 5 个 Buy 按钮的页面，那么你将会得到五个相同的 link 和 script 标签。

如果这些资源可被缓存，浏览器会采取一些智能的措施，仅下载这些资源一次。

- JavaScript 重复执行——尽管浏览器只会下载 JavaScript 一次，但是每一个 script 标签都会执行一次 JavaScript 代码。重复执行可能会带来不可预见的问题和更高的 CPU 负载。
- 仅对服务端集成有效——因为样式和脚本的引用是服务器生成标签的一部分，所以这种解决方案将无法在客户端和多端渲染的微前端中执行。

如果你可以接受这些代价，那么代码嵌入的解决方案是一个可行且易于构建的选择。

10.1.7 集成解决方案(Tailor、Podium 等)

大多数微前端代码库都提供了资源处理的解决方案。在第 4 章中，我们介绍了 Tailor 和 Podium。接下来，让我们看看它们是如何处理 JavaScript 和 CSS 的。

Tailor 资源处理

Zalando 的 Tailor 将通过 HTTP header 传输资源引用。团队可以通过 Link 属性将相关资源指定给一段服务器生成的标签。HTTP 响应看起来如下：

```
$ curl -v http://.../checkout/fragment/buy-button
HTTP/1.1 200 OK
Link: </checkout/static/fragment.a98749.css>; rel="stylesheet",
  </checkout/static/fragment.a62c71.js>; rel="fragment-script"
Content-Type: text/html
Connection: keep-alive

<button>buy now</button>
```


因为引用和标签在同一个请求中，所以不再有同步的问题。Tailor 服务会集成页面，并跟踪所有引用。在最终的标签中，它为所有不同的 CSS 文件创建了 link 标签，并通过 require.js 模块加载器加载 JavaScript。

Podium 资源处理

对于 Podium，团队可在 manifest.json 文件中定义资源引用。该 manifest 还包含了版本号。Checkout 团队的 Buy 按钮的 manifest 如下所示：

```
$ curl http://.../checkout/fragment/buy-button/manifest.json
{
  "name": "buy-button",
  "version": "4",           ← 软件的已部署版本。通常是构建号或提交的哈希码
  "content": "/checkout/fragment/buy-button",  ← 返回标签的端点
  "css": [
    { value: "/checkout/static/fragment.a98749.css" }
  ],
  "js": [
    { value: "/checkout/static/fragment.a62c71.js" }
  ]
}                           ← 所关联资源的列表
```

Decide 团队使用了 Podium 的 layout 代码库，并为其提供商品页面所需的 manifest.json URL，供所有微前端使用。启动时，Podium 下载所有 manifest 文件以确定 content 字段对应的端点。这些端点会以纯 HTML 作为响应：

```
$ curl -v http://.../checkout/fragment/buy-button/
HTTP/1.1 200 OK
Content-Type: text/html
Connection: keep-alive
podlet-version: 4           ← 应用程序的版本号

<button>buy now</button>    ← HTML 的内容
```

响应中也包含了一个 podlet-version header。但是它没有指明 Podium 代码库的版本。它是唯一标识已部署软件版本的字符串。而

片段(或 podlet)的所有者必须显式地设置它。它可以是构建版本号或提交的哈希码。在我们的示例中，版本号是“4”。它与前面 manifest.json 代码中所示的数字相同。

Podium 每一次获取 HTML 内容时，会将 podlet header 与其缓存的 manifest.json 文件中的版本号进行比较。如果版本匹配，它可以使用当前 manifest 中指定的资源文件。如果版本号不同，则表明片段的所有者部署了新的软件版本。Podium 将会重新下载 manifest.json，获取更新后的资源链接。

代码清单 10.6 team-decide/server.js

```
...
const buyButton = layout.client.register({
  name: 'buy-button',
  uri: 'http://.../checkout/fragment/buy-button/manifest.json'
});

app.get("/product/eicher", async (req, res) => {
  const button = await buyButton.fetch(res.locals.podium);
  console.log(button);
  console.log(button.css);
  console.log(button.js);
  res.send(`<h1>Eicher<h1>${button}`);
});
```

为了 Checkout 团队的 Buy 按钮注册 manifest.json 文件

通过 promise 获取按钮的内容

Checkout 团队的按钮标签(<button>buy now</button>)

所需样式的数组([{href:″/checkout/static/fragment.a98749.css″,…}])

所需脚本的数组 scripts([{src: ″/checkout/static/fragment.a62c71.js″,…}])

代码清单 10.6 展示了 Decide 团队如何注册 Checkout 的 Buy 按钮微前端和获取内容。Podium 在底层执行同步并更新 manifest。Decide 团队等待 promise (buyButton .fetch)来解析，并在同一个对象中(button)接收 HTML 和资源。这个对象包含了 HTML 和关联的资源引用。Decide 团队可以使用这些 HTML 和关联的资源引用构建其页面标签。

10.1.8　简单总结

现在，您已经学习了一些策略，以将所有微前端所需的资源拉到你的页面中。与标签集成策略一样，资源加载没有绝对正确或错误的解决方案，而是取决于你的用例。性能和缓存有多重要？您是否需要完美的同步，或者以向后兼容的方式编写 CSS 和 JS 是否切实可行？对于我参与的项目，我们太多采用服务器生成 include 指令方案，而且到目前为止几乎没有问题。我们接受标签和资源可能会在短时间内不同步的情况。表 10.1 总结了各种加载方法及其特点。

表 10.1　注册策略的性质

方法	独立部署	缓存和性能	保证同步
直接引用	否	坏	否
通过重定向引用(客户端)	是	一般	否
通过 include 引用(服务端)	是	好	否
代码嵌入	是	坏	是
集成解决方案(Tailor、Podium，…)	是	好	是

无论你选择哪种解决方案，所有团队都必须采用统一方式。微前端的制作人必须确保页面所有者能正确地引用其资源。同时，微前端的制作人在更新资源时，不需要手动通知其他团队。表 10.2 展示了微前端所有者和用户之间的技术契约。来看看团队 A 必须了解团队 B 微前端的哪些内容才能使用该微前端？

表 10.2　加载所需资源的契约

方法	团队间的契约	示例
直接引用	资源文件的 URL	/checkout/fragment.js /checkout/fragment.css
通过重定向引用(客户端)	资源文件的 URL	/checkout/fragment.js /checkout/fragment.css

(续表)

方法	团队间的契约	示例
通过 include 引用(服务端)	包含注册标签的端点	/checkout/register_scripts /checkout/register_styles
代码嵌入	无(仅对服务器生成标签)	
Tailor	HTTP-Header	Link:<fragment.css>; <fragment.js>
Podium	Manifest.json	/checkout/manifest.json

10.2 打包粒度

我们已经讨论了如何加载微前端的资源。现在让我们看看文件本身。资源文件应该具有什么粒度？是将每个微前端所需的资源打包成一个文件，还是将每个团队的资源打包成一个文件，又或者是将整个项目所需的文件打包成一个巨大的文件？

10.2.1 HTTP/2

最佳实践会随着时间的推移而变化。几年前，通过加载尽可能少的资源以减少网络请求的数量是至关重要的。将所有内容捆绑在一个文件中，并将多个图像合并到一个文件中(spriting)的做法非常普遍。几年后，Google PageSpeed 等工具将视图的 CSS 内联到 HTML 中，只需几个 TCP 数据包即可提供第一次渲染所需的一切。

随着 HTTP/2 协议的引入，以往这些最佳实践变成了糟糕的实践。该协议降低了从相同的域加载多个资源的开销。其内置的多路复用和服务器推送功能，消除了手动将资源内联到页面中的需要。这降低了应用程序的复杂性，并且对缓存能力也有极大益处。

这些 HTTP/2 功能在构建微前端应用程序的样式时非常有用。

10.2.2　all-in-one 打包方式

2014 年，我与垂直组织团队一起完成了我的第一个项目。当时，我们对构建一个总体资源打包流程的必要性进行了长时间的讨论。这个打包服务将从所有团队收集脚本和样式，并将它们合并到一个文件中进行交付。幸运的是，我们决定不引入这种类似于中心化服务的方式，但我知道其他项目有这样做的。

中心化资源打包器引入了大量耦合和损耗。需要有人构建和维护这项服务。并且，为了确保标签始终与交付的资源匹配，必须将资源服务和应用程序同步部署。如今，为大多数用例提供 all-in-one 的打包方式已成为一种反面教材：

- 发送大量未使用代码的成本，超过了使用较少请求的收益。
- 缓存失效的可能性很高。即使只有一小部分发生了变更，也需要重新加载整个大包文件。

但即使在今天，一个中心化的打包器仍然可以提供一个有价值的特性：消除冗余代码。当两个团队使用相同的 JavaScript 代码库或按钮样式时，中心化的服务可以删除其中的一个实例，以使打包后的文件更小。在下一章中，我们将讨论如何在不引入共享服务的情况下消除冗余。

10.2.3　以团队维度进行打包

在我们的实例应用程序中，每一个团队都有一个页面和片段的打包文件。对于商品页而言，Decide 团队将加载他们的页面打包文件。如果他们想引入 Checkout 团队的 Buy 按钮微前端，那么他们也需要添加 Checkout 团队的片段打包文件。

由于 HTTP/2 使得额外请求的成本极低(但也不是零成本)，所以仍应在团队内部采用打包的方式，而不是用原始组件和依赖关系树来对抗浏览器。在我参与的项目中，以团队维度进行打包的方法已经证明了该方法在打包大小、过度抓取和跨页面复用性这几个因素之间已很好地平衡。

但是，如往常一样，这取决于你的用例。如果一个团队提供了一个需要大量 CSS 代码的片段，但只有一个小众页面使用它，那么为它创建一个单独的打包文件也可以。

10.2.4　以页面和片段的维度进行打包

将每个微前端打包成一个文件是使粒度更细的方案。即每个片段或页面都有自己的脚本和样式打包文件。你可以将这种方式理解为，在你的代码使用实际组件之前在文件顶部添加导入语句。

这种更细粒度的打包方式确保你仅下载页面上客户需要的代码。但是，根据页面结构和包含的片段数量，这种方式可能会导致需要加载相当多的资源。

图 10.6 描绘了三种打包策略。你可以根据此图选择最适合你的策略。

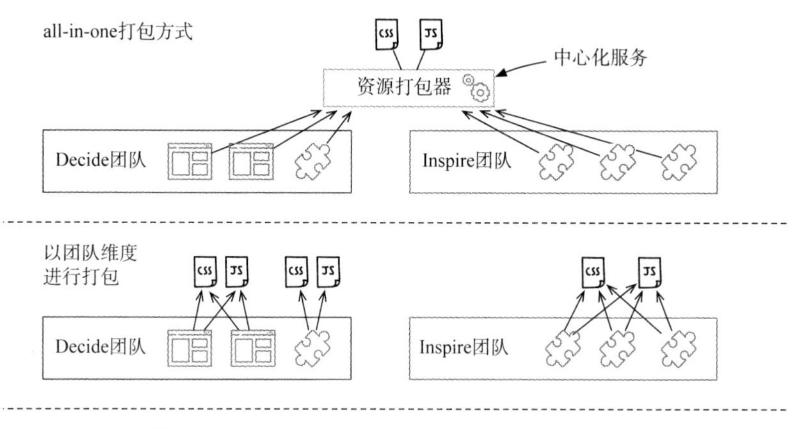

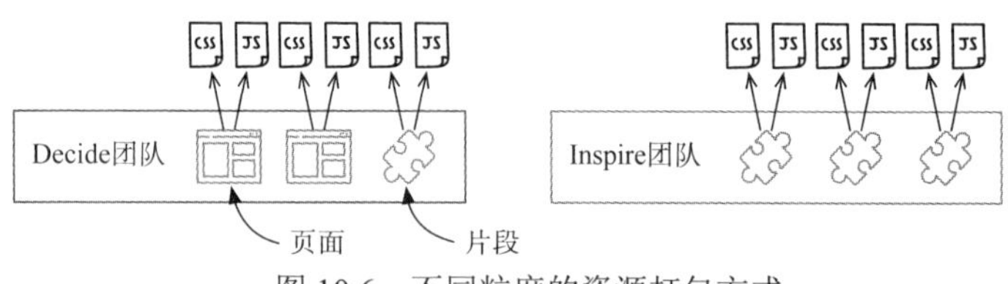

图 10.6　不同粒度的资源打包方式

10.3　按需加载

打包粒度的选择非常重要，因为它会影响团队间的契约。但并非所有代码都必须直接位于打包文件中。

团队可以对打包文件采用代码拆分等技术，以进一步改进加载行为，减少初始下载的大小，并在用户需要时获取相应部分的代码。

比如，点击 Checkout 团队的 Buy 按钮将加载一个复杂的层级，而该层级需要大量的 JavaScript。那么，团队可以将该层级的代码从初始片段的打包文件中抽离出来，并在用户悬停在按钮上时再获取它。

10.3.1　微前端代理

但是，我们仍然可以进一步减小打包文件的大小。假设你的资源文件包含五个不同微前端的代码，但它们很少在一个页面上一起使用。那么，你可以设置组件代理，并在第一次需要时获取真正的代码，而不是将代码直接放入打包文件中。比如使用了自定义元素，代码将如代码清单 10.7 所示。

代码清单 10.7　team-checkout/static/fragment.js

```
class CheckoutBuyProxy extends HTMLElement {
    constructor() {
      import("./real-buy-button.js").then(...);   ← 第一次需要时，动态加载 Buy 按钮的具体实现
      }
    }
    window.customElements.define("checkout-buy", CheckoutBuyProxy);
```

警告：自定义元素的代理会比此示例更复杂。目前还不能仅通过注册新的类来更新自定义元素定义，并且同步生命周期方法。但在本书中，我们无法更深入地讨论 Web 组件领域。你可以在网上找到正确执行此操作的相关资料。

在你的资源打包文件中提供微前端代理可以减少初始下载，这

的确是一种很好的方式。

10.3.2　CSS 的懒加载

如果你正在使用纯 CSS，那么就不容易使用懒加载，因为原生浏览器并不支持 CSS 文件的动态拆分和加载。但是许多如 CSS Modules 一样的 CSS-in-JS 解决方案，以及大多数打包器都提供了一些机制，可以在不需要大量手动工作的前提下，实现 CSS 的懒加载。

你也可以在巨石前端中采用一些标准的性能优化技术。在微前端体系结构中，每个团队都可以在他们的应用内使用这些技术。

10.4　本章小结

- 团队要能在不与其他团队协调的情况下更新自己的资源。
- 这些资源的路径必须是团队间契约的一部分。而使用微前端的团队需要添加相关的资源。
- 传递资源的 URL 有不同的方式：文档、重定向和注册 include 指令、HTTP headers，或通过机器可读的 manifest 文件。
- 如果你是在服务端进行渲染，那么需要确保 JavaScript 和 CSS 文件与生成标签的版本匹配。对于纯客户端渲染，不存在这样的问题，因为模板本身就是 JavaScript 的一部分。
- 开发团队必须在其应用程序中实施性能优化，如按需加载。但要尽量避免如通用的资源打包服务一样的总体优化，因为这会引入额外的耦合和复杂度。

第 11 章

至关重要的性能

本章内容：

- 如何衡量由多个微前端组成的页面的性能
- 如何找到性能问题和性能瓶颈，并交给合适的团队来解决
- 传统架构的性能问题同样会出现在微前端架构中
- 可跨团队共用同一个 vendor，以减少 JavaScript 的体积
- 在保持团队独立性的前提下，共享应用程序依赖的类库

2014 年，我的同事 Jens 发给我一篇其他公司发表的关于垂直架构的文章[1]。在当时，还没有微前端这个概念。作为一名前端开发者，我一直致力于交付性能优秀的用户界面，并以此为荣。因此看到这篇文章时，我下意识的反应是：拒绝，完全拒绝。“五个团队各自开发自己的前端？这听起来会导致很严重的性能问题。最终反馈到页面上的结果一定是运行效率低，交互速度慢”。

---

1 访问 http://mng.bz/xWDg，可以查看 OBJEKTspektrum 公司的 S. Kraus、G. Steinacker 和 O. Wegner 于 2013 年 5 月在德国撰写的 *Teile und Herrsche: Kleine Systeme für große Architekturen*。

时至今日，每当我将微前端介绍给其他开发者时，也经常会收到类似的反馈。他们可以理解微前端的概念和收益，但难以忍受为了提高开发效率而牺牲应用程序的性能。随着过去几年我不断参与微前端架构的项目，之前的担心很快就消失殆尽了。并不是说我的担心没有根据，或者我所担心的问题自己神奇般地消失了，而是我意识到自治本身就意味着要接受冗余作为代价。但同时，我也学会了将关注点放到那些真正影响用户体验的性能瓶颈上，而不是反复地对代码“挑刺”。

在对巨石项目进行微前端化的改造后，我们发现应用程序的性能都得到了提升，具体体现在更快的响应、浏览器加载的代码体积更小，整体加载时间减少。这些项目的改造过程有一个共同点，那就是在对其进行改造之前就将性能作为主要目标，而不是项目完成后才考虑如何优化性能。就我个人的经验而言，使用微前端架构的另一个好处是我们可以将精力放在更有意义的地方来优化用户体验。这一点将在后面详细介绍。

在本章中，你将学习如何解决微前端项目中的性能问题。首先，将定义什么是“快速”。对于你的项目来说，就是如何确定不同部分的“可执行性”。当不同的团队协作开发同一个前端时，如何衡量性能是一个棘手的问题。我将介绍一些在提升性能方面有不错表现的策略。在本章的结尾，你将学习如何将 JavaScript 开销保持在一个合理的最低限度，避免下载冗余框架代码，并且支持自动化部署。

11.1　高性能架构设计

在项目早期，Tractor Models 公司的首席架构师 Finn 安排了一次所有开发团队的见面会。在会议中，大家一起制定了一些性能基线，该电商应用程序的所有页面都要遵循这个标准。每个页面加载资源体积的总和不能超过 1MB；在网络条件良好的情况下，页面需要在 1 秒内渲染出来，即使在 3G 网络条件下也不能超过 3 秒。

11.1.1　性能指标因团队而异

前面制定的标准参考了竞争对手的网站。团队清楚对于电商网站来说，优秀的性能是至关重要的。用户普遍喜欢那些响应快速的网站，他们会花更多的时间浏览上面的内容，并更有可能下单。但是如何定义“响应快速”的实际含义呢？我们可以在图 11.1 中找到答案。不同类型的站点，对于性能的要求也有所不同：

- 当用户打开首页时，更希望能够立刻看到内容，而不是漫长的等待。
- 对于具体的产品详情页面而言，产品的图片是这个页面最重要的内容，应该优先加载并显示。
- 一旦用户进入支付流程后，最重要的就是交互体验。如果应用程序交互可靠、响应快速，那么用户在输入个人信息时会信任系统。

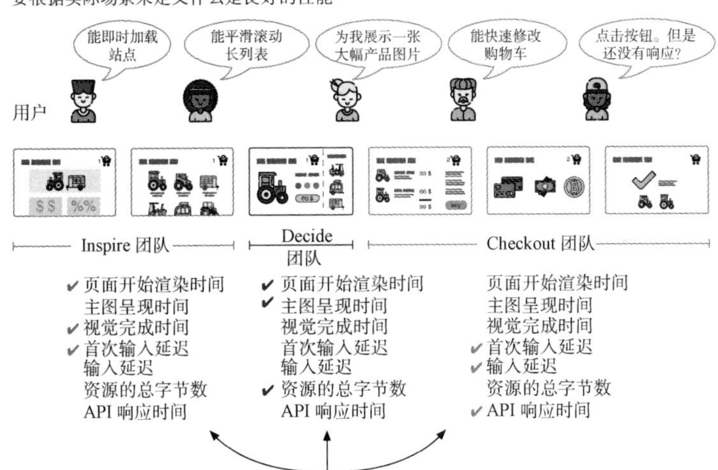

图 11.1　一个团队应该根据实际的场景进行性能优化。对主页的性能要求与对支付流程的性能要求是不同的

我们可以将一些基本的性能指标作为整体基线，你可以将其视为

最基本的性能要求。但是，如果你想进一步优化性能，那么要根据用户的使用场景为每一个团队单独设立需要关注的性能指标。每个团队需要了解其所负责领域的性能要求，并制定有针对性的性能指标。

11.1.2 多团队协作时的性能预算

选择一个指标，并为其设定一个具体的指标值，也称为性能预算[1]。在以追求性能为导向的团队中，性能预算是一种很适合的工具。其机制很简单：

- 你的团队需要为一个特定的指标定义一个具体的预算。比如，网站全部资源的体积总和不能超过 1MB。
- 为了确保站点始终符合性能预算要求，你应该持续关注性能指标。推荐使用 Lighthouse CI、sitespeed.io、Speedcurve、Calibre、Google Analytics 等工具。
- 如果新开发的功能出现了性能问题，那么首先要做的是停止开发，并由开发者排查具体原因。团队所有的参与者，包括产品经理在内，需要一起讨论如何解决这个问题。解决的手段包括：回滚该功能，进行性能优化改进，甚至移除页面中的其他功能。

性能预算是一个强有力的手段，能够促使团队定期检查性能指标。但是我们如何在一个多团队协作的、以微前端为架构的站点中使用性能预算呢？如果某一个团队所负责的微前端发生了性能问题，那么另一个团队是否要停下来等待问题解决呢？答案是：可能需要停下等待！

可以采用下面的方案解决这个问题：

- 将性能预算拆解到微前端的每一个部分。这是一种分析方法，例如一个由 5 个微前端组成的页面，我们假设页面自身内容的大小为 500KB，并额外为每个微前端分配 100KB 的性能预算。将所有这些相加，得到总计 1MB(500KB + 5

1 具体介绍可以参考 Tim Kadlec 发表在 http://mng.bz/VgAW 上的文章 *Setting a performance budge*。

×100KB)的性能预算。从理论上讲，对于以字节为单位的资源体积以及服务器响应时间这类指标，我们可以通过累加来计算性能预算的。但是对于加载时间、lighthouse 得分以及可交互时间(time to interactive)这类非线性指标，通过累加进行计算就不可行了。

- 页面负责人制。这是一种管理手段。我们可以将页面的性能预算作为一个整体来看待。页面负责人需要保证页面符合性能预算。按照我们团队的经验，Decide 团队需要对产品页面负责。团队的目标是尽可能为用户提供最佳的用户体验。如果引用的微前端使用了不合理的资源，那么 Decide 团队将联系该微前端的开发者，要求其做出解释，并一起讨论。你可以将一个可被引用的微前端视为一个要尽量好好表现的客人。

实践中，我们对第二种方案有大量的经验。它帮助我们避免陷入过于精细化的性能预算，防止我们纠结于预算到底是 100KB 还是 150KB 更合理。方案二中的责任划分很明确。当商品页的性能下降时，Decide 团队要负责。也许性能下降与该团队无关，但需要该团队找到导致性能问题的原因，并通知相应的团队来解决。

对于维护页面的团队来说，一开始可能会觉得这很麻烦。但在实践中，这种做法非常有效。没有任何一个团队希望他们所交付的微前端拖整体性能的后腿。在进入生产环境之前，每个团队都会独立衡量自己所开发功能的性能，以便提前发现性能问题。

11.1.3　排查性能下降的原因

Decide 团队可以在办公区域设置一个巨大的性能展板，通过实时更新的图表、巨大的绿色数字等方式，展示系统性能。某一天，当团队结束午餐回到办公室后，发现产品页面中主图的平均加载时长是平时的 3 倍。正常情况下，主图的渲染时间大约为 300ms，而现在该指标要接近 1 秒了。团队开始检查他们最后的一次提交，但是没有发现任何可能会引起该问题的改动。随后他们打开浏览器访问产品页面，发现页面一切正常。

团队发现可能是因为引入了另一个团队开发的微前端所导致的问题。这个团队采用了服务端整合的方案，而其中的一个服务在生成微前端的模板(详见第 4 章)时出现了问题，导致性能下降。随后，团队打开系统指标的监控系统，在这个系统中可以查看平台每个请求的响应时间。在监控系统中，用来生成模板的请求并没有任何异常。

接着，他们开始使用 Web 性能监控工具进行检查。这个工具能通过真实的浏览器定期访问商品页面，记录页面的打开过程，同时也会保存浏览器的网络访问快照。利用 Web 性能监控工具，团队可以将当下有性能问题的页面与午饭前正常的页面进行对比，通过前后对比的差异来定位问题。在午饭前，用户一共需要加载 4 张图片——一张产品主图以及推荐栏的三张图。而网络访问快照显示现在用户一共需要加载 13 张图片。有了上述信息以及基于这些信息的分析后，就可以推断是推荐栏导致了性能下降。

最终排查结果是 Inspire 团队实现了一个带有轮播功能的推荐栏。用户可以点击其中的小箭头来查看更多推荐给他的产品。但这个简单的轮播功能并没有使用任何的懒加载特性。尽管用户在页面上看到的仅有三张推荐图片，但轮播却已经将所有的图片都提前加载好了。Decide 团队的产品负责人来到 Inspire 团队的办公区，向他们详细说明了这个问题。随后，Inspire 团队回滚了轮播功能。接下来他们对推荐栏进行了改进，添加了懒加载特性，并于第二天重新推出了优化版本。

监控

调试分布式系统是一个非常有挑战的任务。问题根源并不总是显而易见。建设完善的监控体系能够令排查问题更加容易。如果你采用在服务端拼装模板，那么最关键的是要了解生成页面中的每部分要消耗多少时间。建议将所有团队的部署情况统一显示在一个中央视图中，这样可以很方便地排查是哪些改动引起性能变化。

对浏览器中运行的代码进行监控是非常困难的一件事。因为所有团队负责的模块都要共享带宽、内存以及 CPU 资源。因此，首先要获取以后能用来比较性能的屏幕录制文件、网络图以及各种指标，这至关重要。同样，为浏览器加载的所有资源添加统一的团队标识前缀(详见第 3 章)也有帮助。这样，所有有问题的文件都可以找到其归属。

隔离

一种主流的调试方法是将问题隔离。我们假设这样一种场景，你正在开发一个功能，此时注意到一个很奇怪的 bug，而你并不知道这个 bug 是如何引入的。为了查找 bug 的根源，一种比较好的方式是将你开发的代码注释掉，之后检查 bug 是否还存在。

你可以在微前端站点采用同样的策略。在浏览器调试工具中，Network 标签中为开发者提供了“Block URL”功能。通过“Block URL”，你可以阻止站点加载团队 B 和团队 C 的代码，之后检查站点的性能是否还有问题，错误是否还存在。

11.1.4　性能收益

我经常谈到引入微前端带来的性能挑战。但是，微前端同样也会为性能带来一些正向收益。

天然的代码分割

随着 HTTP/2 的流行，将应用程序的 JavaScript 和 CSS 代码分割成更小的文件正逐渐成为最佳实践。我们在第 10 章已经讨论过相关话题。将代码分割成更小的部分(可以按照团队或者微前端组成部分进行划分)，而非一个“巨石”文件，将会为应用程序带来如下好处：

提高缓存能力——浏览器仅需要重新下载更改的代码部分，而非所有代码。对于微前端团队来说，配合持续部署工具，可以在一天内多次部署应用程序。

减少长时间运行的任务——当浏览器处理一个 JavaScript 文件时，主线程不会对其他任务做出响应。如果将大文件拆分成多个更小的文件，让浏览器处理多个 JavaScript 文件之间获得更多的执行空隙，那么能更快地响应用户输入。

按需加载——通常，可以按照团队或者微前端的组成部分划分静态资源文件。这样，页面加载时或者切换路由时可以仅加载需要的代码，我们在前面的 single-spa 示例中已介绍过。

上述这些好处不仅仅是微前端独有的，一个设计优秀的“巨石”应用同样具有这些性能优势。但是在开发微前端项目时，你的思维和开发模式会自然地贴合这样的设计。

根据用户用例进行优化

与一般开发者相比，微前端团队中的开发者可以缩窄关注领域。这样，一个团队能更专注于实现某一领域的用户用例，服务特定的用户。团队的目标就是尽可能地优化这些用户用例。

举个例子，Inspire 团队负责在电商页面中的不同区域展示促销宣传的内容。这些促销宣传的图片和视频通常都很大，将会影响性能。由于 Inspire 团队负责促销宣传业务的所有流程，包括促销宣传材料的创建、上传和最终的展示，他们就能很方便地试验新的图片格式或者视频格式，如 WebP、AVI 或者 H.265，以提升促销宣传内容的加载速度。

Inspire 团队不需要考虑哪种格式对产品展示或者用户提交评价的视频会有什么影响，因为团队的职责就只在于促销宣传，这令团队更加灵活。对于图片和视频格式的改动，不必召开征求意见的大会，没有宏大的推广计划，没有详尽的商业企划，也没有任何妥协。团队内部具备开展试验的所有条件。

在试验结束后，Inspire 团队与其他团队分享他们获得的经验，避免其他团队犯同样的错误。

这种能令团队更加专注和自主控制的特点，是微前端架构最大的优势。它不仅能提升每个部分的性能，还可以改善质量，增加用户关注点。

快速变更

缩窄关注领域能令开发者更全面地了解软件的每个方面——这在“巨石”项目中是无法做到的。我相信你曾经有过这样的经历：

删除了一个不再被引用的依赖，两天后发现一个平时很少访问的市场页面无法访问了，根源就是你删除的这个依赖，而你甚至不知道这个市场页面的存在。

微前端的隔离性能够大大减少这种风险。令开发者能更容易地删除遗留代码或者重构应用程序。

11.2 精简并复用 vendor 库

微前端领域中，讨论最多的性能优化主题是如何处理不同团队共享的相同的库。如果相同的代码下载两次，那么前端开发者会条件反射地认为："这是低效的，我们需要避免这种行为！"。但是让我们先不要这么激进，想想这种反应是否恰当。下面我们对冗余代码进一步讨论。

11.2.1 团队自治的代价

Tractor Models 公司内部的三个开发团队不约而同地选择了相同的 JavaScript 框架。在开始开发之前，首席架构师 Finn 与三个团队讨论了三种不同的选择：

1. 严格约束——所有人都用相同的框架。
2. 无任何约束——每个团队可以自主选择他们熟悉的框架。
3. 部分约束——在一定的限制下(例如，选择的框架在运行时体积必须小于 10KB)可以自主选择框架。

上述三种选择有各自的优缺点。最终，他们决定所有团队使用相同的框架，主要原因有两个：首先，统一的框架意味着所有人熟悉相同的技术，在遇到问题时团队间可以互助。其次，招聘会更加容易：团队间的人员流动更快，人力资源部门只需要为所有团队准备一份招聘简章即可。

虽然做出了所有团队使用同一个技术栈的决定，但是首席架构师 Finn 强调这个规定并不是一成不变的。当新的团队加入时，如果理由充分的话，他们可以采用其他框架。并且如果未来出现了更新、更好的框架，所有团队也应该对现有框架进行升级或者迁移。团队必须保持自主权，所有技术整合以及架构层面的工作，必须是与技术无关的。

他们使用 JavaScript 框架来生成服务端标记。但是，对于交互特性，也需要在浏览器中运行框架。每个团队拥有自己的 git 仓库，以及独立的部署流程。每个团队各自的 JavaScript 打包工具生成该团队所负责开发的静态文件，并优化这些静态文件。这些静态文件是独立的，包括了所有内容。如果团队之间使用了相同的依赖，那么客户端将反复下载这些被重复引用的依赖。对此，我们可以将这些大型的框架从代码中抽离出来，作为一个单独的文件托管到一个中心化的服务中，以便单独下载，从而改进这一点。如图 11.2 中的示例所示。

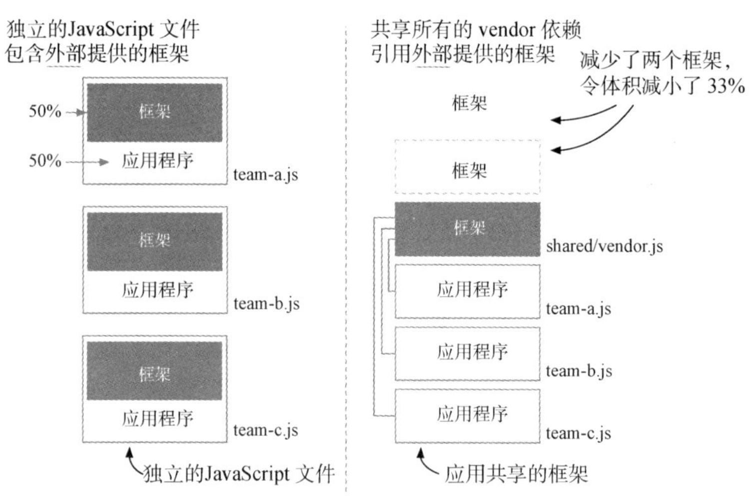

图 11.2　每个团队的 JavaScript 文件都应该是独立的，并且可以自主执行。将所有的依赖和 vendor 库全部打包是最容易的做法(如图左侧所示)。当所有团队使用同一个框架时，可以将框架代码单独托管到中心化的服务中(如图右侧所示)，这是一种非常值得尝试的优化手段，可以减少网络流量，并降低用户设备上的内存占用和 CPU 使用率

图中三个团队使用相同的框架。按照我们的实践经验，框架代码的体积可以达到 50%的占比。将框架从代码中移除，转移到中心化服务之后，JavaScript 文件的体积减少了 33%。对于用户来说，避免了两次下载框架的损耗。这听起来是一种非常好的优化手段，但在我们动手之前，先了解一些真实的数据以及项目的需求。

11.2.2　精简代码

显而易见，你所选择的框架和第三方库决定了性能上的开销总和。对于 Angular 这样的大型框架来说，需要托管到中心化服务的代码会非常多[1]。尽管目前来看这些大型框架非常流行，但你也会看到另一种趋势：采用更小的库和框架。

Preact、hyperapp、lit-html 或者 Stencill 这样的技术栈能够帮助你减少框架带来的性能开销。而类似 Svelte 这样的工具能令性能开销进一步降低。这些框架本身并不包含运行时代码，源代码被直接转移为原生的 DOM 操作。这样，JavaScript 静态文件的体积会随着功能的增多呈线性增长，而框架本身并没有引入固定成本。

不用担心“哪个框架才是最棒的”这种争论。选择“开箱即用”的 Angular 还是 it-html 这样的小型模板框架，对于开发者来说并无对错，“萝卜青菜各有所爱”。然而，如果考虑到每一个微前端的职责领域都比较小，那么大而全的且能够兼顾未来一切功能的框架，对于我们来说可能并不是一个很好的选择。根据你的实际需求，选择一种更精简的方案没准是一个更好的选择。毕竟静态文件中包含的 vendor 代码越少，在反复加载时，性能开销才会越小。

除此之外，你还应该考虑每个团队之间的职责边界。一般情况下，一个页面由多少模块组成？如果所有页面都不是通过模块组合而成，并且每个团队各自管理自己的页面集，那么加载页面时就不会产生额外的开销。这种做法唯一的缺点是页面之间不能互相缓存

---

1 如果你正在搭建 Angular 项目，那么可以访问 https://www.softwarearchitekt.at/blog/，其中介绍了 Manfred Steyer 如何利用微前端技术减少 Angular 代码的方案。

其他页面的 vendor 库。但随着同一页面加载的不同团队微前端的数量逐步增加，减少冗余代码的重要性将逐步体现。图 11.3 给出了一份粗略的数据，让你对能精简的代码量有一个大致的了解。

	2 teams	3 teams	4 teams	5 teams	6 teams
75 %	38 %	50 %	56 %	60 %	63 %
50 %	25 %	33 %	38 %	40 %	42 %
25 %	13 %	17 %	19 %	20 %	21 %
10 %	5 %	7 %	8 %	8 %	8 %

图 11.3 vendor 代码的体积以及开发同一个页面的团队数量决定了能够精简的代码量。采用小型的依赖更有助于降低开销。如果多团队协作，并且都使用大型框架，那么你可以通过在中心化服务托管 vendor 代码的方式来精简 JavaScript 代码

在代码体积方面，我们现在对开销有了一个大致的概念。但重要的依旧是要为你的用例及目标受众评估真正的性能影响。与将 JavaScript 代码体积减小 25KB 相比，智能化的按需加载以及优秀的 code splitting 方案，会更显著地提升性能。

11.2.3 全局范围内引用相同版本的 verdor 库

Tractor Models 公司的研发团队一致决定将框架代码集中托管，认为这是值得一试的优化手段。他们希望能够用最简单的方法开始

实施。假设所有团队使用的都是同一个版本的框架，这样我们就可以使用一种技术复杂度较低的解决方案了。

1. 通过一个全局的 script 标签引用框架。

2. 从每个团队的代码中提取出对应的框架，改为从全局引用该框架。

相关的 HTML 代码如代码清单 11.1 所示：

代码清单 11.1 team-decide/index.html

```
<body>
  ...
  <script src="/shared/react.16.11.0.min.js"></script>
  <script src="/shared/react-dom.16.11.0.min.js"></script>

  <script src="/decide/static/bundle.js" async></script>
  <script src="/inspire/static/bundle.js" async></script>
  <script src="/checkout/static/bundle.js" async></script>
</body>
```

与 React 相关的 script 标签将 React 挂载到 window 对象上。所有团队都可以通过 window.React 或者 window.ReactDOM 来调用 React。所有的打包工具都提供了一个配置项，可以将指定的库设置为“全局可用”。在 Webpack 中，这个配置项是 externals。这个配置可以将指定的库指向对应的变量，并从打包结果中删除这些库的代码。Webpack 的 externals 配置如代码清单 11.2 所示：

代码清单 11.2 team-decide/webpack.config.js

```
const webpack = require("webpack");

module.exports = {
  externals: {
    react: 'React',
    'react-dom': 'ReactDOM'
  }
  ...
};
```

瞧，就是这样，我们已经删除了冗余的框架代码。

但是我们为此额外创建了一个新的中心化目录(/shared/...)，这就需要有人来维护这个目录。Tractor Models 公司决定不委派专门的平台团队来维护，而是由功能团队中的一队来负责此事。Checkout 团队自愿承担了维护工作，主要工作包括确保文件被正确部署，以及与其他团队协调版本的升级。

11.2.4 vendor 代码版本管理

目前，中心化的方式运行良好，并显著地提升了性能。对于 Checkout 团队来说，保持React版本随时更新也不是难事。每次React推出新版本之后，Checkout 团队都会通知其他团队针对该版本进行测试，并在两天后将新版本的 React 部署到 shared 目录下，以确保页面能够正常引用。

但在 React 推出 17 版本后，由于这是一个大版本升级，因此事情变得复杂了。该版本可能存在破坏性更改，这就需要所有团队重构正在运行的部分代码。

Checkout 团队和 Decide 团队在收到通知后的一周内提交了修改后的代码，但是并不能立刻部署，因为 Inspire 团队还没有完成改动。Inspire 团队正在重构他们的推荐算法，以改进产品的个性化推荐功能。对于他们来说，立刻将 React 迁移到下一个版本是不现实的，必须要等到推荐算法改造结束后才能着手升级 React。因此，其他团队别无选择，只能将改动的代码保存在 git 分支上，等待所有团队全都完成 React 版本升级。

三周后，Inspire 团队终于完成了 React 版本的迁移工作，新框架已经做好了发布的准备。所有团队一起确定了系统部署和升级 React 版本的具体时间。如果托管于中心化服务的框架与应用程序的代码不能做到同步发布，那么站点可能会出现故障。

这个过程通常被称为同步部署(lock-step deployment)。如果部署涉及的范围较小，那么不定期地手动协调部署顺序是没问题的。但是如果某个团队发现了一个严重的问题，需要回滚到上一个版本，事情就比较复杂了。我们需要执行同步回滚，这个过程非常烦琐，且令人不安。此外，这种部署方式与微前端独立部署的模式相矛盾。

为了解决上述问题，我们不再将框架托管到中心化服务中，而是分开管理不同版本的框架。图 11.4 展示了两个团队从 Vue.js 2 升级到 Vue.js 3 的部署过程。

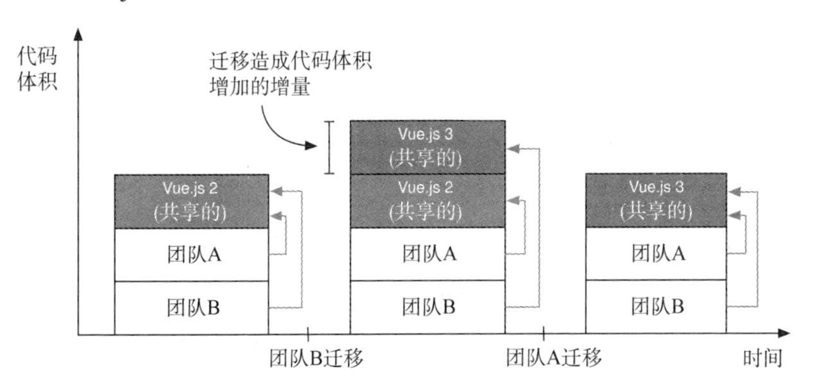

所有人都用V2版本　　中间阶段　　所有人都用V3版本

图 11.4　框架升级过程。最开始，团队 A 和团队 B 引用同一托管于中心化服务的 Vue.js v2 版本，因此框架代码仅被加载一次。接下来团队 B 迁移到 Vue.js v3 版本。这样造成用户不得不下载两个不同版本的 Vue.js 的代码(v2 和 v3)。最后，团队 A 也将 Vue.js 迁移到最新版本。此时，两个团队都引用了 Vue.js v3 版本，用户也只下载一个

(1) 在迁移到 Vue.js 3 之前，两个团队都引用了 Vue.js 2 版本。

(2) 将 Vue.js 3 作为共享库发布。

(3) 团队 B 首先开始实施 Vue.js 版本迁移，并重新部署他们的系统，完成后团队 B 引用了最新版本的 Vue.js。

(4) 团队 A 随后也开始了 Vue.js 版本迁移工作。最终两个团队都将 Vue.js 迁移到了 Vue.js 3 这个版本，而不再引用 Vue.js 2。

通过这种方式，两个团队可以分别更新自己页面的 Vue.js，单独控制代码中引用库的版本，甚至当某一个团队需要回滚时，不会

影响另外一个团队。唯一的弊端就是迁移过程中用户需要下载额外的代码。

有很多技术可以实现这一目标，下面探讨几种可能的解决方案。

Webpack DllPlugin

提示：可以从 19_shared_vendor_webpack_dll 目录中找到相关代码。

Webpack 打包工具在业界享有盛名，其中包括一个名为 DllPlugin[1] 的工具。奇怪的是，DllPlugin 的名称来自 Windows 用户熟悉的动态链接库这个概念。该插件分两步工作：

(1) DllPlugin 将所有可共享的依赖编译到一个版本化的 bundle 中，生成一份可托管的 JavaScript 以及一个 manifest 文件。可将 manifest 文件视为 vendor bundle 的目录。

(2) 将 manifest 文件分发给所有团队。每个团队各自的 Webpack 配置将会读取这个 manifest 文件，而忽略自身构建中的所有 vendor 库，并引用托管在中心化服务中的 vendor bundle 库版本。

接下来让我们看看示例项目的目录，如图 11.5 所示。

shared-vendor/目录包含版本 15 和版本 16 两个版本的 JavaScript 代码以及对应的 manifest 文件。

创建带版本的 bundle

下面介绍要创建带版本的 bundle 需要做哪些工作。代码清单 11.3 所示的是生成 vendor bundle 的 package.json 文件。

1 见 https://webpack.js.org/plugins/dll-plugin/。

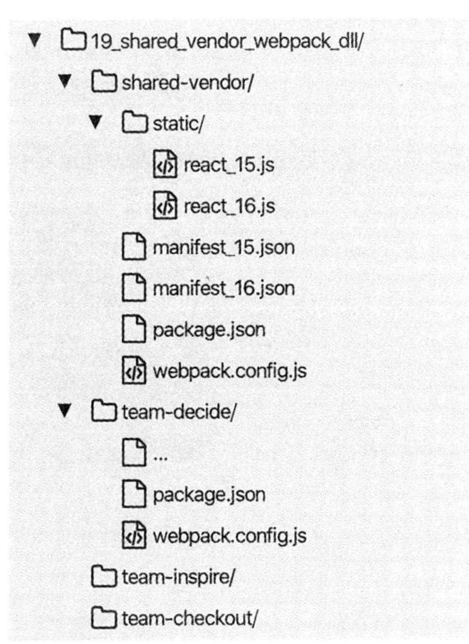

图 11.5　Webpack DllPlugin 示例项目的目录结构。我们新建了一个名为 shared-vendor 的目录，该目录与各个团队的代码目录并列。其中包括使用 DllPlugin 生成的共享 vendor bundle(static/目录)，还包括 vendor 每个版本对应的 manifest_[x]_.json 文件。每个团队使用 Webpack 打包自己的应用程序代码，你可以在 webpack.config.js 文件中了解相关配置

代码清单 11.3　shared-vendor/package.json

```
{
  "name": "shared-vendor",
  "version": "16.12.0",
  "dependencies": {
    "react": "^16.12.0",
    "react-dom": "^16.12.0"
  },
  ...
}
```

声明了依赖及其版本

代码清单11.4展示了生成JavaScript和manifest文件的Webpack代码。

代码清单 11.4　shared-vendor/webpack.config.js

```
const path = require("path");
const webpack = require("webpack");
module.exports = {
  ...
  entry: { react: ["react", "react-dom"] },
  output: {
    filename: "[name]_16.js",
    path: path.resolve(__dirname, "./static"),
    library: "[name]_[hash]"
  },
  plugins: [
    new webpack.DllPlugin({
      context: __dirname,
      name: "[name]_[hash]",
      path: path.resolve(__dirname, "manifest_16.json")
    })
  ]
};
```

所有需要添加到 vendor bundle 中的依赖。将会生成一个名为 react 的 bundle，其中包括了 react 和 react-dom 两个依赖

配置 JavaScript 代码的生成路径和名称

添加 DllPlug 插件，配置在个目录中生 manifest 文件

使用带版本的 bundle

所有团队在编译过程中都要访问 manifest 文件，一种做法是将 shared-vendor 项目封装成一个 NPM 模块，并将其发布。代码清单11.5展示了其中一个团队的package.json文件内容。

代码清单 11.5　team-decide/package.json

```
{
  "name": "team-decide",
  "dependencies": {
    ...
    "react": "^16.12.0",
    "react-dom": "^16.12.0",
```

声明了框架的依赖

```
    "shared-vendor": "file:../shared-vendor"
  },
  ...
}
```

引用 shared-vendor 包。我们使用了 file:协议引用本地的 shared-vendor。在真实的环境中，我们会将 shared-vendor 发布为正式的 npm 包，正式的 npm 包会有正式的包名，并且带有版本，如@the-tractor-store/shared-vendor@16.12.0

该团队的 Webpack 配置如代码清单 11.6 所示：

代码清单 11.6　team-decide/webpack.config.js

```
const webpack = require("webpack");
const path = require("path");

module.exports = {
  entry: "./src/page.jsx",
  output: {
    ...
    publicPath: "/static/",
    filename: "decide.js"
  },
  plugins: [
    new webpack.DllReferencePlugin({
      context: path.join(__dirname),
      manifest: require("shared-vendor/manifest_16.json"),
      sourceType: "var"
    })
  ]
  ...
};
```

Decide 团队应用程序的 entry 配置项

配置生成文件的存放位置

添加 DllReferencePlugin，并将 manifest 配置为指向 shared-vendor 包中的 manifest_[x].json 文件

以上是一个非常标准的 Webpack 配置。其中 DllReferencePlugin 是比较特殊的配置，它有一个神奇的作用，将会忽略 manifest.json 文件中声明的所有 vendor 库的代码，而引用托管在中心化服务中的 bundle。

你对 manifest 中的内容是不是很好奇？接下来让我们看看 manifest 文件中的内容，如代码清单 11.7 所示。

代码清单 11.7 shared-vendor/manifest_16.json

```
{
  "name": "react_a00e3596104ad95690e8",        ← 唯一的内部名称，以避免同一个页面中不同的 DLL 发生冲突
  "content": {
    "./node_modules/react/index.js": {         ┐ 列出了 bundle 包含
      "id": 0,                                 │ 的 node_modules 中
      "buildMeta": { "providedExports": true } │ 的依赖
    },                                         ┘
    "./node_modules/object-assign/index.js": { ┐ bundle 中还包含了
      "id": 1,                                 │ 依赖的依赖
      "buildMeta": { "providedExports": true } ┘
    },
    ...
  }
}
```

剩下的最后一步是调整 HTML 中的 script 标签，确保以正确的顺序引用 bundle，如代码清单 11.8 所示。

代码清单 11.8 team-decide/index.html

```
<html>
  ...                                                                      引用两个版本
  <body>                                                                   的 React 依赖
    <decide-product-page></decide-product-page>
    <script src="http://localhost:3000/static/react_15.js"></script>   ┐
    <script src="http://localhost:3000/static/react_16.js"></script>   ┘
    <script src="http://localhost:3001/static/decide.js" async></script>
    <script src="http://localhost:3002/static/inspire.js" async></script>
    <script src="http://localhost:3003/static/checkout.js" async></script>
  </body>
</html>
```

很关键的一点是 vendor bundle 需要在团队的代码之前执行。执行 npm run 19_shared_vendor_webpack_dll 命令在本地运行示例，并查看 http://localhost:3001/product/fendt 上输出的结果，如图 11.6 所示。

你可以看到运行不同 React 版本的微前端。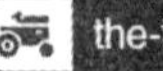 the-tractor.store/#19

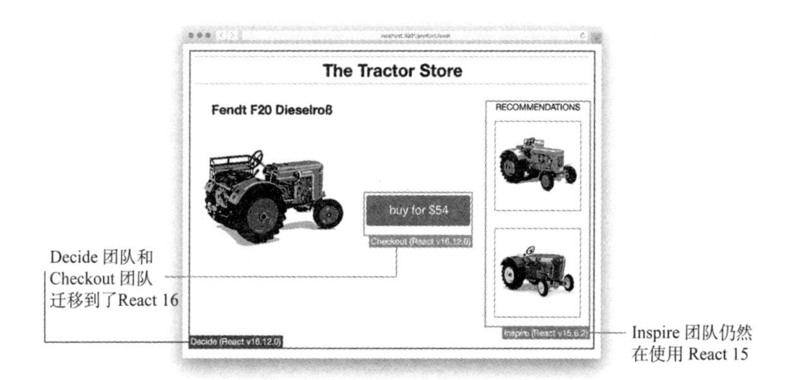

图 11.6 Decide 团队和 Checkout 团队的微前端都运行在 React 16 上，而 Inspire 团队仍使用 React 15。在同一个页面上，不同版本的 React 实现共存

与“全局只有一个版本”的方案相比，DllPlugin 具有以下优势：

- 这是一种安全的方案，在全局范围内为同一个依赖提供了不同的版本。
- vendor bundle 可以包含多个依赖。
- manifest.json 为 vendor bundle 提供了一种机器可读且可被分发的文档。
- 所有浏览器都兼容。

但也存在以下问题：

- 无法按需加载或者动态加载 vendor 资源。vendor bundle 必须要在依赖它的应用程序代码之前被加载。业务代码并不能在需要的时候自动拉取 vendor bundle。
- 所有的团队必须统一使用 Webpack。因为 vendor bundle 使用了 Webpack 内置的加载和引用模块的代码。

注意：在编写本书时，Webpack 正在努力改进跨项目共享代码的能力。Webpack 5 将会提供一种名为模块联邦[1]的技术，专门用于

1 可访问 inDepth.dev(http://mng.bz/Z285)，查看由 Zack Jsckson 撰写的文章“Webpack 5 Module Federation: A game-changer in JavaScript architecture”。

解决多个微前端共存所带来的问题。

下面让我们看看第三种方案。这种方案基于 JavaScript 最新的 ES 模块标准。

中心化 ES 模块(rollup.js)

如今，很多浏览器[1] (除了 IE 11)都支持使用 import/export 语法的 JavaScript 原生模块标准。这使得在没有额外打包工具的情况下，也有可能共享依赖。

提示：可以在 20_shared_vendor_rollup_absolute_imports 目录下查看相关的示例代码。

首先，让我们快速地了解一下 import 语法的机制。import 语法执行时需要一个字符串描述依赖，被称为模块标识。下面是几种不同类型的模块标识。

- 相对路径(以英文符号“.”作为开头)

  ```
  import Button from "./Button.js"
  ```

- 绝对路径(以英文符号“/”作为开头)

  ```
  import Button from "/my/project/Button.js"
  ```

- 包名(字符串)

  ```
  import React from "react"
  ```

- URL(以协议作为开头)

  ```
  import React from "https://my.cdn/react.js"
  ```

提示：如果想了解更多关于 ES 模块的信息，推荐阅读 Axel 博士的文章[2]，能帮助你快速入门。

在这个示例中，我们将选择最后一种模块标识，也就是 URL。

---

1 访问 https://caniuse.com/#feat=es6-module。

2 见 https://exploringjs.com/impatient-js/ch _modules.html，由 Dr. Axel Rauschmayer 撰写的文章“JavaScript for impatient programmers”。

这个示例与之前 Webpack 的那个示例一样：

- 在 shared-vendor 项目中创建不同版本的 bundle，其中都包含了 react 和 react-dom。但在这个示例中 bundle 被封装成了标准的 ES 模块。
- 规定所有团队的项目中，都要使用绝对的 URL 地址来引用 vendor bundle。

在生产环境中，浏览器中运行的代码如代码清单 11.9 和代码清单 11.10 所示。

代码清单 11.9　shared-vendor/static/react_16.js

```
export default [...react implementation...];
```

代码清单 11.10　team-decide/static/decide.js

```
import React from "http://localhost:3000/static/react_16.js";
```

托管在中心化服务中的 React Javascript 文件被封装为 ES 模块格式，而所有团队通过一个 URL 引用它。

完全不需要使用任何打包工具，其他人就可以直接使用它。对于我们的示例来说，我们使用 rollup.js[1]将 react 和 react-dom 打包成一个 bundle 文件，并完成构建以及代码优化以更好地运行于生产环境。rollup.js 能识别使用绝对 URL 地址(http://..)的依赖，并在运行时跳过这些依赖。而 Webpack 无法做到这一点。

我们不会逐字逐句地解释全部代码，只关注其中最关键的部分。图 11.7 展示了示例代码的目录结构。

创建带有版本的 bundle

rollup 的配置非常简单。我们定义入口文件，并配置 bundle 以 ES 模块(esm)的形式输出到 static/目录，如代码清单 11.11 所示。

1 见 https://rollupjs.org/。

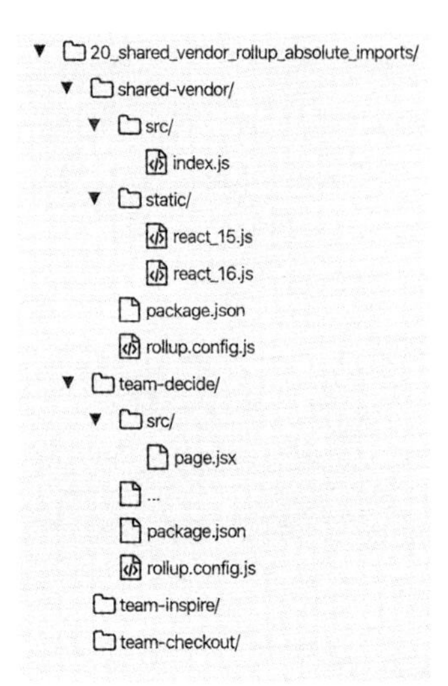

图 11.7 shared-vendor 项目使用 rollup.js 创建了多个版本的 bundle，并按照 ES 模块标准对它们进行封装。其他团队同样也使用 rollup.js

代码清单 11.11 shared-vendor/rollup.config.js

```
...
export default {
  input: "src/index.js",
  output: {
    file: "static/react_16.js",
    format: "esm"
  },
  plugins: [...]
};
```

input 字段用来配置 vendor bundle 的入口文件

output 字段定义了 bundle 输出的路径，以及 bundle 的模块标准

如代码清单 11.12 所示，src/index.js 文件中引用了 react 和 react-dom，并将它们导出为命名(名称均为 default)的输出。这样，rollup 就创建一个包含两个库的 bundle。

代码清单 11.12 shared-vendor/src/index.js

```
export { default } from "react";
```

```
export { default as ReactDOM } from "react-dom";
```

以上就是创建 vendor bundle 所需的所有代码了。与之前的示例一样，新生成的文件的访问地址是 http://localhost:3000/static/ react_16.js。接下来，让我们看看如何配置团队的 React 应用程序以使用这个 bundle。

使用带有版本的 bundle

如代码清单 11.13 所示，团队的 rollup 配置与我们之前看到的配置基本一样：配置输入、输出以及模块标准。还包括一些用于处理 JSX、Babel 和 CSS 的插件，这些配置并不复杂，详尽内容可查阅官网文档。

代码清单 11.13　shared-vendor/src/index.js

```
export default {
  input: "src/page.jsx",
  output: {
    file: "static/decide.js",
    format: "esm"
  },
  plugins: [...]
};
```

现在查看 src/page.jsx 的代码。为了使用全局的 vendor bundle，我们需要专门设置代码中的导入语法。在传统的 React 应用程序中，可以直接引用包名，如下所示：

```
import React from "react"
```

打包工具会在项目的 node_modules 目录下搜索 react 这个包。在我们的示例中，可以直接使用绝对 URL 地址：

```
import React from "http://localhost:3000/static/react_16.js";
```

rollup.js 会将其识别为一个外部资源。在 React 应用程序中，所有的组件都需要引用 react，对于绝对 URL 地址的引用方式，写法上会有一些烦琐。在示例中，我使用 rollup 提供的别名功能[1]，让 react 的别名指向一个托管在中心化服务的文件。如此一来，应用程序的代码可以保持不变，rollup 会在构建过程中用绝对 URL 地址替换所有的 react 实例。

采用绝对 URL 地址这种引用方式有以下两个好处：

1. 基于标准。静态资源的共享方式是架构层面的设计，所有团队都要采用同一个方案。在项目的后期对其进行改动将会导致巨大的工作量。如果前期的设计是符合标准的，那么后期对于工具或者库的改动会更加可管理。想更换打包工具？没问题，只要新的打包工具支持 ES 模块即可。

2. 按需动态加载 vendor bundle。如果要使用 DllPlugin，那么必须在应用程序代码加载之前提前同步加载所有的 vendor 文件。而如果采用 ES 模块，那么应用程序的代码可以按需加载 vendor bundle。如果其他微前端已经下载过相同的模块，那么可以复用同一个模块，而不必进行额外的下载。

利用动态加载很容易实现代码整合。代码清单 11.14 展示了 Decide 团队的 HTML 文件中的内容。

代码清单 11.14　team-decide/index.html

```
<html>
  ...
  <body>
    <decide-product-page></decide-product-page>
    <script src="http://localhost:3001/static/
      decide.js" type="module" async></script>
    <script src="http://localhost:3002/static/
      inspire.js" type="module" async ></script>
    <script src="http://localhost:3003/static/
      checkout.js" type="module" async ></script>
  </body>
</html>
```

HTML 中仅需要引用各个团队开发的 JavaScript 文件。只在需要时，才下载托管在中心化服务中的 bundle

1 见 http://mng.bz/RAYD。

运行 npm run 20_shared_vendor_rollup_absolute_imports 命令，将会在本地启动示例。它的第一个视图与之前的示例一模一样。两个团队都在使用 React 16，另外一个团队仍使用 React 15。我们打开开发者工具后会发现与之前的差异。在 Network 标签页中，首先加载的是三个团队各自开发的代码，这些代码体积不大，并且是并行下载的。随后会分别请求各自引用的 vendor bundle，而这些代码体积都很大，同样也是并行下载的。下载过程如图 11.8 所示，图中 Initiator 列展示了 bundle 是由哪个团队首次下载的。

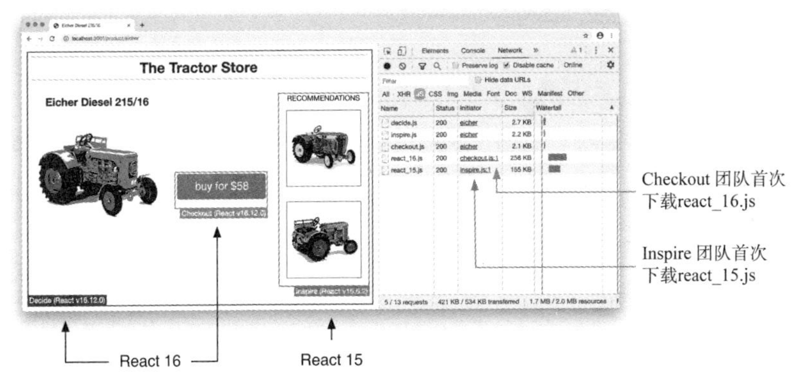

图 11.8　利用 ES 模块在同一个页面中加载同一个框架的不同版本。Network 标签页展示了 vendor bundle 是由哪个团队首先下载的。Decide 团队和 Checkout 团队都引用了 react_16.js。由 Checkout 团队首次下载 react_16.js 这个文件。Inspire 团队则引用了 react_15.js

import-map

在前面的示例中，我们曾经提到过 rollup 的别名功能，能够简化我们的开发。我们不需要在所有引用 react 的文件中，使用绝对 URL 地址。现在，让我们了解一下 import-map，这是一个提议的 Web 标准[1]，能够进一步帮助我们简化加载流程。它提供了一种声明

1 访问 https://github.com/WICG/import-maps。

式的方式，将包名指向一个绝对 URL 地址，如下面的代码所示：

```
<script type="importmap">      ← 引入一种新的 script 标签类型 importmap
  {
    "imports": {
      "vue": "https://my.cdn/vue@2.6.10/vue.js",      ← 将名为 vue 的依赖映射到 2.6.10 版本
      "vue@next": "https://my.cdn/vue@3.0.0-beta/vue.js"      ← 将名为 vue@next 的依赖映射到 3.0.0-beta 版本
    }
  }
</script>
```

import-map 中的定义是作用于全局的。所有的团队在引用 vue 时，并不需要知道所引用 vue 的 URL。下面的代码示例展示了 import-map 的全局效果：

```
<!-- Team A -->
<script type="module">
  import Vue from "vue";
  console.log(Vue.version);
  // -> 2.6.10
</script>

<!-- Team B -->
<script type="module">
  import Vue from "vue@next";
  console.log(Vue.version);
  // -> 3.0.0-beta
</script>
```

更多关于 import-map 的信息

import-map 是一个非常有用的解决方案，但目前还没有成为官方的标准。截至目前，只有在 Chrome 浏览器中开启了 feature 之后，前面的代码才会生效。

如果你立刻想要体验 import-map，推荐你使用 SystemJS[1]。SystemJS 的维护者 Joel Denning，同时也是 single-spa 的开发者，已经发布了一系列视频[2]，展示了如何在微前端项目中使用 import-map 和 SystemJS。

Podium 开发者 Trygve Li 发表了一篇如何在微前端环境中使用 import-map 的介绍性文章[3]，同时还开发了一个 rollup 插件[4]用于处理 import-map，其工作原理与上面提到的别名方式类似，只需要将 import-map 输入插件即可。

11.2.5　不要共享业务代码

将大量的 vendor 代码单独提取出来是一种强大的技术，你已经学习了几种方法来实现它，但你应该小心你所提取的东西。

在团队之间共享代码片段非常吸引人，例如团队间可以共享货币格式化方法、调试函数或者 API 客户端。但是因为这些代码与团队负责的业务相关，并且随着时间可能会有所更改。因此你应该避免共享类似的业务代码。

虽然在代码仓库中，不同的团队可能提交了相同的代码，这看起来是一种浪费的行为。但是你不能低估共享代码所带来的耦合。总是需要有人来维护这些共享的代码。修改这些代码必须经过谨慎的判断，并且要妥善地对修改行为进行记录。不要抗拒从其他团队复制粘贴代码，这能够为你节省很多处理麻烦的时间。

如果你觉得有一些代码确实适合与其他团队共享，那么可以将其发布为一个 NPM 包，让其他团队在构建时可以引用这个包。应尽量避免运行时依赖，因为这会提高应用程序的复杂度，增加测试的难度。

在第 13 章中，我们将讨论微前端项目中那些可以被共享的代

---

1 见 http://mng.bz/2X89。
2 见 http://mng.bz/1zWy，查看视频“What are Microfrontends?”
3 见 http://mng.bz/PApg。
4 见 http://mng.bz/JyXP。

码：设计系统。

11.3 本章小结

- 性能预算是一个非常棒的工具，能促进定期的性能讨论，并且提供了一个所有团队都认可的性能基线。
- 在整个项目的层面上设置一些性能指标是非常有必要的。由于每个团队所负责的用户用例不同，如果他们希望进一步优化性能，可能会选择不同的指标。例如，对于主页的性能要求与支付流程的性能要求就完全不同。
- 当在同一个站点中加载不同团队的微前端时，性能计算会非常棘手。首先需要将责任划分清楚，页面的负责人要对整个页面的性能负责。如果其他团队的微前端拖慢了该页面的速度，那么该页面负责人要找到这个团队并督促他们解决此问题。
- 针对每个微前端进行单独的测试，这种方式对于我们来说也非常有帮助，能够检测性能问题和异常。
- 每个微前端团队所负责的业务范围相对集中，这使得他们更容易进行性能优化，尤其是对用户有明显影响的功能。
- JavaScript 框架的体积以及一个页面中所引用的微前端数量，对性能也有影响。因为每个团队的规模都不大，所以轻量级的框架是更为可行的方案，这能够降低对托管于中心化服务中的 vender 代码的依赖。
- 为了改善性能，你可以将每个团队所引用的大型依赖提取出来，并集中托管在一个中心化的服务上。
- 共享代码会带来额外的复杂度，并且需要专门对其进行维护。
- 你应考量冗余的 JavaScript 代码对用户用例以及目标受众的真实影响。
- 如果强制所有团队引用相同版本的框架，那么在对框架进行主要版本升级时会非常复杂。每个团队在部署新版本时必须要步调一致，否则会对页面造成破坏。

- 允许团队按自己的步调升级依赖是一个非常重要的特性，能节省很多讨论时间。我们可以使用 Webpack 的 DllPlugin 或者原生的 ES 模块，为同一个依赖创建多个版本的静态文件，同时提供给所有团队以方便他们引用。
- 托管于中心化服务中的 vendor 代码，只能包含通用功能的代码，如果其中包含了业务代码，那么将会引入耦合，减少每个团队的自治性，并可能在今后引发问题。

第12章

UI设计系统

本章内容：

- 展示一个优秀的设计系统是如何为用户提供一致的体验
- 搭建一个设计系统，了解它对团队自主权的影响
- 构建一个与技术栈无关的样式库所面临的技术挑战
- 学会判断一个组件应被纳入公用组件库中，还是仅保存在各团队的私有样式库中

在微前端架构中，每个团队都创建他们负责的那部分前端功能。一个团队不需要与其他团队协作，就可以独立地规划、开发以及部署新的功能。但如何为用户提供一致的样式和体验呢？要知道，不同功能的前端模块应使用相同的色彩、排版和布局，否则网站会看起来非常奇怪。实际上不止这些，按钮样式、间距规则、不同屏幕尺寸下如何换行等一系列细节都应包括。

在传统的架构中，上述这些细节通常不被重视，你常常会听到“我们以后再美化它”的托词。然而在微前端这样的分布式架构里，很关键的一点是一开始便要制订合适的规划，管理你的设计。在本书中，你已经学习了避免共享代码的技术，以及维持团队互不干涉

的方法，但当涉及设计时，这并不容易。如果你不想失去用户，那么需要一个系统来共享统一的设计构件。有了设计系统，不同的团队就能创建风格相似的用户界面。然而，由于每个团队都要兼容设计系统，必然不同团队之间会产生耦合。

按照我的经验，对于微前端项目来说，首先也是最重要的一步，便是建立一个公用的设计系统。至于如何整合设计系统与团队代码，这方面尚无定论。但这直接影响团队开发前端功能的方式。由于所有用户功能都依赖设计系统，因此若在后期对设计系统的架构进行调整，将会付出巨大的代价。

在本章中，首先简要介绍什么是设计系统，如何有效地组织开发，然后研究各种技术整合方案，以及它们的利弊。

12.1 为什么需要一个设计系统

搭建一个多个团队公用的设计系统，并不是微前端项目特有的需求。最近几年，在软件开发领域中，设计系统(design system)这个术语越来越流行。为应对应用程序数量的不断增长，网络应用程序必须适配不同的设备，设计系统为我们提供了一种系统地解决设计问题的方案。

一个设计系统包括 design token(字体、色值、图标等)、可复用界面组件(按钮、表单元素等)、高级样式(文字提示、弹出层等)以及最为重要的使用规则，一系列清晰明确的使用规则能为每个团队提供共同使用这些独立组件的指导。图 12.1 展示了一些设计系统示例[1]。

我们还会遇到另外两个术语：样式库(pattern library)和(在线)风格指南(style guide)，两者有着相同的含义，都是一种利用基于组件的设计系统来抽象网络复杂度的方式。然而，它们的侧重点则完全不同。

1 见 https://designsystemsrepo.com/design-systems/。

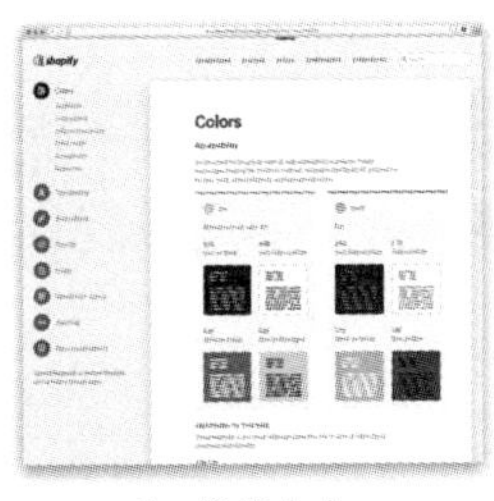

shopify Polaris

Marvel Styleguide

Microsoft Fabric

图 12.1　很多公司在网络上发布了他们的设计系统。你可以在项目中直接使用它们，或者从中汲取灵感创建自己的设计系统

样式库这个术语是用来描述开发者能够直接使用的一系列特定构件。样式库中包含了具体的组件，如按钮、表单输入框等。它更注重于组件，而非文档方面的工作。你可以认为一个样式库是一个设计系统的子集。

风格指南在设计领域是一个传统的术语。在互联网出现之前，风格指南被总结在一叠设计精美的文稿中，囊括了所有与公司企业形象相关的设计规则。(在线)风格指南之前的“在线”两字，将设计指南的概念从线下转移到了线上，所有线上的组件都是使用真实的代码。在本章中，当讨论宏观层面的概念时，我们会使用设计系统这一术语，而当涉及团队应用程序之间的技术整合工作时，我们会使用样式库这一术语。

在本书中，我们将不会讨论如何创建一个设计系统。你可以在许多优秀的博客文章[1]、书籍[2]甚至检查清单[3]中找到更具体的内容。相反，我们将专注于设计系统本身，它对于微前端架构能否正常运行起着至关重要的作用。

1 见 Smashing Magazine 网站 http://mng.bz/wB7W，Vitaly Friedman 发表的文章“Taking The Pattern Library To The Next Level”。

2 见 http://mng.bz/qM7E，查看其中由 Alla Kholmatova 发表的文章“Design Systems”。

3 见 https://designsystemchecklist.com。

12.1.1　目标与作用

在一个微前端项目中，产品团队开发的所有功能都是直接面向终端用户的。而这些功能在使用户生活更美好的同时，也为公司创造着价值。但集中式设计系统并非如此。

实际上，不会有用户因为看上微软的 Fluent UI 设计系统而注册微软 Office 365。当然不可否认的是，Fluent UI 设计系统令 Office 的用户体验更友好。微软所有的团队都使用同一套 UI 范式和组件，所以熟悉 Word 的用户更容易掌握 PowerPoint 和 Excel。

设计系统对用户的影响，是由产品团队间接表现出来的。设计系统的目标绝不能是成为市场上最优美的、文档最完备的或者功能最丰富的设计系统。对于负责设计系统的团队来说，他们的目标应是尽可能地支持产品团队。可以说，设计系统是一个为其他产品服务的产品。

12.1.2　益处

一个完善的设计系统能够为产品的开发工作提供以下帮助：

- 一致性——对用户来说，不同团队开发的用户界面看起来“很熟悉”。
- 通用术语——设计系统会迫使你创建一个所有人都能理解的词汇表。恰当的命名确实不容易做到，但是确保组件和样式的命名规则一致，能够改善团队间的沟通，避免很多误解。
- 开发速度——在开发一个新的功能时，清晰的设计指导以及必要的 UI 组件能令开发更容易。
- 规模化——团队数量越多，设计系统所体现的价值会越大。新的团队加入后，设计系统为他们提供了一个坚实的基础，他们可以以此为基础进行开发。不需要讨论“我们是否应该使用自定义的选择器”这种无意义的问题。而要寄希望于设计系统的作者在前期已经解决了这个问题。

搭建一个优秀的设计系统将花费不少时间，但这能为我们带来中长期收益。如果你的项目有一定的规模，那么在设计系统上的投入很快就能得到回报。设计系统能够帮助你避免大量的设计返工，还可以减少很多混乱的设计。

12.2　公用设计系统与自治团队

现在，你已经了解了设计系统的基本概念，以及它的好处。接下来介绍微前端架构中与设计系统相关的关键问题。一个常被提到的问题是，是否有必要搭建自己的设计系统。

12.2.1　是否有必要搭建自己的设计系统

搭建一个设计系统是一件费时费力且非常困难的任务。如果你正在开发的是一个内部产品，不需要特别关注品牌方面的事，那么最好找一个现成的设计系统。比如 Twitter 的 Bootstrap[1]，Google 的 Material Design[2]，Semantic UI[3]或者 Blueprint[4]，这些都是不错的选择。开发者可以直接在应用程序中使用上述设计系统提供的组件。

但你在选择时不能仅考虑这些组件的外观。这些样式库分别有自己的技术架构，如果要将其引入你的项目中，需要考虑一定的约束。有一些仅仅引入了一些 CSS 类，如 Bootstrap、Semantic UI。而有一些则需要使用特定的前端框架，如 Blueprint。或者还有一些提供了一些框架供你选择，如 Material Design。本章稍后，将会深入讨论可行的集成方案及其利弊。

假如你的产品要对外传递一种独一无二的，与公司品牌相呼应的风格，那么从头开始搭建自己的设计系统是明智的选择。这个设计系统中可以包含一系列你所处商业领域特有的组件。比如电子商务领域，你可以设计一个价格组件，能够定义如何显示折扣、售价

1 见 https://getbootstrap.com。
2 见 https://material.io/develop/web/。
3 见 https://semantic-ui.com。
4 见 https://blueprintjs.com。

或者基础价格。对于聊天类应用程序来说，你会想要设计用户头像或者聊天气泡这类组件。

12.2.2 不断完善设计系统

其实，拥有属于自己的设计系统有非常多的好处。对于我们这种喜欢聚焦于技术层面的程序员来说，设计系统为所有团队创建一系列的可用组件，看起来是一件非常划算的事。但比起分布式的组织结构，设计系统还引入了一个重要方面——团队沟通，这是非常重要的一点。我的一个前同事是这样形容设计系统的：

> …像篝火，让来自不同团队、不同领域的人们经常围绕着它讨论来讨论去。
>
> Dennis Reimann

上面这句话强调了一个事实，即设计系统永远不是成品。最好将其视为一种过程。一个设计系统应该是一种动态且不断进化的基础设施。可用的组件和正式的设计规则，应是用户体验(UX)、设计专家、开发者以及产品负责人一起讨论的结果。一旦涉及设计方面的问题，那么组件和设计规范应该是解决争议的唯一标准。图 12.2 展示了设计系统的地位。

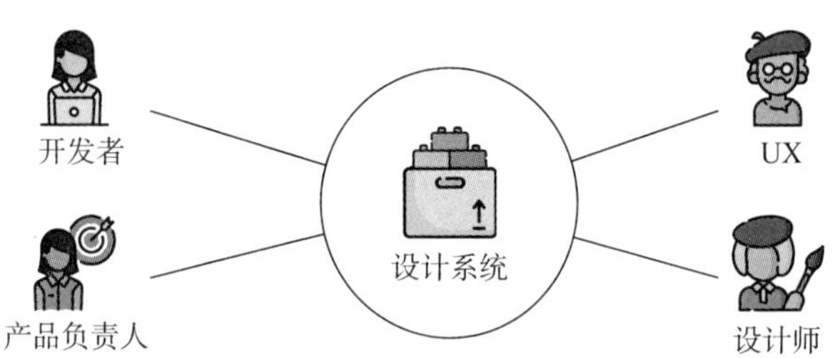

图 12.2 一个优秀的设计系统囊括了所有的关键设计决定。应通过不断地完善设计系统以满足用户的需求

12.2.3 持续投入以及责任到人

为管理层设置合理的预期非常重要。大部分设计系统工作集中

在前几个月进行，但后面的工作并不会就此停止。新的需求源源不断，团队会开发新的、更复杂的功能。你需要时间来相应地调整和迭代设计系统。因此，至关重要的一点就是持续投入到以下工作中：

- 不断丰富组件
- 审视现有的设计
- 重构
- 完善文档
- 提升一致性

我见过一些项目，这些项目都是基于精心制作的设计系统而开发的，在初期运行的非常好。但是当没有人负责或者愿意维护和迭代设计系统后，设计系统开始逐渐无法满足要求，团队只能依赖已有的设计开展工作。通过覆盖组件样式以满足他们的需求。一些组件因此被修改了多次，慢慢变得越来越复杂。而对应的文档也过时了。

从这时起，情况会迅速恶化。这被称为僵尸样式指南[1]。不要让你的设计系统也变成这样。重构以及替换设计系统要付出巨大的代价。微前端架构在团队边界(垂直的)层面已经对开发速度做了优化。而如果跨团队(横向的)层面引入大量的改变，导致很多磨合工作，反而会在相当长的时间内影响开发效率。

首先要确保给予适当的条件。至关重要的一点是，要为设计系统制订专门的预算，并由专人负责。

12.2.4　获得团队的认可

首先，我们需要获得管理层的认可，但更为重要的是要与产品开发团队保持一种健康的关系。他们是设计系统的用户。他们是你的上帝。你需要花费时间向他们解释设计系统及其理念。

---

1 见 https://twitter.com/jina/status/638850299172667392，可浏览@jina 的推文："zombie style guides — style guides that aren't maintained and part of your process. they die and rot. they eat your brains"。

前期准备

首先，你要了解产品开发团队的开发路线图，与他们一起讨论原型草图，以确认他们需要哪些组件。通过文档、示例以及变更记录等方式，公开设计系统的开发过程，帮助他们了解当前进度。

在一个全新项目的早期阶段，设计系统通常是项目的瓶颈所在。有很多技术准备工作要做，需要开发用于排版和交互的基本组件。从我们的经验来看，可以提前给设计系统团队几周的时间。这样，产品开发团队着手开发时就可以使用设计系统中的组件。没有人需要等待，或者采用临时性的解决方案，因为这些都将在以后引起麻烦。

让步

尽管所有团队都知道设计系统的好处，但他们总是不使用设计系统。想象一下，Decide 团队希望开发一个新功能，为产品添加评价。为了开发这个功能，他们需要一个新的评价星级图标以及一个新的更袖珍的标题样式。由于团队的主力开发在上周的一次运动中意外摔伤了胳膊，导致团队的开发压力非常大。为了能够按期完成，Decide 团队采用了最省事的方法，直接在应用程序代码中实现图标添加。同时 Decide 团队还引用了标准的标题样式，只是对其进行了覆盖，缩小了其中的字号。是的，这导致其他团队在他们的应用程序中无法使用这些新的组件。“但此时此刻，这并不重要”。这种方式能够为 Decide 团队节省很多时间。在本地修改组件的成本比修改公用样式库中组件的成本要小得多。

微前端最大的好处是能消除团队之间的依赖，令团队不需要等待其他人，从而可以提高团队的效率。但一个公用的设计系统却并非如此行事。对于产品开发团队的首要目标来说，反复讨论重用性和一致性是没有任何帮助的。要确保每个人都能理解这种冲突，并认识到设计系统的重要性。要尽可能地发现技术债务，不要让它积累起来。

沟通

在设计系统与产品开发团队之间搭建通畅的沟通渠道是取得成功的重要一环。有很多种沟通方式。并不一定要用传统的面对面会议。不要循规蹈矩，要采用更便捷的解决方案，使沟通过程更加简单，更容易被接受。

我们已经实践了被称为开放时间(opening hours)的概念。即设计团队指定一个专门的时间，产品开发团队可以在这段时间与设计团队一起讨论最新功能的原型草图。这种讨论并不需要安排专门的会议。讨论的目标是能够在早期阶段确定设计系统的变更点。

尽管如此，我们发现最有效的方法还是让所有人都参与到设计系统的开发过程中。下面介绍如何实现这一点。

12.2.5　开发流程：集中模式与联合模式

开发设计系统有很多种方式。截至目前，我们隐约提到过一种组织形式：集中模式(central model)。这种模式是指我们设立一个专门的团队，负责规划和开发设计系统，提供给产品开发团队使用。还有另一种模式：联合模式(federated model)[1]，这种模式正在逐渐流行起来，并且很适合我们的自治团队架构。图12.3 对比了这两种模式。

集中模式

集中模式能让我们清晰地划分人力，指定一个由开发者、设计师、UX 专家组成的团队，规划并开发设计系统。他们通过与产品开发团队讨论，明确需要完成什么样的系统。这个团队对于整个系统有一个非常全面的了解，能够迅速发现不一致的地方，并且工作效率极高。

产品开发团队仅仅是设计系统的用户。他们向设计系统的开发

---

1 访问 http://mng.bz/7XBg，查看由 Nathan Curtis 编写的 *Team Models for Scaling a Design System*。

团队提出需求，之后等待需要的组件被开发出来。若采用集中模式，中心化的设计团队有可能成为瓶颈。当产品开发团队的诉求超出了设计团队的承受能力时，情况就变得很糟糕。所有团队不得不延期或者亲自上阵开发设计系统。

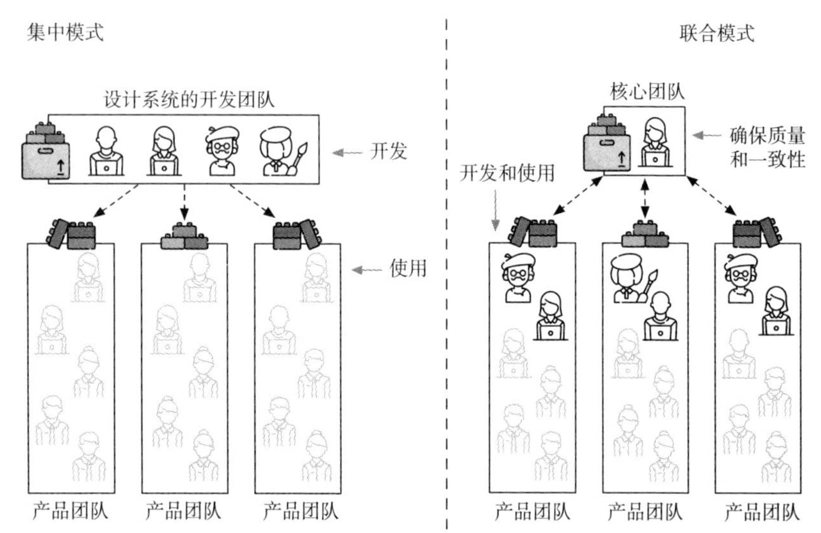

图 12.3　设计系统开发团队的两种组织模式。集中模式下，由专门的团队负责开发设计系统，其他团队使用该系统。而联合模式则模糊了设计系统和产品开发团队之间的界限。产品开发团队的成员也可以参与设计系统的开发

联合模式

联合模式则扬长避短。设计师和 UX 专家被分配到每个产品开发团队中。不再设立一个集中的设计团队。是的，我们仍然需要有人来主导设计系统，保证其质量及一致性。不过，每个产品开发团队现在都可以参与到设计系统的开发中。当其中一个产品开发团队需要新的组件，他们可以自主设计、开发并将新的组件发布到设计系统中，这样所有团队都可以使用这个组件。

联合模式给了每个团队更大的自由和自治权。但由于设计系统

是一个所有团队共享的项目，团队间恰当的沟通机制至关重要。我们需要一些技巧和经验来实践这种模式。将 UX 专家和设计师分散到各个产品团队是这种模式最大的优势。他们可以为开发团队带来不同以往的视角，直接帮助开发团队改善产品。Nathan Curtis[1]一针见血地指出：

> 我们要将最好的设计师投入最重要的产品中，帮助我们弄清楚系统是什么样的，并确保每个人都能了解到这一点。一定要让他们接触到产品开发团队的日常工作。
>
> Nathan Curtis

12.2.6　开发阶段

你可能会有一个疑问，对于你的项目来说，最好的组织模式是哪种呢？这个问题很难有统一答案。但是我可以分享一些经验。

首先，上面这两种组织模式并不是互斥的，它们可以很好地结合。你不必非要做出二选一这样的极端选择。采用集中模式开发设计系统，并不意味着产品开发团队不能为设计系统添砖加瓦。图 12.4 展示了一种集中模式和联合模式共同协作的混合模式。

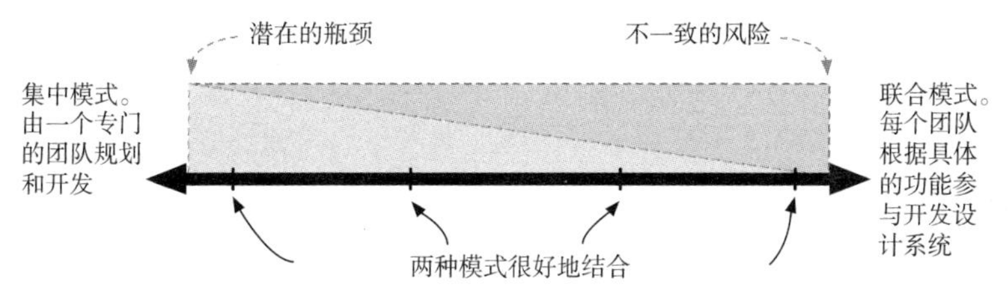

图 12.4　集中模式和联合模式并不是非此即彼的选择。这两种组织模式可以很好地结合。上图中底部的坐标轴表示了不同组织模式的占比程度。你可以以集中模式为主，联合模式为辅(如图左侧所示)。也可以以联合模式为主，集中模式为辅(如图右侧所示)

1 可访问 https://medium.com/@nathana curtis，其中刊登了一系列与设计系统有关的博客文章。这些文章简直是一座宝藏，你应该把它们都读完。

观察项目可以发现，设计系统共经历了两个阶段：快速搭建阶段(阶段 1)以及稳定迭代阶段(阶段 2)。图 12.5 展示了这两个阶段的重点。

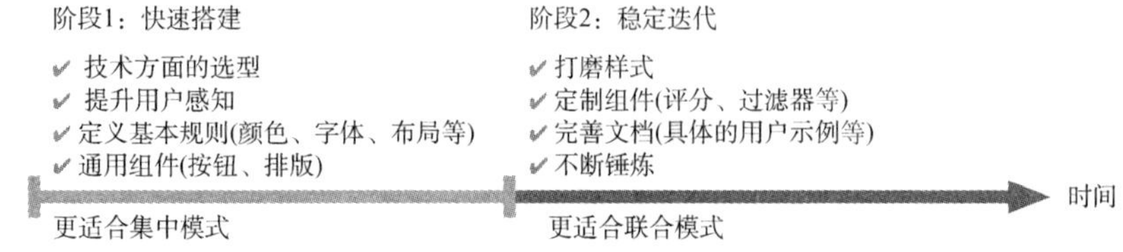

图 12.5 哪种模式更适合，可能要取决于你的项目所处的开发阶段

假如你是开发一个全新的设计系统，我们有一个关于集中模式的经验，能够让你快速开展工作。在快速搭建阶段，通常需要完成很多工作，例如配置各种 pipeline 和工具，制订规划，开发第一版的标准化组件。在这个阶段，应该设立一个专门的团队完成上述工作。

如果快速搭建阶段的所有工作已完成，产品团队开始投入开发，那么此时，我们可以逐渐向稳定迭代阶段过渡。这样，可以保证是由真实的用户功能来驱动开发。我们鼓励产品开发团队的前端开发者学习设计系统，参与设计系统的建设。设计系统的开发者和设计师逐渐分流到产品开发团队。在这个过渡过程中，所有参与者需要将他们的精力分散到两个不同的团队中。对于一个设计师来说，可能会花费 50%的时间在设计系统上，另外 50%的时间花在产品开发中。这种按照百分比分配时间的方式，令我们更容易制订规划。随着时间的推移，这个百分比也会慢慢地发生变化。

12.3 运行时整合与构建时整合

你已经了解了很多组织层面的内容。接下来，让我们看看技术层面上如何将样式库与团队的应用程序整合起来。首先介绍改变应用程序样式的几种策略。

想象一种场景，你改变了公用样式库中按钮组件的颜色。接下来用户如何才能看到这个改动呢？

有两种方式可以让用户看到你的改动：运行时整合以及分发版本包。图 12.6 展示了这两种方式。

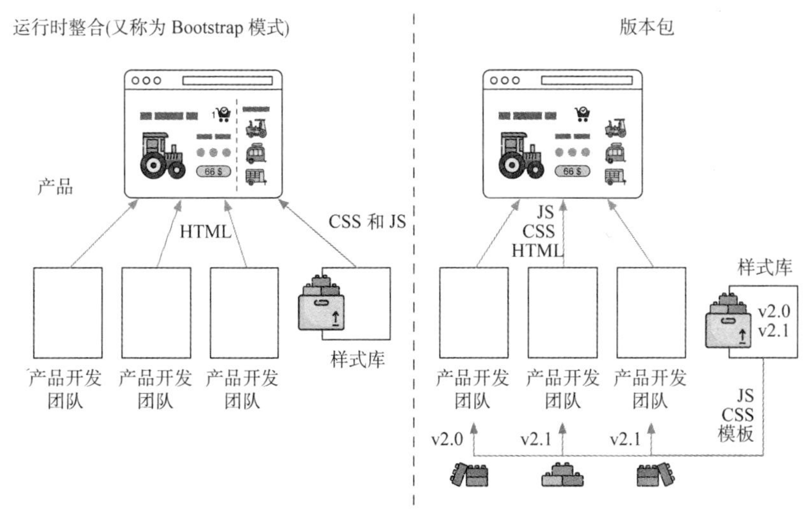

图 12.6　在 Bootstrap 模式中(如图左侧所示)，样式库的所有资源(JS、CSS 和所有图片)均被直接部署到产品中。所有的修改都是即时的，且可以跨团队分发。如果采用版本包的方式(如图右侧所示)，样式库会将组件以包的形式(如 NPM)分发给各个团队，每个团队在他们各自的产品中分别引用这些包。是否更新到最新版本则取决于各个团队

12.3.1　运行时整合

运行时整合最著名的一个案例是 Twitter 的 Bootstrap。运行时整合的概念其实很简单，每个团队引用一个全局 CSS 文件，这个 CSS 文件是由设计系统的开发团队维护的。通过为标签添加 CSS 类可以将样式应用到每个团队的页面中。这与页面中引用微前端的原理是一样的。这些 CSS 类是全局可用的。代码清单 12.1 展示了如何引用和使用这些全局样式。

代码清单 12.1　/team-decide/product/porsche.html

```
<link rel="stylesheet" href="/shared/pattern-library.css">   ← 引用样式库的样式

<button class="btn btn-call-to-action">Buy a tractor</button>   ← 通过 CSS 类名使用样式
```

这种运行时的模式不仅适用于样式。如果你采用了客户端渲染，那么这种模式也可以用来整合封装了样式和标签的组件。代码清单 12.2 是一个 Web Component 的使用示例。

代码清单 12.2　/team-decide/product/porsche.html

```
<script src="/shared/pattern-library.js"></script>   ← 引用包含 Web Component 的样式库脚本

<tractor-store-price reduction="10%" value="$66">   ← 在 HTML 中使用价格组件。价格组件中的 ShadowDOM 将为标签渲染合适的样式
```

使用运行时整合来设置样式库相当简单，开发方便又易于使用。还有一个好处是，设计系统的开发团队可以立即部署他们的修改。

然而，这种方式也会带来相当严重的耦合，对团队自治性有一定的破坏：

- 沙盒测试——微前端应该是自包含的。而如果一个团队采用了运行时整合这种方式，他们的用户界面是无法在沙盒中工作的。只有通过引用样式库的样式和脚本，用户界面才能显示。由于设计系统的开发团队可以随时修改他们的代码，因此无论是外观还是功能，产品开发团队都无法保证自己的用户界面绝对正确。一旦样式库被修改，他们就必

须运行自动化测试来验证产品是否正常。

- 单点故障——一旦采用了运行时整合，对系统来说，样式库将变成关键一环。由于所有的团队都依赖样式库，因此任何一点疏漏都可能造成整个项目崩溃。
- 无法使用 tree shaking 或者特性弃用——因为设计系统的开发团队无法获知页面会使用哪种组件，因此通常的做法是将所有组件的样式打包到一个大的 CSS 文件中。由于没有一种安全的方法来确认哪些旧组件不再使用，因此这个 CSS 文件往往会越来越大。但在使用 JavaScript 组件时，却可以通过按需加载避免加载不需要的代码。
- 破坏性修改——没有成体系的方法来避免破坏性修改。如果有团队希望能够对按钮组件进行颠覆性的重构，他们只能创建一个新的按钮组件(如.btn_v2)，并在其他团队更新按钮组件后将老的按钮组件删除。
- 版本控制和命名空间——在运行时整合这种模式中，很难做到恰当的版本控制，也没有相对简单的方案来防止不同的微前端之间互相污染样式。

缺少版本管理是一个非常致命的问题。这意味着所有团队都必须使用最新版本的样式库。而你不能以一种合理的方式重构或者升级样式库。这就需要所有团队必须紧密合作并同时部署。此种程度的耦合会令设计系统的开发团队畏首畏尾，不敢进行必要的改进。接下来，让我们看看如何更加灵活地分发样式库。

12.3.2 版本包

在版本化模型中，样式库并不是一个运行时系统。但我们可以将样式库的所有组件封装成一个包，将这个包分发出去。这种方式与 LEGO™ 类似，你可以将包想象成一个装满了积木的大盒子。产品开发团队挑选一个盒子，打开并从中取出所需要的积木，与他们自己开发的积木组合在一起，变成用户需要的功能。代码清单 12.3

是一个示例。

代码清单 12.3 /team-decide/static/product.jsx

```
import { Price, Button } from "@the-tractor-store/pattern-library";  ← 从封装了样式库的包中引用需要的组件

  function ProductPage() {
    return <div>
    <Price reduction="10%" value="$66" />
    <Button type="call-to-action">Buy a tractor</Button>   ← 使用组件构建产品页面
    ...
  </div>;
}
```

独立升级

设计系统的开发团队可以随时更新样式库。他们会定期更新“乐高盒”。每次更新可以是添加一种新的组件，或是对现有组件的外观进行修改。产品开发团队并不需要立刻更新这些改动。他们可以自己控制升级节奏。因为老的组件可能看起来没有新的组件美观，但是老组件仍然可以正常运行。

剔除未使用的代码

利用这种方式，每个团队都可以生成自己的 CSS 文件。类似于 Webpack 这样的打包工具能够做到只打包样式库中被使用的组件。因此如果样式库中仍然包括了老的组件，但是没有任何一个团队引用，浏览器将不会下载这些组件的代码。这种机制大大减少了 CSS 文件的体积。

自包含

你可以通过打包工具自动为 CSS 的类添加前缀，这可以很好地隔离 CSS。即使微前端各自引用不同版本的样式库，一个页面中也可以包含所有这些微前端。

接下来介绍一个例子。假设 Decide 团队负责的产品页中包含了一个价格组件和一个按钮组件，这个页面还包括来自 Inspire 团队的微前端，该微前端显示另一个按钮组件，具体细节如下：

1. Decide 团队在他们自己的应用程序中使用的是 v4 版本的样式库。

2. 设计系统的开发团队发布了最新的 v5 版本的样式库，其中按钮组件的样式升级为更加圆润的风格。

3. Inspire 团队立刻更新了最新版本的样式库，并部署到他们的应用程序中。

4. Decide 团队还在处理其他工作。他们计划明天再更新。

代码清单 12.4、12.5 和 12.6 为我们展示了相关代码。

代码清单 12.4　/team-decide/dist/product.css

```
/* based on pattern library v4 */
.decide_price {...}
.decide_button { border-radius: 2px; }
.decide_[...] {}
```

v4 版本样式库中老的按钮样式

代码清单 12.5　/team-decide/dist/reco.css

```
/* based on pattern library v5 */
.inspire_button { border-radius: 10px; }
.inspire_[...] {}
```

v5 版本样式库中新的更圆润的按钮样式

代码清单 12.6　https://the-tractor.store/product/porsche

Decide 团队使用的按钮，引用了自己应用程序中的 CSS 类

```
<div>
  <span class="decide_price">only $66 (10% off)</span>
  <button class="decide_button">Buy a tractor</button>
  <aside>
    <button class="inspire_button">Show recommendations</button>
  </aside>
</div>
```

Inspire 团队使用的按钮，同样引用了自己应用程序中的 CSS 类

在同一个页面中，两个按钮的外观有所不同。Inspire 团队的按

钮是最新的更加圆润的风格，而 Decide 团队的按钮仍然是老的样式。对于独立部署来说，能同时采用不同的样式库是最关键的。通过应用版本包，微前端可以做到完全自包含，并且不依赖任何其他团队的样式。产品开发团队可以自由决定如何升级他们的样式库，并在部署前测试升级对应用程序产生的影响。

缺陷

与运行时集成相比，这种方式有很多优势，但同时也存在以下缺陷：

- 冗余——当多个团队同时采用一个组件时，用户不得不下载多份相同的代码。前面的示例中也反映了这一点，同时存在着两个版本的按钮样式。这种冗余通常不是什么大问题，因为打包工具只打包那些被使用的组件，而不会有团队同时使用所有组件，因此与 Bootstrap 模式相比，这种方式所引用的 CSS 文件体积会小很多。
- 新样式推广缓慢——当样式库修改后，需要较长时间才能在生产环境中看到效果。设计系统开发团队无法强推任何升级，他们可以提供新版本，并通知所有团队。而只有所有团队更新并部署了新的样式库，这些变化才能被用户看到。我们可能需要鼓励产品开发团队更快地部署，这样才能快速修复设计系统中一些致命的 bug。
- 一致性——如果页面中同一个组件采用了不同的版本，大多数界面设计师会对此感到不满。不过，团队可以采用定期更新的机制来解决这个并不算棘手的问题。专业提示：在上一个项目中，我们开发了一个看板，在其中展示了所有团队正在使用的样式库的版本。仅仅在看板中展示这些信息，就能够促进团队快速升级。另外一个需要注意的问题：如图 12.7 所示，它展示了 Amazon 网站中不同版本的按钮。这些版本各异的按钮在 Amazon 网站的不同页面中同时使用。但 Amazon 这种做法不能作为忽视一致性的借口，而我们也可以看到，暂时的不一致并不会造成很大的问题。

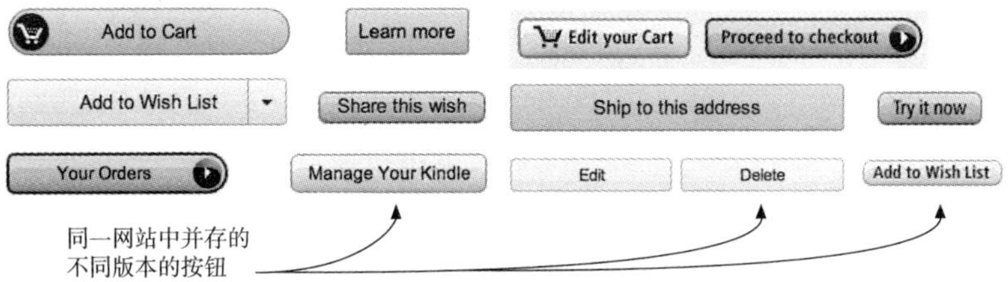

图 12.7　Amazon 网站的截图，其中不同的页面采用了不同版本的按钮

12.4　样式库中的组件：通用与定制

现在，我们仔细从技术层面了解一下样式库。样式库必须要与团队的技术栈相互兼容。在开发可复用组件方面，并没有一个统一的标准。存在很多技术选择，每种选择都有其优缺点。有一些不支持服务端渲染，有一些依赖特定的 JavaScript 框架，还有一些仅支持样式而不支持模板。

12.4.1　组件类型的选择

用户界面组件包括如下三个部分。

- 样式：CSS 代码。
- 模板技术：基于输入生成组件内部的 HTML 标签。根据组件类型的不同，你可以在服务端和/或客户端渲染模板。
- 行为(可选)：用户与组件之间的互动，例如文字提示或者模态框这类的交互。这些行为需要基于客户端的 JavaScript 才能运行。

接下来，让我们了解一下都有哪些选择。首先查看图 12.8 所示的内容，对其有一个大概的认知。该图展示了一个样式库可以生成的不同格式。

接下来，逐行分析图 12.8 中的内容。

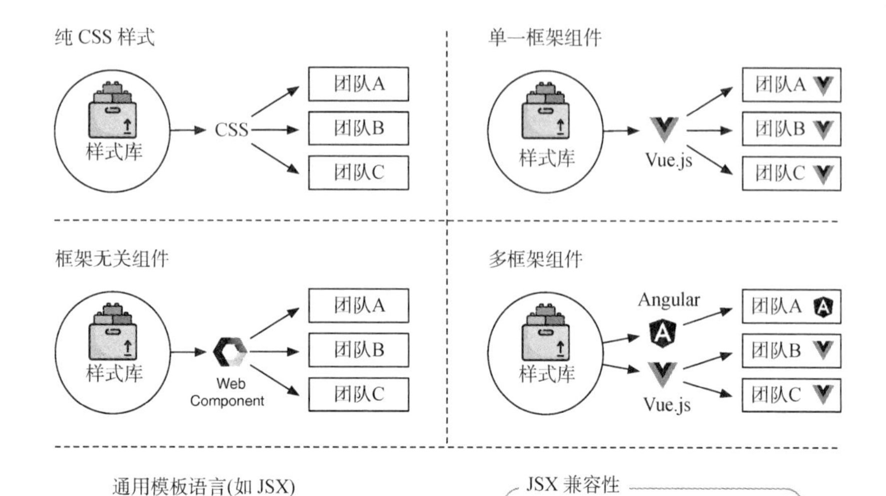

图 12.8 一个样式库可以生成多种类型的组件，有一些可能会对产品开发团队的技术实现有所影响。如果一个样式库仅产出 Vue.js 组件，那么所有的团队都需要使用 Vue.js 才能兼容

纯 CSS 样式

样式库通过 CSS 类提供其组件样式。Twitter 的 Bootstrap 就是这种样式库的典型例子。团队需要根据样式库的文档来组织组件的标签层级。

- 优点
  - — 易于使用
  - — 同时适用于服务端渲染和客户端渲染
  - — 兼容所有能生成 HTML 的技术栈
- 缺点
  - — 只有样式
  - — 团队需要了解内部的标签层级

— 很难调整组件的标签层级

单一框架组件

样式库仅兼容一种框架。典型的例子就是 Vuetify[1]，它是一个开源的、专门为 Vue.js 设计的组件库。这种模式中，需要所有团队都使用相同的 JavaScript 框架。主流框架的组件非常稳定，即使大版本升级也不会发生变化。因此，产品开发团队只需要采用相同的框架，但不强制使用相同的版本。

- **优点**
  - — 易于使用
  - — 同时适用于服务端渲染和客户端渲染
  - — 组件可以完美地集成到产品开发团队的代码中
  - — 组件可以使用框架提供的所有功能
- **缺点**
  - — 所有团队必须采用相同的框架

框架无关组件

Web Component 可以很好地被整合到现代框架[2]中。在一些非常古老的 HTML 页面中也可以直接使用 Web Component。不妨以 Duet Design System[3](开发者使用 Stencil[4]构建)为参考。与“纯 CSS 样式”的方法不同，Web Component 中封装了模板和行为。

- **优点**
  - — 支持所有浏览器
  - — 面向未来(Web 标准)
  - — 兼容原生 HTML 和多种框架

1 见 https://vuetifyjs.com/。
2 见 https://custom-elements-everywhere.com/。
3 见 https://www.duetds.com/。
4 Stencil 是一个工具链，用于构建可复用、可扩展的设计系统。详见 https://stenciljs.com/。

- 缺点
  - 仅支持客户端渲染[1]
  - 依赖 JavaScript(因此很难做到渐进式增强)

多框架组件

这种模式与单一框架组件非常类似。不同的是，样式库不只产出单一框架的组件，还产出不同框架的组件。这需要做一些额外的工作，虽然设计理念、组件列表和样式都是一样的，但是你需要使用不同的框架分别实现样式库。

Google 的 Material Design 是这种模式的一个例子，并被广泛应用。Material Design 中定义了样式、HTML 和脚本。而 Material UI(React)或 Angular Material 这类项目则按照这个“通用”设计系统的规范，将其作为单一框架的组件实现。

- 优点
  - 同时适用于服务端渲染和客户端渲染
  - 组件可以完美地集成到产品开发团队的代码中
  - 组件可以使用框架提供的所有功能
- 缺点
  - 需要大量的开发工作

通用模板语言(如 JSX)

这种模式与具体的框架无关。你可以在组件中封装 HTML 模板和样式(例如，使用 CSS Modules)。现在，很多 JavaScript 的库和框架都支持 JSX 模板。因此，我们有可能做到只编写一次 HTML 模板，之后将其应用到 Hyperapp、Inferno、Preact 或者 React 应用程序中。

不同的框架具有不同的生命周期函数以及事件处理方法。这意

---

1 是的，的确有一些办法能在服务端渲染 Web Component。但现行的 Web Component 规范中没有标准化的模板(https://github.com/whatwg/html/issues/2254)。这也是为什么现在所有类似的解决方案都需要大量的 hack 和破解。

味着你无法为组件添加行为。组件只能是无状态的。但是，如果设计系统的目标仅仅是提供基础的 UI 组件，那么这不成问题。

The Financial Times 的 X-DASH[1]是这种模式的一个例子。我们在较新的项目中使用了 JSX 模板，并对这种折中方案感到非常满意。

- **优点**
  - 同时适用于服务端渲染和客户端渲染
  - 支持所有兼容模板语言的框架
- **缺点**
  - 无法添加行为
  - 实现方案的多样性以及模板语言的差异性

注意： 在这种模式中，你可以使用任何一种模板语言。但是需要注意的是，同一种模板语言的不同实现并不是百分之百相互兼容的。例如，我们在跨语言(如 Scala、Python 和 JavaScript)使用 handlebar 模板时遇到了非常严重的问题。你应该确信模式有效，并且其局限性已得到充分理解。在你将其推广到全公司之前，一定要经过充分的测试。

12.4.2 改变

如前所述，技术选型中并不会有绝对的胜者。无论是对你的项目还是整个公司来说，正确的决定取决于你的需求。

尽管如此，一旦你做出决定，就应该在团队和样式库之间的契约上进行沟通。你的整合机制是否依赖特定框架的组件？有没有约定 DOM 结构细节的相关文档？抑或产品开发团队是否需要支持特定的模板语言？

这个决定将会长期影响产品开发团队的自治性。如果在项目后期调整样式库的产品形态，成本会非常高，且费时费力。

1 见 https://financial-times.github.io/x-dash/。

拥抱改变

你要对未来技术和趋势保持一种开放的态度。即使初期你决定仅支持 Vue.js 组件，也应该同时考虑兼容“多框架组件”这种模式。如果你的设计理念没有发生大的变化，并且采用了复用的方式开发 CSS，那么今后添加新的组件类型(如 Web Component、Angular、Snowcone.js[1])都将非常容易。

保持简单

给你的另一个提示是，保持中心化组件尽可能的简单，尝试对其进行抽象。

让我们以一个导航树组件为例。这是一个垂直布局的链接树，节点展开后能看到其中的嵌套链接。样式库为我们提供了一个非常强大的树组件，包括类似 expand/collapse 的方法、节点文本搜索的功能以及懒加载子树的钩子函数。其挑战性在于，需要将方方面面都考虑到，并且满足所有团队的需求。

你也可以采用另外一种方式，样式库仅提供导航树中的构件及其中的状态：展开/收起的节点、激活状态以及搜索框。虽然产品开发团队承担的工作更多，他们需要自己实现一些逻辑(展开/收起节点、搜索等)，但同时也会获得更多的灵活性。产品开发团队可以自行选择一个开源的树组件，然后将其与组件库中带有样式的构件进行适配。聚焦于样式可以令样式库更加灵活，同时减少团队之间的沟通成本。

究竟是提供大而全的组件还是由每个团队自行实现，这个“度”并不好把握。在下一节中我们将会深入讨论这个问题。

12.5 哪些组件应该沉淀到中心化的样式库中

在公用的样式库中，所有的用户界面元素都是公开可见的，并

1 你可能想不到，Snowcone.js 也许会是几年后的热门技术。

且有文档可依。一致的文档令用户很容易对样式库有个大概的了解。不过所有团队共用一套组件也会带来一些成本。

12.5.1　公用组件的成本

其实，各团队各自在应用程序内部维护一个组件，比维护公用样式库中的公用组件要容易得多。因为公用组件存在以下问题：

- 依赖外部项目。你不得不发布一个新的版本，才能看到组件更新后的变化。
- 可能会被其他团队使用。你需要考虑更新组件后对其他团队的影响。
- 必须符合更高的质量标准。你要确保非团队成员也能够理解组件的功能，及其背后的原理。
- 可能需要代码审查。基于你们设计系统的开发流程，你可能要执行一套双重控制原则以保证代码的高质量。

与修改你自己的代码相比，上述这些问题令公用样式库更加难以维护。将所有的组件都交由样式库维护会拖慢开发进度。这也是为什么你要有意识地决定，哪些组件应交给样式库，哪些组件由团队在本地自行开发的原因。

12.5.2　公用样式库或者本地开发

在许多例子中，我们容易决定一个组件是放到公用样式库中，还是由团队在本地维护：

- 售价组件的颜色显然应该是全局一致的。同样，图标集或者输入框的样式也应该是全局一致的。
- 高级组件，例如支付组件或者产品页的具体布局，应该由每个团队自己控制。

但还有一些组件处于中间地带，致使我们很难做出决定。比如，一个带有筛选功能的导航，或者产品卡片是否应当被归为公用组件呢？接下来让我们看看哪些要素能帮助你做决定。

组件复杂度

原子设计理论[1]现在非常流行，它利用原子、分子和有机体的化学隐喻对组件的复杂度进行分类，强调了大型组件是由小型组件组合而成的这一事实。图 12.9 展示了从低复杂度(视觉样式参数)到高复杂度(功能和页面)的原子设计分类。

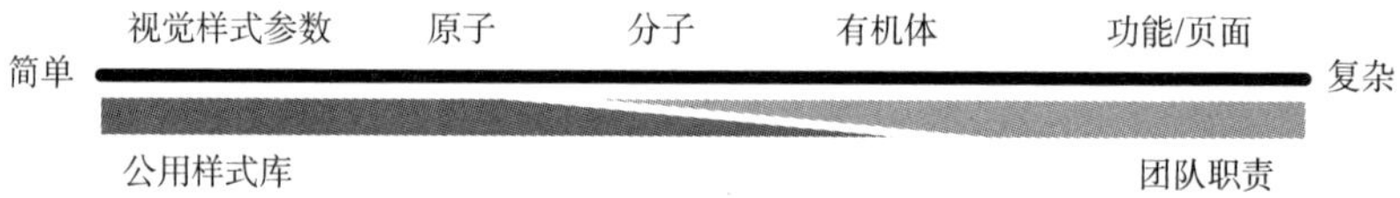

图 12.9 原子设计理论按照复杂度来组织设计系统。公用样式库只包括基础构件(视觉样式参数、原子、分子)。更复杂的组件(有机体、功能、页面)则应该由每个团队自行开发和维护。分子和有机体所处的中间地带相对比较模糊

上图很好地反映了我们的公用、私用问题。一个不错的实践原则是：简单的组件公用，而复杂的组件则由团队自己控制。

然而上图中的中间地带仍然比较模糊。开发者喜欢争论一个具体的组件到底是分子还是有机体，但这些争论都仅限于理论，不会有什么结果。对比组件的复杂度仅仅是帮助我们做出决定的重要因素之一。

可重用性

组件的可重用性是一个可靠的指标。如果多个团队都用到某一个组件，那么即使这个组件很复杂，也应该将其放到样式库中。例如折叠菜单或者跑马灯组件，都应该放到样式库中。

不过，你也应当格外小心，大型组件的开发重点可能会随着时间而改变。如下面的例子：

Inspire 团队在推荐功能中使用了产品卡片这一组件。Decide 团

---

1 可访问 https://bradfrost.com/blog/post/extending-atomic-design/，查看由 Brad Frost 撰写的文章“Extending Atomic Design”。

队开发了一个愿望清单的功能。这两个团队在他们各自的愿望清单页面使用了相同的产品卡片组件。在最初，使用公用的组件没有问题，但是随着时间的推移，两个团队对产品卡片组件有了不同的要求。Inspire 团队希望组件的尺寸更小一些，以便在推荐版块中放入更多的产品卡片。而 Decide 团队则想在产品卡片中增加更多的功能和产品细节。为了解决这个冲突，可以将组件从公用的样式库中移除，每个团队各自开发自己的产品卡片。另外一种做法是尽可能地抽象产品卡片组件，并提供专门的插槽，各自团队可以根据需要通过插槽开发。

没有人能够预见未来，所以这种冲突是很正常的。关键在于要定期重新审视你之前所做的决定，并拥抱改变。

特定领域的组件

特定领域的组件应该由专门的团队维护。如何确定组件由谁来维护？你可以问自己一个问题:“有没有其他团队会修改这个组件？为什么他们要修改？”如果有团队出于业务目的频繁地更新一个组件，这其实是一个明显的信号，应该由这个团队来维护这个组件。

筛选器是一个很好的例子。乍一看，筛选器很简单。但如果产品开发团队的目标是“令检索产品更容易”，那么这个团队将会频繁修改筛选器组件，进行各种各样的测试，收集用户的反馈，随后改进组件。如果将这个组件放入公用的样式库中，会导致拖慢开发速度，阻碍开发进度。

团队互信

上面三个要素(组件复杂度、可重用性和特定领域的组件)能够帮你判断组件的归属。不要害怕将控制权下放到产品开发团队，要让每个团队能够开发和维护自己的组件。

这不仅仅关乎控制权。另外一个问题是，如果一个组件没有被放入公共的样式库中，那么设计师将对其一无所知。接下来，让我们看看如何通过私有样式库解决这个问题。

12.5.3 公用样式库和私有样式库

并没有硬性规定要你必须只使用一个样式库，有一种分层设计系统(tiered design systems)[1]的概念完美地契合了我们的微前端架构。在分层设计系统的概念中，一个公用的设计系统用来定义基础样式，之后我们即可以此为基础开发另外一些设计系统，在其中添加特定的组件。在我们的实践中，每个团队维护他们自己私有的样式库。图 12.10 展示了这种关系。

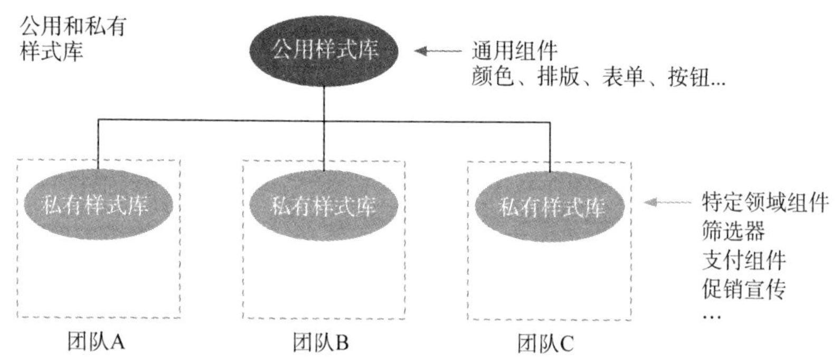

图 12.10 一种两层样式库的方案。每个微前端团队维护自己私有的样式库，在其中开发特定领域的组件

团队可以仅使用私有样式库中的组件。团队之间可以互相浏览其他团队维护的组件。这种公开性能帮助我们发现跨团队之间的不一致性，同时这也是讨论“公共样式库或者私有样式库”问题的一个基础。

我们可以使用同样的工具开发公共样式库和私有样式库，生成设计文档站点。主流的工具包括 Storybook[2]、Pattern Lab[3]和

1 见 Nathan Curtis, “Design System Tiers,” *Medium*, https://medium.com/eightshapes-llc/design-system-tiers-2c827b67eae1。

2 见 https://storybook.js.org。

3 见 https://patternlab.io。

UIengine[1]。如果使用相同的工具搭建公用样式库和私有样式库，我们就可以很方便地在两者之间迁移组件，简单到只需要移动组件所在的文件夹即可。

截至现在，你学习了很多关于如何在微前端项目中实现一个设计系统的内容。在第 13 章中，我们将上升到更高的层面，看看这样的架构在组织层面能为公司带来什么影响。

12.6　本章小结

- 每个微前端团队各自开发自己的用户界面。所有团队使用一个公用的设计系统有助于在所有微前端提供一致的用户体验。
- 一个公用的设计系统会为团队之间引入耦合。所有的团队都需要基于该系统开展工作，并保持与其兼容。
- 产品开发团队依赖设计系统开发可视化界面。在项目后期修改设计系统的技术架构会非常麻烦，而且成本很高。
- 设计系统本身并不直接创造产品价值，但是能够保证产品开发团队交付的产品的一致性。
- 开发设计系统是一个持续的过程。我们要确保始终有人维护设计系统，系统中的组件不会因没人维护而过时。不要让它变成僵尸系统。
- 当团队提出了超出设计系统能力范围的要求时，设计系统将成为开发瓶颈。产品开发团队可能要等待，并延长工期。
- 你可以采用联合的开发方式开发设计系统。所有团队的开发者和设计师都能参与到设计系统的建设中。专门建立一个小型的核心团队保证系统质量，随时关注一致性。这种模式是弹性的，与微前端的理念非常契合。

1 见 https://uiengine.uix.space(我们在多数项目中选择了这个工具)。

- 集中开发模式和联合开发模式并不是互相排斥的。你可以在两者之间随意转换。
- 有两种方式可以将样式库整合到你的项目中：一种是运行时整合，另外一种是构建时整合。
- 如果采用运行时整合的方式，设计系统的开发团队会直接将组件部署到生产环境中，所有产品开发团队必须使用最新版本的样式库。这样一来，由于产品开发团队无法保证系统能随时随地正确运行，会破坏每个团队的自主性。
- 通过版本包的形式分发样式库，令产品开发团队能够自主更新样式库。这样每个团队的微前端都是自包含的，在运行时不依赖任何外部因素。
- 样式库可以以不同的形式(纯 CSS、单一框架组件等)发布组件。不同的形式会在技术层面影响产品开发团队。有一些形式的组件不支持服务端渲染，而另外一些组件则要求所有团队必须采用相同的 JavaScript 框架。
- 前端工具和库是随时变化的。在搭建设计系统时，尽量采用一种能快速适应变化的方式来构建。
- 跨团队共享组件对组件的质量要求非常高，因此会产生一定的成本。公用的样式库中应囊括基础组件。更复杂的组件或者业务领域特有的组件应该由各个团队单独开发。
- 产品开发团队可以拥有自己的私有样式库。该样式库中应展示由该团队负责的所有组件。对于设计师和开发者来说，这是一个非常好的方式，能令他们了解组件全貌，发现组件之间的不一致，并有机会一起展开讨论。

第 13 章

团队及职责边界

本章内容：
- 搭建能够发挥微前端架构最大优势的团队
- 培养团队之间良好的知识共享氛围
- 关注团队之间的横向共性问题，因地制宜地制定解决方案
- 展示不同技术环境可能带来的挑战
- 帮助新团队快速融入

贯穿本书，我们一直在技术层面讨论微前端。在前面的章节中，你已经学习了如何将多个独立的用户界面整合为一个更大的页面。我们还讨论了解决微前端内在缺陷的方案，例如如何提升性能以及为用户提供“天衣无缝”的用户界面。但是我们为什么要采用微前端框架呢？

诚然，微前端框架具有一些技术优势。与巨石应用相比，规模较小的软件项目在编译、测试、理解以及重建等方面都更简单。我们可以针对不同的产品领域采用不同的技术栈，这也是微前端为我们带来的宝贵财富。

此外，组合性强的微前端架构给我们带来的最大好处是它的组织方式。它使并行开发成为可能。从而使每个团队拥有真正的自治

权，能够因地制宜的做出决策，使得创新能快速落地。

你可能已注意到，在本书中我大量地使用了团队这个词，如果我没有数错的话，这个词一共出现了 1723 次。这并非偶然，也不代表我的词汇贫乏。只不过这个词在多数场景下能够恰当地表述所描述的语义，就跟微前端应用程序以及软件系统这两个词一样恰当。但这个词不关乎软件，而是关乎设计和构建软件的人。

我曾经与很多睿智的人交流过，他们都成功地在各自的公司中引入了微前端架构。所有人都表示，采用微前端的动机并不在于它技术上带来的好处，而在于组织结构上的益处——创建自主性和执行力极强的团队，并授权每个团队自主地开发和改进某一个专门领域的产品。

这正是本章将讨论的内容。我们应如何在组织和文化方面进行调整，以便微前端模型发挥最大的作用？在避免重复造轮子的前提条件下，如何解决多个团队之间的横向共性问题？最后，我们将讨论关于技术多样性的问题。每个团队在选择技术栈时，究竟有多大的自主权呢？现在，先从了解一些理论开始。

13.1 将系统与团队对齐

如果你之前了解过微服务的概念，那么可能知道程序员 Melvin Conway 于 1960 年提出的一个假设，即 Conway's Law[1]：技术系统反映了公司的组织结构。

这意味着，如果将某个产品交给一个团队开发，那么最终可能产生的是一个巨石系统。反之，如果交给四个团队开发，那么可能得到的是一个更加模块化的解决方案。

在现代软件开发中，业界已经充分地研究[2]并认可保持组织结构

---

1 见 https://en.wikipedia.org/wiki/Conway%27s_law。

2 可访问 http://mng.bz/aRyj，查看 Alan D. MacCormack, et al 撰写的文章“Exploring the Dualitybetween Product and Organizational Architectures:A Test of the Mirroring Hypothesis”。

和技术系统一致的重要性。以下是 2004 年出版的 *Organizational Patterns of Agile Software Development* 一书中的一段摘录。

> 如果组织的每个部分，没有明确与产品的各个部分相对应，那么项目一定会出现问题。因此，请确保组织结构与产品架构是相互匹配的。
>
> James O. Coplien 和 Neil Harrison

对于微前端架构来说，一系列应用程序在垂直方向上共同构成了我们的产品。而团队的边界应该与这些应用程序对齐，图 13.1 展示了这种对应关系。

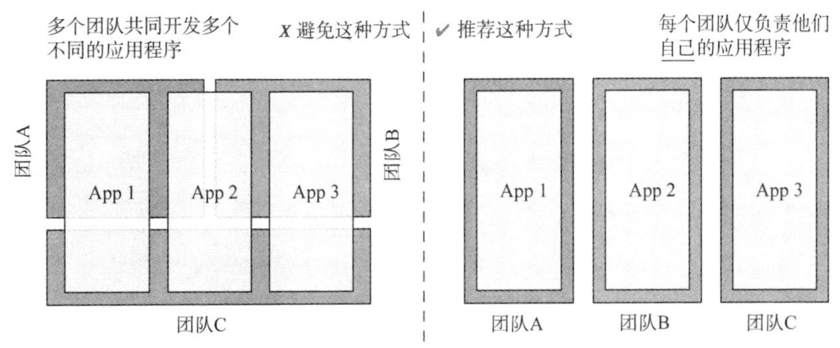

图 13.1　团队结构总是与软件结构保持一致。一个团队负责多个应用程序会产生很多问题。更糟糕的，由多个团队负责同一个应用程序，也会产生很多问题。一个团队负责一个应用程序是一种更加高效的组织方式

13.1.1　明确团队边界

我们已经了解到应该将团队结构与软件架构一一对应。但是，我们怎么知道什么样的架构对于我们的产品来说是最合适的？我们如何确认其中的边界呢？下面介绍三种方法：

领域驱动设计

领域驱动设计(Domain-Driven Design，DDD)是一种非常流行的

软件架构方法。它基于这样一个事实，即很难为特定规模的项目创建一致的模型。DDD 通过将系统拆分成更小的子模块来处理复杂度，而这些子模型彼此之间有明确的关联关系。

DDD 包括一系列的概念和工具，能够帮你识别项目中的各个部分，并将其拆解出来。DDD 引入了一个方法：通用语言(ubiquitous language)，利用通用语言能够分析公司内不同专家和部门的术语。

DDD 的一个核心概念就是通过对术语的分析，可以明确限界上下文(bounded context)。你可以将一个限界上下文视为一组相互关联的业务流程。比如支付流程可被视为一个限界上下文，其中包括了不同的子业务(如交付和支付)，这些子业务之间紧密联系。在本书中我们并不会详细介绍 DDD，如果你想要深入了解 DDD，可以查阅与 DDD 有关的文章[1]。每一个限界上下文都可以形成一个微前端应用程序，并围绕它组建一个团队。

以用户为中心的设计原则

现在让我们摆脱 IT 开发者的身份，花一些时间从产品管理的角度来看这个问题。产品设计中的一个关键任务是明确用户需求。在日常业务中，我们很容易纠缠在对当前产品的优化中。

如果我们想与客户建立一种可持续的关系，就必须了解他们的真正需求。当他们使用我们的产品时，他们希望得到什么？我们如何令他们满意？

类似设计思维(design thinking)[2]以及 JTBD(jobs to be done)[3]这样的技术能够在推理用户动机时为我们提供一种更坚实的心智模型。而 Theodore Levitt 的名言[4]则指出了我们的产品与用户需求之间的

---

1 可访问 http://mng.bz/6Ql6，查看 domain driven design 的文章集合。或阅读由 Eric Evans 撰写，Addison-Wesley Professional 于 2003 出版的 *Domain-Driven Design*。

2 可访问 https://en.wikipedia.org/wiki/Design_thinking。

3 可访问 http://mng.bz/oP7v，查看由 Harvard Business Review 刊登，Clayton Johnson 撰写的“The Jobs to be Done”Theory of Innovation。

4 可访问 https://hbswk.hbs.edu/item/what-customers-want-from-your-products，查看由 Clayton M. Christensen 等人撰写的“What Customers Want from Your Products”。

差异。

用户要的永远不是直径五毫米的钻头，而是直径五毫米的钻孔。

Theodore Levitt

围绕用户需求搭建你的团队和系统是行之有效的。这样团队能够有一个清晰的目标，聚焦于最最重要的方面：我们的用户。

在 Tractor Models 公司的例子中，我们根据用户通常的购买流程构建了团队和系统。用户的购买流程包括不同的阶段，例如“浏览感兴趣的产品”(Inspire 团队),“考虑是否购买某一个产品”(Decide 团队)以及最后“购买心仪产品”(Checkout 团队)。在上述三个阶段中，用户分别有着不同的诉求，可以由不同的独立团队负责满足用户不同阶段的需求。

上述阶段及用户需求同样适用于其他商业领域。下面看另一个例子，你拥有一家售卖物联网设备的公司，出售类似于智能灯泡、传感器等设备。那么客户购买产品的过程可以总结为“要买哪种设备”阶段以及随后的“如何设置这些设备”阶段。在第三阶段，设备已经正常运行，客户可能希望与设备产生交互，如查看数据或者开关灯。这三个阶段没有太多重叠的地方，用户在这三个阶段分别有不同的诉求，因此可以围绕这三个阶段搭建软件。

参考现有页面的结构

一种更实用的确定边界的方法是参考现有项目的页面结构。当你已经拥有一个正常运转的业务模型时，这种方式是可行的。你可以对所有页面分类，并将所有页面类型统一打印在一张纸上，然后召集一群有经验的同事，一起凭直觉对这些页面进行分组。

在大多数情况下，一个页面展示一种用户使用的功能或者用户需要完成的操作。然而只关注页面并不是最完美的解决方案，因为有的页面可能具有多重目的。将页面打印出来后，用剪刀将其中每个模块单独裁剪下来。这些剪下的图样今后将转换成为功能片段。

这是一个好方法，能够让我们开始更深入的讨论。

如果你已经组建了团队，那么可以尝试通过分析历史数据来验证你的假设：页面的分组能否与使用功能一一对应？

现在，我们已了解如何组建团队，接下来讨论团队成员的问题。

13.1.2 团队组成

本书中所介绍的整合技术全部指的是前端层面的整合。但微前端并不是一种局限于前端领域的架构。恰恰相反，将其应用在整个链路的所有技术栈中才能发挥它最大的作用。图 13.2 展示了不同程度的整合，以及潜在益处。

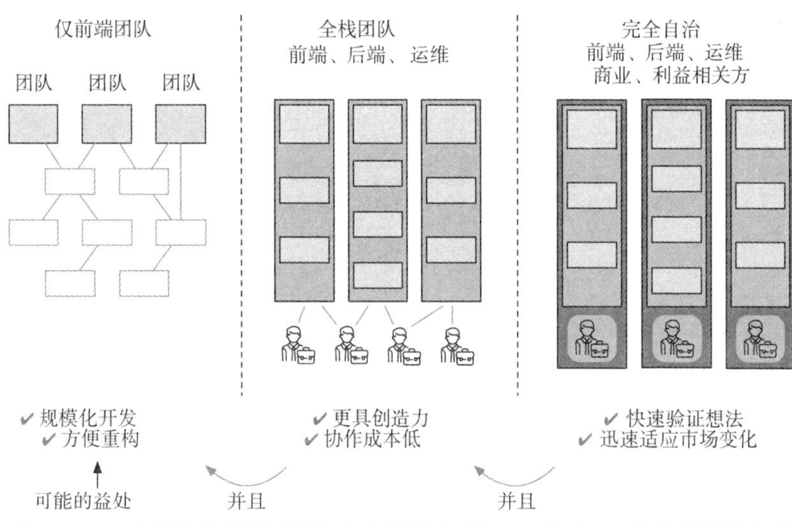

图 13.2 一个微前端团队可以仅由前端组成(图左)。然而，当你为团队增加了更多的专业人才，例如后端、运维(图中)，那么团队将会更容易做到端到端交付。一个理想的团队还应该包括商业专家和利益相关方(图右)。这样能够快速将决策转化成用户价值

下面深入讲解上图中的三种方式。

仅前端团队

这种方式必须配备一个单体的或者基于微服务的后端服务。垂直的微前端团队位于这个后端服务的上方。如果后端服务采用微服务架构，那么每个前端可能需要配备自己的 BFF 层[1]以便与服务通信。

这种方式与其他方式(如巨石单页面应用)相比，有一些显而易见的好处：

- 规模化开发——我们在第 1 章里讨论过的“两个比萨团队规则”可以发挥巨大的作用。假设你已经很好地划分了团队职责，比起一个由 15 个人组成的团队整体负责一个大的代码库，可以将大团队拆分成三个小团队，每个团队 5 人，这种做法更有效率。开发者更容易理解系统中他们所负责的部分。如果你的微前端框架已经拆分为三个团队，那么当需要开发新功能时，可以另外组建第四个团队，由其负责开发新功能，三个原有的团队继续负责他们的常规业务。将新的微前端整合到现有应用程序中的工作量其实非常小。
- 方便重构——对现有的微前端进行现代化改造也是一个非常容易的任务。你不需要考虑整个应用程序，只需要逐个团队逐步地升级和重构。不会出现全员参与的那种“大爆炸式”迁移。

全栈团队

这种方式会令我们的微前端团队跨越前后端之间的界限。每个团队包括来自前端、后端、运营或数据科学的成员。我们就此组建了一个跨职能团队，将从数据库到用户界面的各种能力结合在一起。全栈团队这种方式带来的好处如下：

- 更具创造力——跨职能团队中的成员具备不同的背景，遇到

1 可访问 https://samnewman.io/patterns/architectural/bff/，查看 Sam Newman 撰写的 *Backends For Frontends*。

问题时能提供不同视角的观点。这种多样性为我们带来更优秀、更具有创造性的解决方案[1]。

- 降低协作成本——端到端团队最大的优势是减少了等待时间。在团队内部即可完成所有的功能，而不需要额外协调其他团队。这种自治性减少了与其他团队协作的需求，包括组织会议、确认需求以及任务优先级排序。

采用这种深度解耦的合作方式也会带来一些特有的挑战：没有共享服务后，团队如何在后端共享数据？解决这个问题通常需要接受数据冗余和从其他系统异步复制数据。第 6 章中我们就此问题曾讨论过不同的解决方案。

完全自治

通过为团队配备领域专家和商业人才，我们可以更进一步。在大多数公司里，这类员工通常分散于诸如法务、市场、风险评估、客户支持、后勤、管控等部门。这些部门都会提出自己的需求，而“IT 员工”必须实现这些需求。我们要打破这种传统的边界，使这些专家与开发团队更紧密地合作。这个任务并不容易，且是一个缓慢的过程，公司高层必须鼓励这种变化。

开发团队一旦获得市场、法务或客户支持等专业知识，就可以获得如下好处：

快速验证想法——当整个流程从正式的需求评审以及优先级排序转变为面对面的沟通，你的产品将会得到改进。举一个具体的例子：在最新的项目中，开发结算系统的团队邀请了呼叫中心的同事参与迭代结项会议。一名开发者展示了全新的消费券系统。此时一位呼叫中心的员工打断了他的话，并讲出了这样一个事实：年长的顾客经常会被包邮价困扰——尤其是当他们购物车中商品的总额只是略低于包邮价时。在这次会议上，呼叫中心方面提出了一个想法，降低对于包邮价的限制，告知用户包邮价为 20 美

1 见 https://en.wikipedia.org/wiki/Cross-functional_team#Effects。

元，但在实际计算时 18 美元以上也包邮。这种细微的变化将会显著提高用户满意度：客服电话减少了，公司也对外营造了更加大方的形象。类似这样的想法和改变，能够为我们的产品带来巨大的变化。

迅速适应市场变化——数字服务领域以及用户的预期总是在迅速变化。新的支付方式、与社交平台的整合，以及新的沟通方式不断涌现。当战略决策所需的所有人都在同一个团队中时，你就可以更快地应对变化。

按照一般的经验，让垂直团队扎根到组织中很可能会提高这些团队工作的速度和质量。如果你想深入了解该话题，敏捷流畅度模型(Agile Fluency Model)是一个不错的入门选择。该模型描述了一个敏捷团队能够达到的 4 种阶段[1]。处于第一阶段的团队(关注价值)采用基本的敏捷方法(如 scrum)改进他们的工作。如果一个全栈团队采用微前端架构，那么它符合第二阶段的目标：交付价值。而完全自治的团队则处于敏捷流畅度模型的第三个阶段：优化价值。

一个开发团队可以基于技术原因决定采用微前端架构。但是将这个模型辐射到所有开发团队甚至整个组织，则是一项管理任务。下面让我们简单地讨论一下随之而来的文化改变。

13.1.3　文化改变

垂直的组织架构与以用户为中心的文化相得益彰。每个团队直面用户，为用户提供服务。

这已经成为大多数初创公司 DNA 中的一部分。这也是为什么我们建议的垂直团队结构更像是初创公司成长的必经之路。

大型的传统组织更难转型到相对垂直的架构。他们更加注重短期项目而非长期项目。此外，想要成功实施此架构，归属权至关重要。

你希望团队能够认同他们创造的产品，并为用户创造更大的价值。那么团队应该被授予决策权，允许试错，并从失败中吸取经验。

1 见 https://www.agilefluency.org。

而等级制度以及部门结构可能会对此造成阻碍。我认为拥有一个基于敏捷价值观的开放文化[1]是微前端架构能够发挥最大作用的前提条件。

13.2 知识分享

跨职能团队需要根据所处的商业领域(垂直方向)优化其内部的沟通机制。这种模型能够帮助团队聚焦于用户，但与此同时也引入了挑战：如何避免团队之间重复造轮子？

当然，这些团队的主要任务肯定是各不相同的。对于开发者来说，开发一个高性能产品列表所面临的挑战，与设计一个全世界通用的注册表单的挑战是不一样的。

但是也有一些团队都要应对的共性问题。例如，“如何正确地自动化测试软件？”“处理应用程序中状态的最佳实践是什么？”“我遇到了一个很奇怪的问题，其他人是否也有同样的问题？”

接下来，介绍一个跨职能团队沟通的真实案例。在一个新项目中，来自三个软件公司的五个团队共同开发一个电商平台。项目进行了半年后，其中一个公司的同事在汉堡的一次会议上做了一个关于调试 Node.js 性能的演讲。出于好奇，我去听了他的演讲。在台上，他提到了一个已经研究了好几周的诡异问题。他确认是他们团队内部开发的应用程序代码的问题。他所描述的问题对我来说非常熟悉，因为我们团队的应用程序也遇到了类似的问题。演讲结束后，我们两个聊了聊，分享了各自的发现。很明显，这个问题一定是托管应用程序的基础设施造成的。

但事实是，我们不得不在一次公开会议上见面才能弄清楚这个问题，这有点令人不安。如果早些见面，我们本可以避免这个令人困扰的问题，为彼此节省大量的时间。

1 见 https://agilemanifesto.org/。

13.2.1　实践社区

实践社区(community of practice，CoP)[1]的概念形成于 90 年代早期。这是一种在团队之间传播知识的方式。一个 CoP 是由一群拥有相同手艺或者职业技能的人组成。在我们的例子中，所有从事前端工作的开发者都可以视为同一个 Cop 中的一员。这些人会建立一种沟通渠道，以便交换专业技术信息，寻求帮助或者分享学习成果。

Spotify 在敏捷开发和以团队为中心的组织结构方面表现非常出色，并且还组织了端到端的团队。他们将实践社区制度化，并称之为 guild[2]。以此为基础，不同部门中志同道合的同事可以交流技术。图 13.3 展示了一些 guild 的例子，在这些示例中，我们原本垂直的组织架构中，产生了横向的沟通渠道。

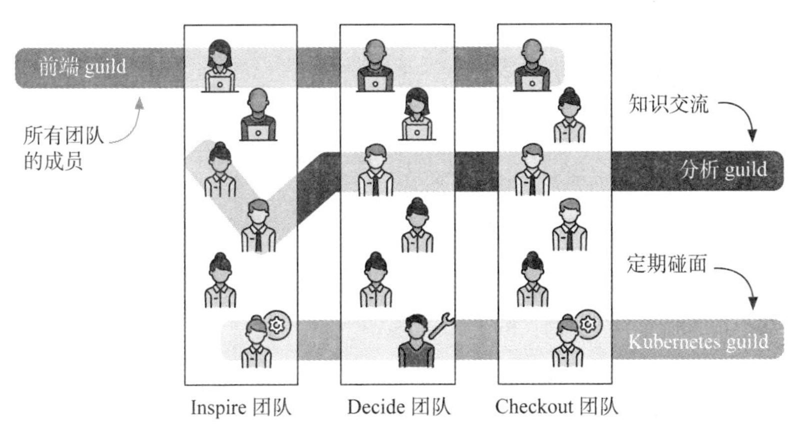

图 13.3　guild 可以为来自不同团队、有共同兴趣或者职业背景的成员创建一个交流空间。这些成员聚在一起的主要目的是交流知识

guild 通常都有一个专门的沟通方式，类似于 Slack 的群组。所有成员会定期碰面。在我们的项目中，每周会召开一次简短的 guild

1 见 https://en.wikipedia.org/wiki/Community_of_practice。

2 可访问 http://mng.bz/4Awv，阅读 Darja Smite 等人于 2020 年编撰并发表于 ACM 的文章“Spotify Guilds”。

会议，通过视频通话的方式，一起讨论最近遇到的问题。guild 还会不定期地组织时间更长的现场研讨会，以深入探讨某一特定话题。

在我们的项目中，典型的 guild 包括前端、后端、UX/设计、分析、基础设施、数据科学、指导、安全以及宏观架构。

13.2.2 学习及赋能

从理论上看，一旦拥有了一个跨职能的团队，就能够完美地处理全部工作，这看起来非常棒。但在实践中，组建一个既能开发客户功能，又能处理好其他需求(如性能、安全或者测试)的团队基本是不可能的。当团队面临这些诉求时，会感到非常抗拒。

在某些领域里，类似于云主机这样的技术能够给我们提供很大帮助。团队可以将管理硬件的工作委托给云供应商。这种服务能够真正令你做到只专注于“开发，运行”。

但并不是所有领域都可以如此。因此，学习和改进能力是组建跨职能团队不可或缺的一部分。要知道，每个团队都能够认识和了解自身优势、劣势的话，可以加快学习过程。

在学习过程中，CoP 扮演了一个中心角色。比如，团队 A 的开发者在分析方面有着丰富的经验，那么他可以为 guild 中的其他成员讲述分析方面的知识，帮助他们提高相关技能。对于某些领域，也可以通过外聘导师的方式来指导学习。

13.2.3 展示工作

展示团队的工作是另一种信息互换方式。通过这种方式，所有团队都可以知道除自己之外的其他团队在做什么。形式可以是上台演讲，让所有团队展示他们上个月完成的工作和学到的技能。或者是小范围的通告，比如内部的博客张贴。

由于每个团队处于不同的领域，因此所展示的内容可能对其他团队不会立刻产生价值。但是总会有这样的时刻，“等等，是不是 Inspire 团队已经使用过 Apache Spark 了？我们可以先找他们聊聊”。

这种方式也可以增加团队凝聚力，避免恶性竞争。

13.3　横向共性问题

下面对横向共性问题进行更深入的探讨。的确，guild 这样的形式能够帮助你传播知识。但是，让我们看看如何解决这些共性问题，下面是一些具体的示例。

13.3.1　中心化的基础设施

有一些横向共性问题需要专门的基础设施。例如版本控制、持续部署、分析、面板、监控、异常跟踪、托管以及公用服务(如负载均衡)等。我们可以选择每个团队自己建设一套。然而这些是大多数专业软件项目都需要的基础设施，每个团队各自建设会浪费很多时间。

部署一套所有团队都可以使用的公用基础设施是正确的做法。有多种方法可以实现。

软件即服务(SaaS)

对于商业产品来说，最简单的方式是使用成熟的产品。例如，基础设施可以使用亚 Amazon 的 AWS，版本控制和自动化工具可以采用 GitLab。标准的服务不会为团队内部带来耦合。所有团队都仅会与服务的提供商交互。利用子账号或者命名空间可以避免团队之间的冲突。即使某一个团队不得不切换到另外一组服务供应商，技术层面上也几乎不存在任何障碍。

有一些因素会导致必须放弃 SaaS 解决方案，例如价格原因或者功能不全。如果你需要自己运行一个所有团队都可以使用的基础设施组件，那么有两种选择：从产品开发团队中挑选一组来负责建设基础设施，或者组建一个专门的基础设施团队。

产品开发团队负责建设基础设施

如果采用这种方式，那么产品开发团队将会负责构建自主托管的中心化服务。团队 A 负责设置、运行和维护共用的负载均衡器。团队 B 则负责维护一个所有团队使用的私有 NPM 仓库。为了确保这些服务能够有人负责和维护，明确责任是至关重要的。将多个服务拆分到不同的团队，可减轻每个团队的负担。如果需要自主托管的中心服务数量不多，且易于维护，这种方式是一种比较好的选择。

警告：应只共享那些共用的基础设施组件。而不要通过这种方式共享业务逻辑，因为这会导致团队间的耦合，降低团队的自治程度。

专门的基础设施团队

如果由产品开发团队负责基础设施不符合你的开发场景，那么还可以组建一支专门的基础设施团队，由这个团队专门负责所有的共用基础设施。但是这个只负责基础设施的团队，并不适合我们这种垂直的、以客户为中心的架构，因为可能阻碍产品功能的开发，成为瓶颈。

13.3.2 专业化的组件团队

有时会遇到现有服务或者开源解决方案都无法满足我们需求的情况，这就要引入组件团队(component team)[1]的概念。Spotify 称这样的团队为基础设施小队[2]。

假设这样一种情况，多个团队都需要与一个遗留的ERP系统通信，而这个 ERP 系统并不支持现代的 API 调用。此时，如果有一个专门开发服务或者抽象库的团队，就可以节省产品团队大量的时间。组件团队的另一个例子是公共的设计系统团队，我们在第 12 章中已讨论过。

---

1 可访问 https://www.scaledagileframework.com/features-and-components/，阅读 *Organizing by Feature or Component* 一文。

2 见 http://mng.bz/XPRp。

组件团队不会直接产生业务价值。该团队的目标是提升产品开发团队的工作效率。引入组件团队会给团队之间带来摩擦和内部的依赖，所以在设立组件团队之前要谨慎考虑。下面两个问题可以帮助你决定是否应该使用组件团队：

- 是否多数团队都需要该服务？
- 产品开发团队中，不存在能够搭建该服务的专业技术专家吗？

对于上述两个问题，如果其中的一个问题，或者最好两个问题，你都能很明确地回答"是的"，那么确实可能需要引入一个组件团队。

13.3.3　一致的协议和约定

并不是所有的横向共性问题都需要通过通用服务或者库解决。通常，我们可以制定一个所有团队都认可并遵守的协议。类似于货币格式化工具、国际化、搜索引擎优化或者多语言这类功能，最好还要配备详细的文档。

所有团队都应当认可文档中所描述的规范方法，并在各自的应用程序中执行。当然，这可能会导致冗余代码，但对于那些不怎么重要或不经常变化的功能，这往往是最有效的方法。

13.4　技术多样性

微前端架构能够令每个团队独立选择或者迭代他们的技术栈。我们已经在前面讨论过这样带来的好处。但是，可以采用多样化的技术栈与必须采用多样化的技术栈并不是一回事。

技术选型有时也会是一种负担。接下来，让我们讨论如何令技术选型更容易。

13.4.1　工具箱和默认选择

经过筛选的技术可以组成一个工具箱，这便明确限制了技术栈的选择范围。可以在项目范围或者公司范围内通过 wiki 文档的方式对工具箱中的技术进行记录。对于工具箱可做如下记录：选择 Java 或者 Scala 作为后端开发语言，PostgreSQL 作为我们开发关系型数据库的首选，规定前端编译工具为 Webpack。

工具箱应该是一种指导，而非强制的规范。如果有充足的理由，那么团队也可以超出工具箱的范围选择其他技术。对于大多数团队来说，可以将工具箱视为一个合理的默认选择。例如，需要一个端到端测试的框架？让我们打开工具箱，看看其他团队在用什么。

技术总是在不断发展的，因此工具箱也要不断迭代。我们应该定期向工具箱的文档中添加被证明有价值的新技术，或者将过时的技术淘汰出局。

13.4.2 前端蓝图

新团队组建完成后，首先不得不完成很多设置工作，例如创建一个基本的应用程序，梳理构建流程以及其他烦琐的任务。

而共用前端蓝图这一概念能够帮助我们解决上述问题。蓝图实际上是一个示例项目，其中包括微前端项目需要的所有重要部分。可以将蓝图划分为两大类：技术和项目细节。

技术

- 目录结构
- 测试(单元测试，端到端测试)
- 代码检查以及格式化规则
- 代码风格
- API 通信
- 性能的最佳实践(优化静态文件)
- 编译工具配置

上述这些方向是所有项目都必须要考虑的，但并不具有很大的挑战性。大多数主流 JavaScript 框架都提供了脚手架工具，能为你生成一个示例项目。但是对于一个团队来说，仅使用默认的前端配置是远远不够的。

项目细节

你的前端代码需要与其他团队进行整合，并且整合必须遵循整体架构的指南。全新的前端项目必须要考虑项目的一些细节。因此，我们的蓝图还应包括：

- 组合示例
  - 接入其他微前端的示例
  - 令你的微前端可以被接入的示例
- 通信示例
- 如何为团队设置 CSS 和 URL 前缀
- 微前端相关文档的模板
- 如何整合托管在中心化服务中的库
- 如何引用本地的库
- 如何开发通用服务，如异常跟踪、分析等
- CI/CD 流程

新加入的团队可以复制上面的蓝图，根据实际需要稍加改动，即可变为他们自己的蓝图。基于现有蓝图进行开发能够大大地节约时间。但对我们来说，蓝图还有一个更重要的作用，它是高层架构决策的落地实现。

蓝图还包括集成模式和通信策略的运行示例。示例代码将为开发者演示如何在真实的项目中使用高级功能，这能够帮助他们彻底理解这些高级功能。

避免过分依赖蓝图

不要强迫团队必须遵循蓝图，甚至要求完全符合蓝图。团队有自由根据实际需求对蓝图进行调整。蓝图显然与共用的产品代码仓库不同，前端应用程序是基于副本，修改蓝图对现有项目不会有任

何影响。开发者可通过前端 guild 沟通蓝图需要改进的地方。如果某个改动只对其中一个团队有好处，那么这个团队可以直接修改自己团队的应用程序。

13.4.3 不要抵触复制

正如你在蓝图中看见，从其他应用程序中复制和粘贴往往是一个不错的主意。对于日常工作来说，这是一个简单的解决方案，能确保团队的自治性。例如，你可以从其他团队的代码中复制货币格式化算法，这个算法仅有 15 行代码。它并不是固定不变的，但是理解起来很容易，而且不太可能经常改动。

作为开发者，经过长年累月的训练，我们往往有一种倾向，即发现并消除冗余。但是消除冗余需要付出一些代价，特别是当你试图集中管理多个团队时。维护一个由 6 个团队共用的库并非易事，伴随而来的是大量的讨论、等待和一系列令人头疼的事。

对于更大的用例，冗余带来的困扰可能更大。例如，对于托管在中心化服务中的库来说，你肯定不希望在这个库每次修改之后，都重复一遍复制和粘贴该库的操作。也有一些你希望共用的代码片段，比如一个方便与遗留系统通信的代码库。将此类库作为版本库共享可能是个不错的选择，但在做出决定之前要深思熟虑，并且做出适当的取舍。在讨论的过程中，我发现下面这句话有助于保持良好的心态：

只有当你想将它作为成功的(内部的)开源项目运行时，才共用该库。

不要过分低估引入一个共用库所带来的开销。

13.4.4 步调一致的好处

在我们的项目中，团队经常选择类似的开发语言和框架来构建他们的应用程序。

与其他团队使用相同的技术栈有很多好处。可以更方便地共享最佳实践。当不同团队的开发者互相转岗时，能够快速地适应并开始工作。开发者能够浏览其他团队的 Git 仓库，学习其他人如何解决问题，这对于开发者来说也是非常有好处的。

像工具箱和蓝图这样的工具能够在技术共享方面提供帮助。而在步调一致和自由之间找到适当的平衡并非易事。我们需要经常围绕这一点展开技术讨论。但是从商业角度，或者更进一步，从用户角度思考问题，可以帮助我们保持聚焦。比如，使用 Haskell 而不是 Scala 能明显地改善我们的产品吗？

13.5　本章小结

- 成功地运行一个微前端架构，并不是一个技术决策。团队的组织结构与软件系统的架构保持一致会令团队更有效率。
- 有多种方法可以确定团队和系统的边界。领域驱动设计(DDD)为我们提供了一些工具，例如，分析专家语言有助于我们对功能分组。限界上下文对于微前端团队来说也是很好的选择。
- 围绕用户需求组织团队是一个绝佳的方式。“设计思维”及 JTBD(jobs to be done)这类技术能够帮我们很好地梳理用户功能。
- 网站的现有页面结构可能已经很好表明了团队边界。而“这个页面的目的是什么？”的问题能够指导你对功能进行分组。
- 在前端领域中采用微前端的方式能够带来很多技术上的好处，如并行工作、更易于重构等。将微前端的概念推广到整个开发团队，甚至利益相关者和业务专家，能够带来更多的好处，例如快速开发以及更好地聚焦客户。垂直的团队结构与敏捷流畅度模型的上层阶段非常吻合。
- 在一个团队内部保持垂直的架构有助于交付功能。在团队内部创建一些横向的小组，例如，实践社区或者 guild 有助于知识的传播。

- 共用的基础设施往往更加有效且更有必要。采用 SaaS 解决方案(如AWS)是一个不错的选择，并且不会引入团队之间的耦合。有时 SasS 模型不适合，那么你就需要自建基础设施。可以将基础设施的全部组件分配给不同的产品团队，由他们各自负责。也可以引入一个专门的团队负责基础设施的建设。而后者并不适合垂直架构。
- 微前端各个模块之间是解耦的，因此每个团队都可以自由选择技术栈。共用工具箱或者通用蓝图等方法有助于形成统一的技术方向，以确保有足够的空间能够进行创新和实验。

第 14 章

迁移、本地开发及测试

本章内容：

- 将一个巨石应用迁移到微前端架构
- 配置本地开发环境，介绍如何保证开发的独立性，例如利用微前端模拟等技术
- 在微前端架构中使用自动化测试

对于大多数公司来说，微前端并不是他们一开始采用的架构。随着团队规模的扩大或者功能需求的增多，旧架构无法满足需求时，他们才迁移至微前端。

如果你的公司是一个初创公司，正处于快速发展期，那么从一开始就采用微前端架构是极好的。然而，大多数大型公司都是为了用微前端替代一个能正常运行，但性能很差或不可维护的巨石应用。如果你恰好属于后者，本章将会提供一些优秀的迁移策略以帮助你完成迁移。

在本章的第二部分，我们将带你深入了解微前端项目开发者的日常生活。你会看到每个团队仅开发自己负责的那一部分功能，所有人都在本地开发，而不必考虑与系统其他部分整合后的效果。你还将学习一些令开发和测试更容易的技术和技巧。

14.1 迁移

将一个重要的项目从一种架构迁移到另一种架构是一项困难且费时费力的任务。有很多种迁移方式，每种都有其优点和弊端。下面，我们将讨论三种迁移到微前端架构的方式。请不要将本章视为一个软件迁移的权威指南。已经有很多出版物介绍过迁移时你需要注意的基本事项。本章主要介绍微前端迁移的相关内容。

我们要对迁移任务的复杂度以及工作量有一个现实的认识，这对于设定预期目标以及评估预算是至关重要的。但是当你的团队对相关架构没有任何经验时，就很难做出合理的评估。在沙盒项目中尝试新技术能让我们对该技术的认识更清晰。本书中的示例可以很好开启这些试验。

微前端的用户界面整合技术非常适于增量迁移。利用微前端模式及其前端整合技术，我们能够很方便地创建和整合一个概念验证(proof of concept)，并验证其是否适合我们的产品。甚至可以在生产环境中验证这个概念。在深入迁移策略之前，首先让我们了解一下概念验证是什么。

14.1.1 概念验证和示范作用

你可以开发一个简单的功能，作为一个端到端的系统，利用微前端技术将其整合到你的现有应用程序中，如 14.1 图所示。

一个真实的示例

让我们来看一个具体的示例。Tractor Model 公司的竞争对手中，有一家名为 Miniature Farming Industries 的公司。这家公司有一个基于巨石应用开发的电商网站，性能很差，他们考虑将其迁移到微前端架构。出于试错和避免浪费时间的原因，他们决定将一个已经有了明确规划的功能作为微前端应用程序的试点。

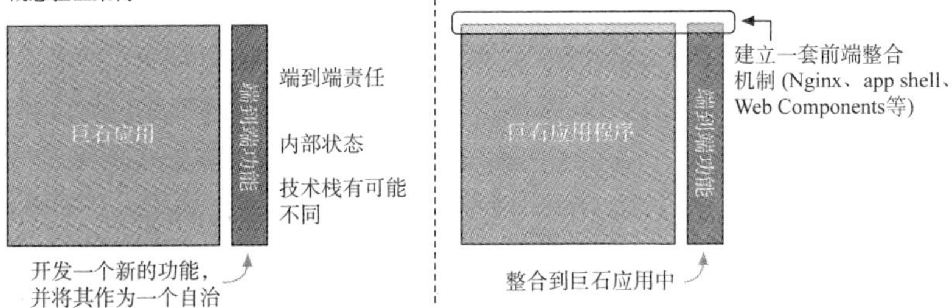

图 14.1 为了深入了解微前端架构，你可以开发一个新功能，并将其当作一个专门的应用程序，它有自己的内部状态，也有相关的用户界面，并与现有的巨石应用是解耦的。这也是为什么开发这个新功能的团队可以采用任何他们想使用的技术栈(图左)的原因。利用微前端整合方法可以将新的应用程序和巨石应用整合在一起(图右)。前端整合并不难，只要在不同的应用程序之间采用超链接跳转即可。也可以根据实际情况选择不同的技术，例如前端代理或者应用程序容器

Miniature Farming Industries 公司组建了一个新的团队，专门负责开发这个新的功能：愿望清单。核心的用户界面是愿望清单的概述页面，在这个页面中用户能查看并管理他们心仪的产品。同时，用户可以点击产品卡片上带有心形图标的按钮，将产品添加到愿望清单中。新的团队负责开发愿望清单页面，以及添加到愿望清单的按钮。

愿望清单页面的顶部和底部与其他页面的一致。新团队并不想重复开发顶部和底部，因此他们决定直接从现有的应用程序中引用。为了确保这种方案可行，负责巨石应用的团队需要将顶部和底部重构为一个标准的微前端模块。反之，愿望清单团队也会为巨石应用提供 add-to-wishlist 按钮，以被添加到每一个产品卡片中。

这些团队必须建立一种通用的整合技术。在服务器端，他们采用 SSI 进行服务器端组合。因此他们必须安装一个 Nginx 服务器，置于两个前端应用程序的前面，提供前端代理服务。这个服务器有两个作用：路由和组合。所有以/wishlist 开头的请求都会被路由到新的应用程序，而其他请求则回到巨石应用中。这个 Web 服务器还

会负责组合，将愿望清单页面中顶部和底部的 SSI 指令替换为巨石应用中真实的顶部和底部。

上面就是整合所要做的全部工作了。当然，不是全部。还有一些其他工作要处理。前端开发者需要重构两个应用程序的 CSS，以确保新老应用程序之间的样式不会发生冲突。后端开发者需要为关键的产品数据，如图片、名称以及价格，开发一个导入的功能，以确保新系统的数据保存在它自己的数据存储中，运行时不依赖巨石应用。

示范

如果一切都按计划进行，那么第一个垂直的系统可以作为后续迁移过程中的示范。我们已经建立了一个用于新系统的前端整合机制。其他团队在开发新功能时，可以将“概念验证”作为范例进行参考。

14.1.2 策略一：逐个迁移

第一种迁移策略：逐个迁移。这种迁移策略是从我们早期的概念验证中发展而来的。图 14.2 展示了如何将一个巨石项目拆分为由 3 个部分组成的微前端项目。

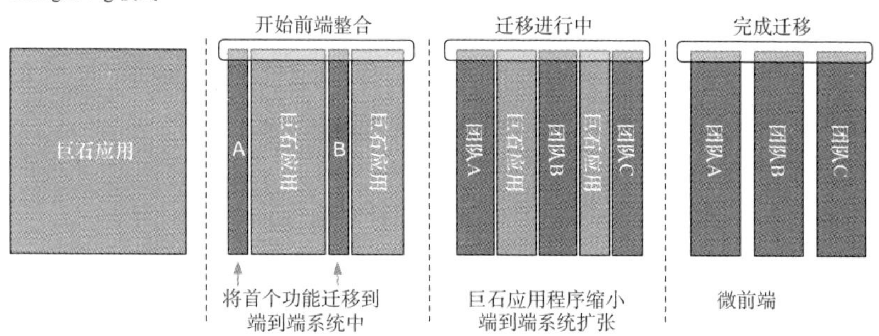

图 14.2 巨石应用(图左)被拆分为由 3 个部分组成的微前端项目(图右)。在示意图中，我们创建了三个全新的应用程序(团队 A 到团队 C)，之后从巨石应用中将功能逐步拆解出来，直到所有功能迁移完成(图的中间部分)。同上一个示例，前端集成机制的第一步是处理不同应用程序之间的路由和组合

工作原理

首先，我们需要一个整体技术方案来规划团队的职责边界。哪个团队负责哪个功能？我们在前一章中讨论过如何识别职责边界。明确了职责边界之后，团队即可着手工作，首先搭建新的应用程序，之后从巨石应用中迁移功能到微前端应用程序。迁移的过程中，功能将逐个被迁移。第一个迁移的功能可以是产品评价功能。负责的团队将该功能所涉及的一切，从用户页面到数据库，整体迁移到他们的应用程序中。

所有团队共同制定前端集成机制，用来处理路由和组合。将一个功能从巨石应用迁移出来后，需要将相关的用户界面替换成新的微前端 UI。随后继续迁移下一个功能。

每一个团队都会不断重复上面的过程直到将所有功能从巨石应用中迁移出来。迁移遵循 Strangler Fig 模式[1]。这种模式描述了如何以渐进的方式，将现有的应用程序替换为新的应用程序。并且在迁移阶段，两个应用程序均保持正常运行。

优势与挑战

增量迁移方法最大的优势就是带来的风险非常小。新系统可以逐步投入到真实的生产环境中。在新老系统切换时，没有所谓的“大爆炸”时刻，系统始终处于工作状态。即使在迁移过程中，你决定取消迁移，也至少有一个应用程序能正常工作。所有开发的功能都能很快地投入到真实的生产环境中。

新、老功能并存的这种局面，通常被称为 brownfield 项目[2]。这个术语的意思正好与 greenfield 项目的意思相反。greenfield 项目表示从头开始构建一个新的系统，而不需要考虑已经存在的架构。

与 greenfield 项目相比，增量方式需要我们对现存系统有更多

1 见 http://mng.bz/yymy。

2 见 http://mng.bz/aRno。

的思考和理解，以及合作。从巨石应用中迁移功能，并不意味着你要删除这些功能。但你至少要对巨石应用中的一些用户界面进行适配，令其在迁移过程中能够更好地配合新的微前端。软件质量的高低、CSS 样式以及缺少合理的命名空间都将会是你面临的最严峻的任务。Web Component 和 Shadow DOM 能够解决上述问题。本书 5.2 节详细介绍了这两种技术，你可以重新温习一下。

14.1.3 策略二：前端先行

前端先行的方案遵循类似的模式，但是避免了新老前端代码的混杂。不需要关注“老的前端代码”能够让开发更轻松，尤其是当你计划在迁移过程中对前端代码重构时。图 14.3 展示了整个迁移过程。

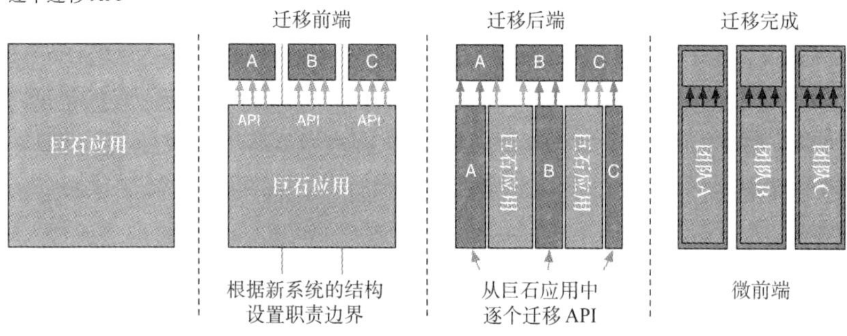

图 14.3 图的左侧是一个巨石应用。迁移过程分为两个阶段。第一阶段，我们用三个新的前端应用程序替换掉巨石应用的前端部分，这三个前端应用程序分别由三个团队负责。新的前端应用程序通过 API 与旧的巨石应用通信。第二阶段，我们采用逐个迁移的方式迁移后端服务，每一个新的后端应用程序同样由对应的团队负责，每个团队负责迁移各自对应的 API。在后端迁移结束后，我们的目的也达成：一个采用垂直架构的应用程序(图右)

工作原理

这种迁移方案分为两个阶段。首先，从前端处理开始，重构前端以符合垂直架构的要求。你需要提前规划团队的边界和责任。每个团队开发自己所负责的前端部分。团队间通过路由和组合技术整合界面。新的前端仍然从老的巨石应用中获取数据。在这个过程中，可以在巨石应用中添加新的 API，以满足前端应用程序对数据的需求。

第二阶段，我们开始着手拆分后端服务。上一步中实现的 API 帮助我们圈定了边界，并且可以作为后端拆分工作的指导。每个团队创建各自的后端应用程序，替换掉前端应用程序从巨石应用中请求的 API。在这一步中，我们可以再次采用逐个迁移的模式。团队逐一替换掉 API，直到完全替换掉巨石应用中的 API。

截至目前，我们已完成了迁移，巨石应用可以下线了，现在每个团队负责一个完整的从前端到后端的系统。

优势与挑战

我之前提过，前端先行方式最大的优势就是不会出现新旧前端代码混杂的情况。由于我们在第一步创建了一个干净的、新的前端项目，因此不会出现样式泄露或者无法预计的副作用等问题。如果你的前端应用程序中没有大量的业务逻辑，复杂度不高，那么这种方式还能帮助你实现快速交付。

对于这种方式，我们积累了大量的实践经验。尽管如此，这种方式仍存在两个缺陷，因此在采用之前你需要认真考虑一下。

第一，前端部分和后端部分的工作量并不是均匀分配的。第一阶段更侧重于开发前端部分，第二阶段则主要以改造后端服务为主。你可以通过将第一阶段和第二阶段中的一些步骤重合，或者在团队内部倡导积极的跨职能合作，以抵消工作量分布不均所带来的影响。

第二，采用这种方式的迁移是非线性的，你应当牢记这一点。从旁观者或者管理层的角度来看，在第一阶段，重构前端能够极大地体现出改进。这是因为即使你没有开发新的功能，新的技术和新的设计也会令人眼前一亮。而第二阶段，并不会给用户带来任何可见的变化。在外观上没有改进并不是什么大问题，但是你要有相应的心理准备。

14.1.4　策略三：greenfield 和“大爆炸”

从概念上来看，greenfield 和“大爆炸”方案是最简单的方案。老的系统保持原样，同时在一个全新的环境中从头开始开发一个新的项目，这个项目称为 greenfield 项目。当新的系统开发完成后，我们直接用新的系统替换老的系统，这个过程被称为“大爆炸”。图 14.4 展示了这种方案。

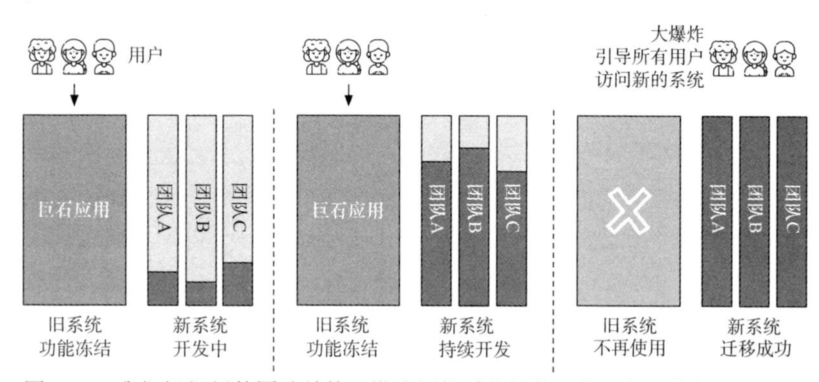

图 14.4　我们组织新的团队结构，搭建新的系统架构，并且与现有的巨石应用(图左)并存。新系统和老系统之间不共享任何资源。在开发阶段，所有流量仍然到达巨石应用(图中)。当团队开发完新的系统后，我们直接将所有流量切换到新的系统，并下线巨石应用(图右)

工作原理

我们为新系统的外观做了详细规划，并且将其与老的系统隔离。在迁移过程中，应停止老系统的开发以免拖延迁移时间。所有团队都要开始开发新系统中他们所负责的部分。当所有团队完成开发后，我们将流量切换到新系统，并下线老系统。新老系统并不会并存，用户要么使用老系统，要么使用新系统。

优势与挑战

greenfield 方案最大的优势是我们从一个全新的项目开始，不必处理遗留代码。一个全新的项目可以很方便地集成“持续交付”等技术，或者更容易采用一个新的设计系统，并不用过多地考虑 hack 手段和各种妥协方案。因此团队可以专注于开发新的架构，而不需要与老的系统纠缠，开发速度会更快。

我们曾经在不同的项目中使用过这种迁移策略。当我们在迁移中发现很难改造巨石应用时，这种策略是极具吸引力的。因为有时巨石应用依赖了一些特殊的技术，而我们无法改动这些技术，或者即使可以修改但是开发周期漫长，所带来的不灵活性也会减慢开发速度。

正如题目中提到的“大爆炸”，这种方案有相当大的风险。团队在埋头开发新系统的较长一段时间内都不会收到真实的用户反馈。因此，验证系统在生产环境中是否可用是非常有价值的。尽早地将你的用户迁移到新的系统。一旦用户开始在生产环境中使用新的系统，就可以降低新系统的风险，提升我们对新系统的信心。可以尝试为新系统发布测试版本，或在一些小范围内试用，这些手段都会起到非常大的作用。

截至目前，你已经了解了一些从巨石应用迁移到微前端的策略。并没有什么金科玉律，只能是根据系统的现状以及你期望通过新架构达到的目标来具体问题具体分析。但是你应该考虑采用前端整合技术，逐步地将老的巨石应用替换为新的微前端应用程序。

14.2　本地开发

接下来，我们将从架构层面深入到具体开发中，看看一个微前端项目的开发者每天是如何工作的。运行和开发一个经典的巨石应用非常简单。你可以看看巨石应用的代码仓库，其中包括在本地机器上启动完整应用程序所需的一切。所有功能应该都是可用的，你可以在浏览器中体验应用程序的全部功能。而对于微前端这种分布式的架构，情况将复杂多了。

14.2.1 不要运行其他团队的代码

每个团队都有自己的代码仓库，团队之间的技术栈也各不相同。当然，对于一个开发者来说，除了下载自己团队的代码，还可能要定期更新其他团队的代码。虽然这种做法一开始可能是可行的，但很快就会变得非常麻烦。因为开发者必须清楚其他团队的开发环境，这会给他带来麻烦。

如果其他团队的代码存在 bug，导致他们的应用程序无法启动，那么你该怎么办？B 团队是否已经升级到最新的 Node.js？还是仍在使用旧的版本？对这类问题你不必关心。你应该只专注于你所负责的代码。因此，让我们来看看如何在不运行其他人代码的情况下进行开发。

采用 monorepo 怎么样？

当你在网络中查找微前端时，monorepo[1]这个术语有时会作为本地开发解决方案的角色出现。monorepo 描述了这样一个概念，多个独立的应用程序或者库的代码，共同托管在一个代码仓库中。一个 monorepo 能够让开发者一次性下载多个项目，并更容易管理这些项目之间的共享依赖。

如果你只是将微前端视为一种团队对前端进行模块化的整合技术，那么 monorepo 是适用的。但是，如果你希望能够体现出多个独立团队的组织优势，团队一起协同工作，不必进行协调，那么 monorepo 不适用。每个团队的应用程序应该是独立的，彼此之间

1 详见 https://en.wikipedia.org/wiki/Monorepo。

不应该共享代码和部署 pipeline。而隔离的代码仓库能够防止团队之间不必要的依赖。

14.2.2　模拟页面片段

提示：可在 21_local_development 目录中找到本章的示例代码。

好吧，如果不能运行其他团队的代码，那我要怎么开发呢？从页面维度来讲，答案很简单：通过模拟手段替换其他团队的页面片段。现在让我们看看 Decide 团队的产品页面。

进入示例代码目录，运行下面的命令：

```
npm run 21_local_development
```

打开 http://localhost:3001/product/porsche，在本地开发模式下查看产品页，如图 14.5 所示。

Decide 团队的开发环境

图 14.5　本地开发模式下 Decide 团队负责的产品页。其他团队的页面片段则由简单的模拟(mock)微前端替代

我们现在看到了产品页，但是其中一些功能(推荐、Buy 按钮、迷你购物车)被其他团队的模拟微前端替代。其实页面本身是可以按

照预期工作的。你可以勾选是否购买铂金版本，产品图片也会相应地变化。

你正在浏览的产品页将不包含其他团队的任何代码。在开发模式下，Decide 团队将会忽略其他团队页面片段中定义的 script 和 style 标签。不加载 script 和 style 标签中引用的文件会导致页面片段在页面上呈现一片空白。

为了解决这个问题，Decide 团队通过简单的模拟实现了这三个页面片段。相关的模拟代码可以通过 team-decide/static/mock-fragments.(css|js)找到。我们在整合时使用了自定义元素，因此可以很容易地模拟页面片段。其中一个页面片段的模拟代码如代码清单 14.1 所示。

代码清单 14.1　team-decide/static/mock-fragments.js

```
...
class CheckoutMinicart extends HTMLElement {
  connectedCallback() {
    this.innerHTML = `<div>minicart dummy</div>`;
  }
}
window.customElements.define("checkout-minicart", CheckoutMinicart);
...
```

这段代码非常简单，仅显示了一段文本。但是，如果你希望在页面片段中触发一个事件，或者更复杂的交互(例如，添加一个触发事件的按钮)也是可以的。

注意： 示例采用了客户端渲染，这种方案同样也适用于服务端渲染的应用程序。在客户端渲染中我们使用了自定义元素，而在服务端渲染中则要将页面片段的 http 请求重新路由到模拟服务上。

利用模拟页面片段代替真正的组件令开发更加简单和健壮。你只需要启动自己的应用程序，如果出现故障，那么可以确定是你的代码出了问题。

如果团队对外提供页面片段，那么他们还需要提供一份接口文档。接口文档中要列出页面片段的参数以及能够触发的事件。你可以基于这份文档实现本地模拟。

警告：如果你发现只有开发大量复杂的模拟功能才能开发和测试自己的软件，那么可能是团队职责边界没有划分清楚。你需要确保一个完整功能的开发职责不会被分配到多个团队中。

14.2.3　沙盒化代码片段

现在让我们看看如何开发这样一个页面片段。不要关闭正在运行的应用程序，打开浏览器，访问 http://localhost:3003/sandbox，查看 Checkout 团队的沙盒页面，其中展示了 Checkout 团队的页面片段。Inspire 团队也提供了一个类似的页面，运行在 3002 端口上。图 14.6 展示了上述两个沙盒页面。

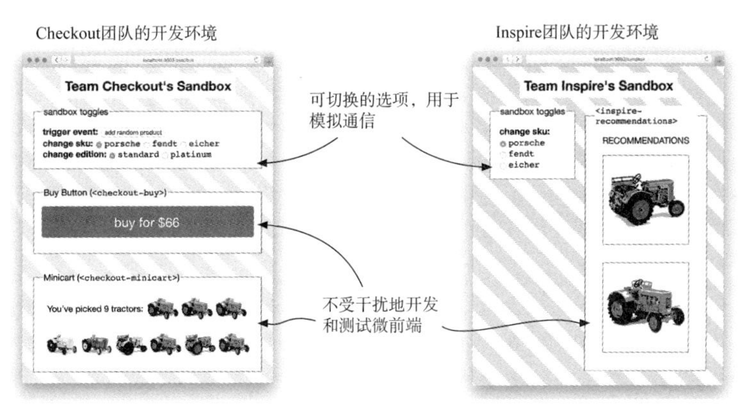

图 14.6　每个团队都有自己的沙盒页面，在沙盒页面中，团队可以不受干扰地开发和测试自己的页面片段。沙盒页面还包括了一些切换选项，可以模拟微前端之间的通信

页面开发

沙盒页面可被视为一种页面片段的开发环境。它本身是一个空

的页面(在本示例中，就是一个带有条纹背景的空页面)，其中包括团队中所有的页面片段。这个沙盒页面本身还包括了基础的全局样式，如根字体定义以及一些 CSS 重置样式，这样一来每个页面片段便不需要重新定义样式。使用像 Podium 这样的工具能创建一个开箱即用的沙盒页面[1]，不过我们从头创建一个沙盒页面也并不复杂。此外，你也可以使用实时重载和热更新技术，提高开发效率。

模拟交互

现在我们有了开发页面片段的环境，但是我们如何测试不同微前端间的通信呢？你可能已经注意到图 14.6 中页面顶部的 sandbox toggles 区域。我们的页面片段可以根据不同的选择做出不同的响应。

例如，你可以改变 change sku 选项，从一种拖拉机切换到另一种拖拉机。修改这个选项将会修改 Buy 按钮相应的 sku 属性，随后相应地更新 Buy 按钮上显示的价格。在这个示例中，切换机制就对应沙盒文件中的几行原生 JavaScript 代码。

当有人点击了 Buy 按钮之后，迷你购物车也会随之更新。你可以在沙盒页面中测试页面片段之间的通信。点击按钮，产品会出现在迷你购物车中。迷你购物车监听了 window 上的 checkout:item_added 事件，你看到的跟一个完整的页面没有区别。沙盒页面中也有一个专门的 add random product 按钮，同样能够触发这个事件。

利用模拟实现解耦

在开发中使用模拟，能够为你带来巨大的独立性，并减少与其他团队的耦合。当测试失败时，由于没有引用其他团队的代码，因此你可以确定是自己代码的问题，而不是其他团队代码引起的。这种方式能够令你的集成 pipeline 更加健壮。花费一些精力创建模拟功能，会令你的开发更轻松，并为之后的开发节省大量时间。

1 见 https://podium-lib.io/docs/podlet/local_development。

14.2.4　从备机环境或者生产环境中集成其他团队的微前端

在一些场景中，仅依靠模拟是不够的。如果你正在试图复现一个诡异的 bug，那么可能需要利用真实的代码进行测试。

如果是客户端渲染，这很容易。不需要从头开始下载和构建其他团队的代码。只需要在 script 标签和 style 标签中将相关的引用指向备机环境或者生产环境，获取其他团队的代码即可。之后你就可以在本地使用其他团队发布的代码进行调试。

对于 single-spa 来说，事情会更简单。你可以直接使用 single-spa-inspector 工具来完成这个任务[1]。首先在浏览器中打开一个产品页，之后利用 single-spa-inspector 将线上的代码替换为你本地的代码。其中的关键技术是 import-maps。

如果是服务端渲染，也可以采取从远程服务中拉取页面片段的方式。此处，建议从生产环境中直接通过某些路由获取标签，之后通过你自己的 HTML 拼接方法进行整合。如果你使用了 Nginx 和 SSI，可以通过修改 upstream 配置实现：将其他团队的 upstream 配置为指向生产环境，而你自己的 upstream 配置为指向本地。

14.3　测试

自动化测试已经变成了现代软件开发中重要的一环。良好的测试覆盖率可以减少对人工测试的需求，还可以让你采用持续交付等技术。

那么在微前端项目中，应该如何测试呢？其实与测试巨石应用没什么不同。每个团队在不同的层面上测试自己的应用程序。包括快速执行的单元测试、服务端测试以及一系列基于浏览器的端到端测试。

1 可访问 https://single-spa.js.org/docs/devtools。

你之前可能听说过测试金字塔[1]。测试金字塔中包括集成度较低的测试方式(如单元测试)，这类测试的编写成本较低，并能快速执行。还有集成度较高的测试方式，这类测试运行缓慢，维护成本很高。图 14.7 展示了经典测试金字塔的一种变体。

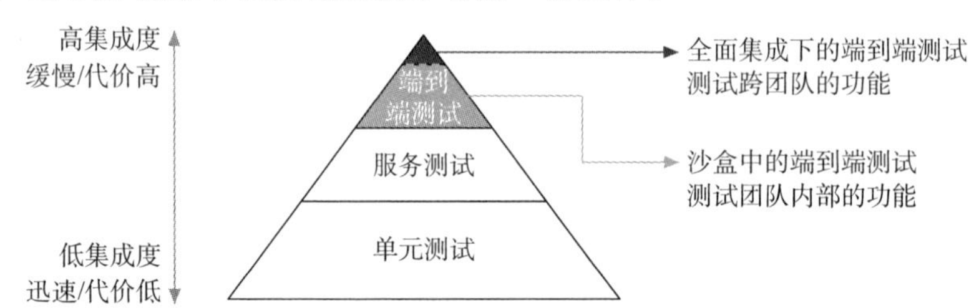

图 14.7　测试金字塔中处于较低层级的测试，编写成本低且能够快速执行(如金字塔底部所示)。而集成度较高的测试，如基于浏览器的端到端测试，运行缓慢且维护成本较高。在一个微前端项目中，我们可以将端到端测试(如金字塔顶部所示)分为两种：一种是仅在一个团队的 UI 上运行的测试，另一种是跨团队边界运行的测试

在一个微前端项目中，我们可以将测试金字塔中最顶层的测试(UI 或端到端测试)分为两种类型。

1. 沙盒测试(绝大部分测试)——应该在没有其他团队代码的环境中执行绝大多数的用户界面测试。这些测试以模拟页面片段为基础，针对软件的特定版本进行测试。而团队自身的页面片段应在一个沙盒环境中测试，如前所述。

2. 全面集成测试(一小部分测试) ——即使每个团队都能很全面地测试他们自己的代码和页面，团队用户界面之间的交界处仍有可能发生异常。因此，应该在全面集成测试中重点验证这些关键的连接点。

编写全面集成测试用例非常有难度，因为编写的人必须了解每

1 可访问 https://martinfowler.com/bliki/TestPyramid.html，阅读 Martin Fower 编写的 *Test Pyramid*。

个团队(至少两个)的标签结构。在为软件选择合适的总体集成测试方案这方面，我也没有什么好的经验。我做过很多尝试，但都会造成大量测试不通过的误报，最终以失败告终。

因此，我采取了分而治之的方案。每个团队都可以决定跨越边界，测试与他们直接关联的团队的页面。当 Checkout 团队开发的 Buy 按钮集成到 Decide 团队的产品页中后，Checkout 团队可以测试 Buy 按钮是否正常工作。Decide 团队同样可以测试 Inspire 团队负责的推荐内容是否有内容。

14.4 本章小结

- 可以利用微前端用户界面集成技术与现有的页面一起测试架构。通过逐个迁移的方案，新的微前端将会逐步替换巨石应用的用户页面。
- 在逐个功能替换现有系统的过程中，你始终能确保有一个正常工作的应用程序，因此这种做法的风险很低。尽管如此，将新的前端与之前巨石应用的前端混合在一起，可能会导致样式泄露问题。在新的微前端中，这个问题可以通过 Shadow DOM 解决。
- 如果新前端与巨石应用的用户界面无法混合使用，那么前端先行或者 greenfield 这两种方式也是不错的选择，但也会带来更高的风险。
- 在本地开发环境和测试环境中，隔离其他团队的代码是个好办法。移除外部代码能降低复杂度，令测试环境更加稳定。开发一些简单的模拟功能有助于得到一个更加逼真的页面。
- 微前端的模拟(mock)形态可以是一个静态占位符，也可以包含一些简单的方法，如触发一系列事件。
- 可以在一个专门的沙盒页面中开发页面片段，这些页面片段可以展示在沙盒中。这个沙盒页面也可以包含一些自定义的用户界面来测试通信(触发事件)或模拟操作(例如，改变 SKU)。

- 绝大多数测试都应该是针对团队自身的代码。应尽可能在沙盒中进行测试。某些情况下，可能需要测试多个团队之间的边界。我们可以组建一个专门的测试团队来负责这类测试工作。另一个解决方案是，由团队自己测试他们与关联团队之间的集成点。